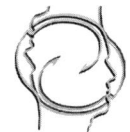

看完就用
能用一辈子的
超凡记忆术

桑 楚　朱建国　主编

中国华侨出版社
北京

图书在版编目(CIP)数据

看完就用,能用一辈子的超凡记忆术 / 桑楚,朱建国主编 . —北京:中国华侨出版社,2014.9(2019.6 重印)

ISBN 978-7-5113-4906-4

Ⅰ.①看… Ⅱ.①桑… ②朱… Ⅲ.①记忆术 Ⅳ.① B842.3

中国版本图书馆 CIP 数据核字(2014)第 216652 号

看完就用,能用一辈子的超凡记忆术

主　　编：桑　楚　朱建国
责任编辑：刘雪涛
封面设计：韩立强
文字编辑：史　翔
美术编辑：张　诚
经　　销：新华书店
开　　本：720mm×1020mm　1/16　印张：25　字数：372 千字
印　　刷：北京鑫海达印刷有限公司
版　　次：2014 年 12 月第 1 版　2019 年 6 月第 4 次印刷
书　　号：ISBN 978-7-5113-4906-4
定　　价：68.00 元

中国华侨出版社　北京市朝阳区静安里 26 号通成达大厦 3 层　邮编：100028
法律顾问：陈鹰律师事务所
发 行 部：(010)58815874　　　　　传　　真：(010)58815857
网　　址：www.oveaschin.com　　　E - m a i l：oveaschin@sina.com

如果发现印装质量问题,影响阅读,请与印刷厂联系调换。

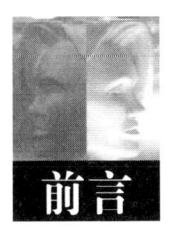

前言

　　良好的记忆是获取成功的基石之一，也是许多人登上事业顶峰不可或缺的重要因素。记忆力的好坏，往往是学业、事业成功与否的关键。在历史上，许多杰出人物都有着超凡的记忆力，古罗马的凯撒大帝能记住手下每一个士兵的名字和面孔，亚里士多德能把看过的书几乎一字不差地背出来……而在现代社会，优良的记忆力更是不可或缺的能力。

　　如今，我们生活在一个信息爆炸的时代，每时每刻都有大量知识和信息出现在面前。然而，每个人都会遭遇遗忘的问题：写作时提笔忘字、演讲时张口忘词、面对无数表格要点总也记不住、走出家门后想起灯忘了关……那么，该如何克服这些困难，成就自己非凡的记忆力，从而在工作中大显身手呢？研究表明，人脑潜在的记忆力是惊人的、超乎想象的，只要掌握了科学的记忆规律和方法，每个人的记忆力都可以提高。记忆力得到提高，相应的学习能力、工作能力、生活能力也将随之提高，甚至可以改变个人的命运。

　　本书是迅速改善和提高记忆力的实用指南，书中对记忆的复杂机制、影响记忆力的因素、提高记忆力的方法等诸多问题进行了深入探讨，并且介绍多种有利于提高记忆效率的"绝招秘技"，不仅告诉你如何记忆名字、数字、日期，还有各种知识点，能够快速开发你的记忆潜能，让你的学习和工作更加轻松，成功更加容易。

　　记忆力是每个人都具有的自然属性与潜在能力，普通人与天才之间并没有不可逾越的鸿沟。记忆力与其他能力一样，是可以通过训练激发出来并在实践中不断得到提高发展的。

本书既是一把进入超级记忆王国的智能钥匙，又是个人必备的挖掘大脑潜能的指南。超凡记忆术不仅能帮你造就某一方面的出色记忆力，让你快速掌握一门外语，记住容易疏忽的细节，克服心不在焉的毛病；更能让你的记忆力在整体、在各方面都达到杰出水平，轻松记住想记住的事物，让记忆更快更持久。每个人的大脑都是一部高性能电脑，都具有照相般的记忆潜能，充分发掘这些潜能，就可以记住你想记住的一切。通过阅读此书，你会发现自己在短时间内就能轻松记住单词、诗词甚至元素周期表，并能应用自如。

随着记忆力的提高，你会发现自己的知识结构更加完善，处理问题更加得心应手；你会发现自己的自信心大大提高，在说话时更加有底，办事时更有效率；你还会发现自己的学习力、判断力、分析力、决策力等都随之得到了增强。

丰富的内容、精彩的案例、科学有效的方法，结合大量的实用技巧，不仅可以帮助各类学生提高学习效率，而且对于上班族、需要创造力及想象力的专业人士，以及随着年龄的增长而有必要给大脑充电的人，都有极大的帮助。

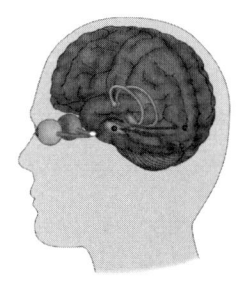

目录

上篇 揭开记忆的神奇密码

第一章 记忆概述 2
- 记忆是什么 2
- 记忆 = 记住 + 回忆 4
- 没有记忆，就没有脑力活动 6
- 你的记性比你想象得好 9
- 记忆是个性化的 12
- 记忆是复杂的 13
- 记忆是分散的 14

第二章 记忆的类型 16
- 我们都有个记忆库 16
- 短时记忆 17
- 长时记忆 19
- 外显记忆与内隐记忆 20
- 语义记忆和情景记忆 23
- 元记忆和反身型记忆 24
- 情绪记忆 25
- 程序性记忆 27
- 预先记忆和终极记忆 29

第三章　记忆是如何运作的 31
大脑的不同部位，负责不同的记忆 31
与记忆有关的生理单元 33
记忆的神经机制 35
潜意识仓库 37
动物也有记忆 38
想象力——记忆的来源 40
记忆的运行 42
记忆形成的步骤 45
记忆的工作原理 48

第四章　忘记或记忆丧失 51
遗忘是正常的 51
舌尖现象 53
遗忘是有规律的 56
拒绝进入和拒绝访问 58
我们什么状况下要为自己的记忆力担忧 60
记忆的局限 62
记忆可以被引导 64
不同性质的遗忘症 66
焦虑和抑郁会削弱记忆力 68
罕见的记忆疾病——阿尔茨海默氏病 71
大脑损伤，可以实行再教育 72
回忆，可以帮助我们重拾记忆 74

第五章　记忆规则 76
记忆的规律 76
语言与记忆 79
阅读与记忆 82
B.E.M 学习原则 85
你的记忆能提高多少 88

编译记忆的原则 89
增强记忆力的原则 91

第六章 年龄与记忆 94
年龄与记忆的关系 94
随着年龄真正改变的东西 95
婴幼儿时期的记忆 97
儿童时期的记忆 99
少年时期、青年时期的记忆 100
老年人的记忆力 102
克服年龄因素，保持良好记忆 103

第七章 影响记忆的因素 105
性别对记忆的影响 105
身体与健康因素 107
药物对记忆的伤害 109
酒精对记忆的伤害 111
压力与记忆 113
情绪以不同方式影响记忆 115
知识和目的对记忆的影响 116
环境影响记忆 118
注意力分散，当然记不住 122
影响记忆的其他因素 124

第八章 有益于记忆的生活方式 127
大脑所需的营养 127
大脑所需的食物 129
锻炼大脑和身体 133
睡得好才能记得好 134
健康饮食 136
提高注意力 138
有自信心才能有好记忆 140

第九章　记忆力是可以培养的 143
　　强烈刺激会留下深刻记忆 143
　　视觉记忆 145
　　训练眼睛 146
　　听觉记忆 148
　　训练耳朵 149
　　嗅觉、味觉和触觉记忆 150

中篇　超凡记忆术：使普通记忆力迅速变身的简单法则

第一章　记忆术概述 154
　　提高记忆的途径——记忆术 154
　　记忆术的发展 157
　　从简单窍门到具体策略 159
　　记忆策略的主要原则 161
　　记忆术在教育中的作用 164
　　学习中的成功编码策略 165
　　成功学习中的增强记忆策略 166

第二章　超凡记忆力背后的诀窍 169
　　记忆没有绝对的法则 169
　　找到适合自己的记忆方法 171
　　记忆体操增训法 172
　　集中注意力很重要 173
　　充分发挥想象力 178
　　善于主动观察 182
　　及早进行复习 187

第三章　评估你的记忆能力 190
　　记忆力好不好的标准是什么 190

测测你自己的记忆力 192
　　你对待生活的大体方式 194
　　评估你的临时记忆 197
　　评估你的长期记忆 199
　　评估你的前瞻性记忆 202
　　诠释你的强势和弱势 203
　　你适合哪种记忆方法 204

第四章　他们都拥有超凡记忆力 208
　　记忆的"超级高手" 208
　　"过耳不忘"的莫扎特 210
　　精通九国语言——辜鸿铭 211
　　中国大四学生成为世界级"记忆大师" 213
　　比尔·盖茨的记忆天赋 215

第五章　如何提高记忆力 216
　　主动编码和存储策略 216
　　注意力集中的威力 218
　　学习时的联系策略 222
　　脑海中的演练 223
　　再现策略 224
　　时间管理 225
　　区分任务的优先次序 228
　　控制自己所处的环境 229

第六章　练就超级记忆技巧 231
　　词汇记忆法 231
　　对象性记忆法 238
　　思维性记忆法 248
　　其他记忆方法 259

第七章　不同人群的记忆法 270
　　适合学生使用的记忆法 270

演员和导演 273
儿童神经科医生 275
咖啡店店主 275
集邮家 277
出租车司机 277

第八章 超凡记忆术：想记什么就记什么 279
怎样记住日常琐事 279
约会和重要日期一定要记清楚 282
对书籍的记忆 286
对音乐的记忆 289
记住名字和相貌 291
对事实的记忆 295
对词句的记忆 297
对地理知识的记忆 299
对历史知识的记忆 301
如何记忆方位 303
多记些逸闻趣事是很有用的 305
如何记住演讲内容 307
记住扑克牌 309

下篇 提高记忆力的思维游戏

答案 369

上篇

揭开记忆的神奇密码

第一章

记忆概述

记忆是什么

王太太是一家玩具商店的店员，也是一位精力充沛的女士，她有一个安排得满满当当的时间表。她的工作做得很好，也从不错过任何一场儿子的足球比赛。最近，她非常吃惊，当她在一场足球比赛上偶然遇到一个熟人时，她竟然叫不上对方的名字。一周之后，王太太走出购物中心时，她竟不记得将自己的车停在了哪里。在此之后的一个月，她发现她已经想不起来她正在读的一本小说中的人物角色。后来，她完全忘记了和一位好朋友约好共进午餐的事。这种恼人的健忘让王太太忧心不已。

李先生是一位工程师，他退休后就把自己的时间全部用于志愿工作。最近，他记不得上个月他是否给他的汽车换了油，或者刚想起来要去换油。他忘记了要去健身房的事，直到走过几条街后才想起来。他曾把房门钥匙藏在车库，但又想不起来放在了哪里。李先生找他的医生检查，看看他的健忘是不是因为得了什么病。

你或你的朋友也许会有与王太太和李先生相似的经历，你也许已注意到了你自己的记忆问题。各种年龄段的人都抱怨记不住东西。

这是我们经常听到的一些抱怨（应该承认我们自己也经常说这些话）。

- 我进了一个房间，却不知道要干什么。
- 我想不起来要问医生什么。
- 我忘记了我是不是已经吃过药。
- 我曾经把我的项链收好了，却不记得放在哪里。
- 我必须要交纳一笔过时附加费，因为我没有按时交电费。
- 我忘记在旅行时带上我的照相机。
- 我去商店买牛奶，结果什么都买了，最后就是忘了买牛奶。
- 我忘了我姐姐（妹妹）的生日。

如果你曾经有过任何一次这种经历，都应该尝试采取有效措施或训练来提高或改善自己的记忆力。首先，就需要了解一下记忆力是什么，以及记忆力是如何工作的。

记忆是我们大脑中一个存东西的地方，它为我们提供历史信息。它告诉我们昨天以及十年前我们干了什么，它也知道我们明天会干什么。童年的记忆可能会因为听到一首摇篮曲而被唤起，而一段浪漫的回忆在我们闻到某种特殊的花香时浮现在脑海。记忆用各种各样的线索让我们感觉到我们是谁。

事实上，从一个时刻到另一个时刻，你对所有东西都有一个不变的定义，且可以持续很长时间。就好像你会记得昨晚睡在你身边的那个人就是你早上醒来看到的这个人。有了这样的记忆，我们才被称之为人类。没有了记忆，世界便不可能存在。

这一点并不只相对于个人而言，而是整个人类社会都是如此。我们能够记住一个人、地方、东西，或者事件。设想如果我们失去了这一能力，那么世界将会变成什么样！

随着年龄的增长，我们积累越来越多的记忆。我们称之为阅历，它非常珍贵。有了它，我们可以不必绞尽脑汁去想如何解决问题或者揣测接下去将会发生什么。

经验会告诉我们，我们已经碰到过很多次这样的问题，并且知道事态将如何发展。当我们还小的时候，我们常常认为大人们有魔法能够预知电视情节。我们不知道，他们已经看过许多相似的电视节目。这些节目情节并不能迷惑他们。

由于积累了很多经验，年长的人总不如年轻人的思维来得敏锐、快速。年长的人思考得很慢，但是通常他们并不用深入地去思考问题，因为经验就已经告诉他们有可能的答案。年轻人碰到问题时能够学得更多，他们会归类没有遇到过的问题。因此，小孩子在掌握新技术方面总是胜过大人。

记忆就像你的一个小帮手，它会帮助你找到车钥匙。但是，仔细想想，它的作用远远大于这些。

记忆 = 记住 + 回忆

记忆是人类对自己思维中的信息内容进行储备和使用的过程。它是一种心理现象，是人类心智活动的一种。举个例子来说，学生们在考试的时候，为什么很多的题目能够回答出来，而一些题目却不能够回答出来？这是因为有些题目所需要的知识是学生们在学习中所接触过的，在大脑中还保留着一些印象，明白是怎么回事，所以这些题目在考试的时候，自然能够回答出来；而另外的一些题目则恰恰相反，学生没有任何印象，自然就回答不出来。学生对于之前所学到的知识留下了印象，这就是记忆。再比如，人们之前见过的很多人，虽然现在都不在眼前，但是却能够想到他们的容貌，再次见面的时候也能够很轻松认出来，这也是记忆。

因此我们可以总结出来，人们接触过的某些东西：遇见过的人、学习过的知识、练习过的动作、经历过的事情等，都会在人们的头脑当中留下一些印象，其中的一部分内容和信息还会长期停留在人的头脑中，当人们在一定的条件下，重新接触到这些内容和信息时，会进一步加深印象，这就是记忆。所以，记忆其实就是人的头脑当中对于过去经验的保留和恢复的过程。

汉语博大精深，关于记忆的概念，"记忆"这个词语本身就已经明确表达出来了：简单来说就是先要记住某些事情，然后还能够回忆出来这些事情，把这两个过程结合在一起就是记忆。在《辞海》中对于记忆的定义是：对过去经历过的事情能够记住，并且在未来能够回忆出经历过的事情，或者是当事情再次出现的时候能够重新想起来的过程。

在过去的数千年，特别是最近的几十年当中，记忆的研究领域在逐渐扩大，各种关于记忆的研究方法和理论出现了很多。但是由于记忆的特殊性，对于记忆理论的研究，主要存在于现代记忆心理学领域当中。不过除了对特定记忆现象的研究之外，还没有出现一个让所有人都认可的记忆理论，特别是各个不同的学科，对于记忆理论的看法是有很大不同的。

在现代记忆心理学当中，主要的关于记忆理论的观点有下面几点。

第一，联结主义观点。人类对于记忆的思考从数千年前就已经开始了，各种关于记忆的理论和观点也出现了很多，其中流传最久的应该是联结主义的观点。联结主义观点的研究者认为，记忆的产生和很多因素有关系。这种观点的产生和格式塔心理学有很密切的关系。在格式塔心理学的影响之下，几乎所有的认知心理学家或信息加工论者都认为，学习和记忆中的环境、组织、意义等都是关于记忆的很重要的因素。

第二，生物学观点。有研究者经过长期的研究之后认为，药物、激素、电刺激和神经系统中的大量神经活性物质都能够改变人体内与记忆的形成、储存和提取有关的一些生理结构，从而影响一个人的记忆。简单来说，生物学观点认为，记忆就是人体内某些以生物学为基础的加工。

第三，信息加工观点。计算机技术的兴起和发展对世界产生了巨大的影响，关于记忆理论的信息加工观点也就此产生，信息加工观点认为新信息的记忆是有一定的加工的过程的。在信息加工的观点中，人的体内就像一部计算机一样，核心部分就是中央加工器，记忆要受到中央加工器的控制，中央加工器负责管理注意力的分配，同时也会帮助提取已经储存的信息，其实也就是一个对于输入到人脑内的信息进行编码、储存和在一定的条件之下进行提取的过程。

实际上，每一种理论说法都有其自身的道理，都不能说是错误的。虽然具体观点上有所不同，但是有一点是不能否认的，那就是人类的生活离不开记忆，记忆就是人的头脑的重要功能之一，是人们进行一切智力活动的一个重要的环节。

没有记忆，就没有脑力活动

我们生活在这个世界上，不论做什么事情，都离不开记忆。但是，却很少能有人真正了解记忆的重要意义，甚至有些人刻意去贬低记忆的作用。有些人认为现在这个时代需要的人才要具有创造力，因为这个社会强调的是创新，创造性思维的培养和发展才是重点。这种看法也是正确的，具有创新性的人才确实是现代社会最需要的。但是，赞同这种观点的人却忽略了很重要的一点即什么是创新。所谓的创新，实际上是在过去所拥有的东西上面进行改变。如果没有以往知识的记忆和积累，就根本没有进行创新的基础。很难想象一个知识贫乏的人能够进行创新性的活动，因为他们根本不可能具备高效率的思维。从根本上来说，创新其实是一种丰富的思维产物，没有记忆中的各种信息和知识作为基础，思维是不可能运转起来的。

人们在日常交往、工作、买卖或者是其他的活动中，能否取得成功，在很大程度上都依赖自身的记忆力，甚至可以说，记忆是人们最重要的财富。很多著名的人都赞同这个观点。亚历山大·史密斯曾经说过，"一个人真正的财富在于他的记忆，而记忆的丰富与贫乏，则是衡量一个人富裕与贫穷的真正标准"；理查德也曾经说过，"记忆是唯一的一个不会将我们驱逐出境的伊甸园，只要记忆永存，即使是死亡也不会让我们失去任何东西"；再有就是拉克坦提乌斯说的，"记忆能带来兴旺，消除灾难，引导青年，愉悦长者"。盲目否定记忆作用的人，是不可能取得成功的。一个人如果丧失个人的记忆，那么就一定会丧失自我，甚至可以说是一无所有。

第一，记忆是一切心理活动的基础。

记忆在一个人的心理活动当中，所起的作用非常重要。如果一个人没有了记忆，那么，他就会是一个一无所有的人。记忆归根到底是一个对各种信息进行储存、积累和使用的过程，有了记忆，人们才能够保持对过去的反映，保持对知识经验的积累，才能够有效地对整个社会进行感知，对各种东西展开想象，并且能够积极地运用自己的思维，这样最终才会形成每个人自己的心理特征。

人类的一些简单的行为和感知，需要记忆的帮助。比如说记住一个人，这就需要通过自身的记忆才能够做到；同样地，人们进行各种复杂的思维和学习的时候，也同样需要记忆帮助，就比如研究一个事物，如果没有对事物发展的各个过程有了记忆，就不能够彻底了解一个事物的全部发展过程。可以说，人们想要心理的大部分功能能够发挥和产生作用，都必须要有记忆作为基础。

另外，记忆也是使人的心理活动在时间上得以延续的根本保证，是经验积累和心理发展的前提条件。比如说在学习知识的时候，必须是从低级到高级进行的，而且高级的知识总是要以低级的知识作为基础才能够学会，只有对低级别的知识有了记忆之后，才能够学会高级的知识。比如说学习语文，那肯定是先要学写汉字之后才能够学写文章，如果连一个字都不认识，那又怎么去写文章，用什么去写呢？当然是只有拥有了足够的汉字储存量之后写文章才能够顺利。其实我们可以回想一下自己从小到大学习语文的经验，就会发现实际上就是这样的过程。这其实就是一种知识的积累和增长的过程，从本质上来说，知识的增长过程，就是记忆系统中储存的信息量增加的过程。没有记忆，就没有办法进行知识和经验的积累，也就不能形成概念，不能对各种事情、事物进行判断和推理，也就不能适应不断变化的社会环境。

第二，记忆是人们学习知识的前提。

记忆在学习中具有重要的作用，它是人们获得和巩固知识最为基础的条件。我们都知道，知识是人类的各种实践经验的产物，是人们进行各种社会活动所必须的条件。任何知识的发展，都是一个长期的、从低级到高级的过程，而在这个过程中，人们的记忆发挥着重要的作用。所有的知识都是人们在探索和实践当中得来的，在这个过程当中，人们需要不停地学习新的知识，然后在这些新的知识的基础上，去进行更高级的知识的探索，如果人们没有记忆，今天学到的知识明天就忘记了，又怎么能够去发现更高级的知识呢？就比如说，如果牛顿的脑袋里没有一点知识，他就根本不可能发现万有引力定律。所以说，知识的积累是很重要的。

想要积累到知识，就必须先学习知识，而在学习知识的过程中，记忆的作用又是最大的。所有知识的积累，都必须要在学习知识的过程中形成记忆才可以。比如说学生考试，考试本身就是对人们之前所学习的知识的一种检验，按道理来说，既然都是学过的知识，那么每个学生都应该考满分。但是在真正考试的过程当中，却总是有人分数低，总是会有人答不上或者是答错一些问题，这是因为在学习知识的过程中，这些人没有形成记忆。而这些人如果想弄明白这些东西，就需要把先前已经学习过的知识重新学习一遍，重新再记忆一遍。因此可以看出，如果没有记忆，任何学习活动都是不可能正常进行的。

正是因为记忆在学习中具有重要的作用，所以古今中外的很多著名的学者都非常重视记忆。权威的记忆研究专家之一凯就认为："除非大脑拥有珍藏和回顾经历的能力，否则没有任何办法能够去获得知识。"只有有了记忆，人们才能够把对客观事物进行感知所得到的印象，以及对问题思考的结果保存下来，从而不断地得到知识和经验；只有有了记忆，人们才能够把自身所得到的知识和经验扩大并且把知识联系起来，从而使人们对于事物的认识不断深入，并且成为认识世界、改造世界的力量；只有有了记忆，人们对于知识文化的积累才能够成为可能。

第三，记忆在人类的品德和性格的养成中，扮演着十分重要的角色。

任何人的品德和性格都不是天生就具有的，而是后天养成的。比如说一个患有抑郁症的人，谁敢说这个人天生就抑郁，可能是因为在成长的过程当中受到了某种强烈的刺激，而这种刺激又给他留下了深刻的印象，所以才导致了他患上抑郁症。在人们的品德和个性形成的过程中，对于不同事物印象的深刻程度，起了决定性的作用。而所谓的印象深刻的程度，就是记忆。因此，如果能够对某些事情进行选择性记忆，对人类的品德和个性的形成必然会有很大帮助。比如说，对我们有利的，我们就去记忆；对我们产生不好的影响的，我们就不去记忆。这样，我们的脑海中全部都是关于美好的事物和事情的记忆，自身的品德和个性，自然也会朝着好的方向发展。

第四，记忆在人类智慧的发展和人类社会的进步当中，都起着重要的作用。

人类一切智慧的根源都在于记忆。智慧就是人类大脑中所进行的思维活动，人们想要进行思维活动，首先就必须依靠自身的记忆，把自身经历的事情、所得到的经验，全部保存在自己的脑海当中，然后，在这些经验的基础之上，进行必要的思维活动，之后这些思维活动所得到的经验，需要再次记忆在自己的脑海当中，最后才能够进行进一步的思维活动。只有这样不间断地用记忆积累自己进行社会活动所得到的经验，人们头脑中的思维才能逐渐深化、复杂化和抽象化，人们的智力水平和智慧水平才能够不断增长，才能够有更强大的能力，去促进整个社会的发展和进步。如果没有记忆，人类对于所有的东西都会处于一种陌生的状态，那样的结果就是任何思维活动都没有办法进行，也就没办法去促进社会的进步和发展。

第五，记忆能够影响一个人的情绪。

人们在生活中，总会遇到各种各样的事情，有些会让人感到悲伤、难过，有些则能够让人感受到开心和快乐，甚至有些会让人痛不欲生，而这些开心、快乐、悲伤和难过就是一个人的情绪。人们的情绪总是不断变化，任何人都不可能总是处在开心当中，也不可能总是很难过，很多的时候人们需要通过控制自己的情绪，来使自己适应某些场合或者某些事情。想要控制和改变自己的情绪，就需要调动自己的记忆。比如说一个人因为某些事情而感到难过，如果想要开心起来，可以想一想自己记忆中的那些开心的事情，这样就有可能使自己变得开心、快乐起来。

总之，记忆对于人类的社会生活是起着十分重要的作用的，没有了记忆，人类的一切生活可能都将没有办法继续下去。

你的记性比你想象得好

很多人总是认为自己的记忆力是有限的，有些时候会因为一件事情充满在大脑中，就不去记忆其他事情，实际上这是一种错误的想法。一方面人的头脑能够毫不费力地接收大量信息，不存在一个信息把另一个信息从大脑当中挤出去的情况，如果真的出现某些信息被挤出去的情况，那就说明并没有形成记忆；另一方面是因为人不能充分利用自己的想象力，想象力能够把所有输入到大脑当中的信息，全部变成自己的记忆。据研究，我们一生能够记住十亿信息单位，实际上这些信息单位所占有的空间，还不到我们记忆容量的10%，还有90%的容量没有被使用过。所以说，只要人们能够充分发挥自己的想象力，应该没有任何东西是不能记忆的。我们的记忆其实是无限的。

既然记忆是无限的，每个人的记忆都是非常好的，为什么又会经常出现一些遗忘了某些信息的事情呢？比如说一个学生在考试的时候，特别是在考数学的时候，碰到一道问题总是感觉老师讲过了无数次，但是就是想不起来这道题究竟应该怎么解答？难道这不是记性不好的原因吗？再比如我们去买东西的时候也会经常遇到一些这方面的问题，明明我们在家里的时候已经想好了具体要买的所有东西，但是等到把东西买回来之后就会发现某些东西却忘记买了，或者是明明有人在之前叮嘱我们好几次都要买什么东西，但是真正买回来的时候还是发现忘记买了某些东西，这不也是因为记性不好的原因吗？

碰到上面所说的情况，基本上每个人都把责任推给自己的记忆力，认为这些都是记忆力不好的原因。比如说考试回答不上来的问题，当老师在考试之后询问你为什么讲过无数次的问题还是回答不上来的时候，你一定会说自己记性不好，老师之前讲解的时候记住了，但是考试的时候却忘记了。可是实际情况却并不是这样的，事实上出现这种情况并不是人的记忆力不好的原因，比如说电话号码，在现在这个人手一部手机的年代，每个人都需要去记录一些别人的电话号码，但是，有些人的电话号码可能人家说一次之后，我们就能清楚地记住，比如说父母或者是兄弟、亲人的，而有些人的电话号码我们却不一定能够记得住，比如说一个比较普通的朋友的，这样的号码我们必须要存储在手机里才行。那么为什么同样都是电话号码，同样都是十一个数字，有的我们能记住，而有的我们就记不住呢？这是因为有些号码我们是真的用心去认真记忆了，所以我们记住了，而另外一些我们则没有认真去记忆，所以也只能有一个大概的印象，必须要经过提醒才能想起来，这其实就是没记住。

很多时候有的东西我们之所以记不住，并不是因为我们的记性不好，而是因为我们没有用心，也没有认真地去记忆。人们总是会因为各种各样的原因而对某些东西进行选择性的记忆。影响记忆的原因有很多：第一是需要人们去记忆的东西本身的原因，比如说一件事情需要人们记忆，如果是一件让人开心的事情，那人们肯定非常愿意去记住它，如果是一件让人沮丧或者是悲伤的事情，那么人们就一定不愿意去记住它；第二是由于人自身的兴趣爱好的原因，相信大家都遇到过这样的情况，在上学的时候总是会喜欢某些科目而讨厌另外的一些科目，比如说喜欢语文而讨厌英语，这样这个人要是背诵语文课文就一定很简单，因为他会用心去认真记忆课文中的内容，并且加以理解的记忆，要是让他去背诵英语课文，那一定是十分艰难的，因为其心思根本就不在这上面，即使因为读的次数多了导致背诵下来了，不就之后也一定会忘记的，这样就属于是没有形成记忆；第三可能就是自身情绪的问题，比如说人在高兴的时候看什么都快乐，那么就有可能记住很多的事情，而在悲伤的时候就什么都不会去关注，这样肯定也记不住什么事情。再有可能就是一些外界的压力所产生的原因，例如有些事情我们被要求必须记住，有些事情我们也会被要求必须忘记等，这些都会影响人们对于某些事物的记忆。

还有一种观点认为人的记忆力的好坏，和人自身的年龄有一定的关系。关于这个观点，不能说完全正确，但是它也有一定的道理。比如说，人的记忆力是在十六岁到二十三岁之间处于巅峰时期，那是因为这一时期的年轻人是思想最活跃的时期，接受能力强，也喜欢去接触各种各样不同的新鲜事物，这样自然能记住的东西就多，显然不能指望一个刚出生还什么都不懂的孩子和成年人比记忆。但是，我们小的时候上学会忘记做作业，而长大了工作之后也有可能会忘记做一些工作，这显然就和年龄是没有关系的。所以，我们不能否认年龄对于记忆力的影响，只是年龄对于记忆力没有决定的影响。年龄可能会在客观上影响人的记忆力，但是两者之间并没有直接的关系。只要人们在有能力的情况之下认真地去记忆，年龄这个问题对于记忆来说就不是问题了。

正是因各种各样的原因导致了人们总是会记不住一些东西，所以就给人们造成了一种错觉，那就是自己的记忆力不好。实际上只要平时对于自己想记住的东西多用心，认真去记忆，那就没有任何东西是不能够记住的。所以说，关于记性不好这个担忧完全没有任何必要，很多人的记性都远远比自己想象的要好得多。

人的记忆力的空间是无限的，但是大部分还处于一种没有开发的状态，或者是说人们只是有那个潜力，但是却并不是天生就有那么大的能力。这就要求人们在进行记忆的时候一定要努力、认真、用心，这样才能够把自身记忆的潜力全部都开发出来，才能真正地记住越来越多的东西。

记忆是个性化的

梦想、思想、行动、姓名、地点、面孔、香味、事实、感情、味道，以及许许多多的东西通过记忆带入我们的意识。它们对于我们的记忆来说有着不同的形态。有时，记忆不是这种形态就是那种形态；而有时它们是一个香味、花纹和声音组成的万花筒。一句话，记忆就如同一张由声音、香味、味道、触觉和视觉组成的网。

当你想要进行信息回忆时，记忆会通过联系走捷径来帮助完成记忆任务。然而，许多研究显示，正是你个人的知识、经历，以及一些事情对你的意义在驱动你的记忆。正是在它们的帮助下，记忆有了一定的意义。

"生存还是毁灭，这是一个问题。"大多数人知道这引自莎士比亚的《哈姆雷特》。如果你熟悉这个故事，就知道这句话是在一个特定的时刻说的。然而，这句话与你的孩子们第一次说的话或者你的配偶第一次表示他或她爱你相比，就不是那么重要了。你可以想象出一个比莎士比亚作品更戏剧化的场景，因为它是你的。那个地点、那种香水、你的那种感受——当你记起它时，可能产生一种朦胧感而且心潮澎湃。

记忆是我们拥有的最个性化的东西。它给予我们自我感觉。在记忆深处，就是你自己。记忆的运作很大程度上遵循的原则是："它现在或是将来某个时刻是否会与我个人有关？"这种"更高"层次的记忆就是我们所称的有意识感觉。

记忆是复杂的

记忆有三个主要的过程：编码（摄入记忆）；存储（保持记忆）；以及再现（再次提取记忆）。记忆是一个动态的和经常存在的活动，而我们关于如何解答记忆的十字交错谜语的理论和概念也仅仅只是处于开始的阶段。然而，这个不断发展的知识群体已经在对提高我们的记忆力产生帮助。

如果你经常说，"我再也记不住什么东西了"或"我的记忆力怎么变得这么差"，你也许会认为自己的记忆力越来越差了。然而事实证明，通过训练和练习，记忆力是可以得到提高的。

记忆在做某件我们熟悉的事情时可能也在做许多其他的事情。它在许多层面开展工作。

记忆过程是在大脑中发生的。不同种类的信息被接收并存储在不同的位置。

正在运行的记忆过程，或者叫作短时记忆过程，可能发生在大脑的前部。

存储新记忆（即新学的东西）的过程发生在大脑两侧的颞叶。

大脑较大的外层部分叫作大脑皮层，它可能是记忆存储的地方。

视觉信息通过我们的眼睛进入叫作枕叶的大脑后面某部分，并在此进行加工。

听觉信息通过我们的耳朵进入，并在颞叶进行加工。

立体三维的信息是在大脑顶部的顶叶进行加工的。

还有一些特殊的区域进行着感情记忆加工，以及掌管语言和爱好习惯。

大脑的左半球更多从事的是言语记忆，而右半球更多从事的是视觉记忆。

记忆并不像电脑程序一样死板地记录过去。记忆有极端巧合性。一些没必要记住的事，我们往往能记住它，然而一些值得记忆的事，却常常从我们的记忆中溜走。电影《公民凯恩》中有这样一个引人深思的情节：男主角凯恩在弥留之际说了几个字"玫瑰花蕾"，他本可以讲述其他更多更重要的事情。这也正是影片的悬念之处。直到影片的最后，人们才发现那是凯恩幼年时玩的雪橇的名字。关于凯恩为什么在死前留下这几个字的讨论变得无休无止。

为什么我们说记忆是如此的珍贵，那是因为记忆不是机械呆板的。我们的思维运作能提高自己的记忆力。无意识中，我们的记忆力得到了提升。一些不愉快的事情会从我们的记忆中扫除。

记忆的力量远远超出这些。在必要的时候，记忆能调配出你此刻需要的一些信息，而这些信息可能由于长期的储存已被遗忘。如果你曾参加过一个极富创造力的项目，那么你会发现你的记忆能产生许多没有束缚、令人惊叹的宝贵意见或主意。

也许你并没意识到你的记忆中储存着如此多的信息。所以，记忆不是一个冷冰冰、死气沉沉的记忆工具，记忆就像一个如意库堆满了无数令人惊叹的知识宝藏。我们不能随意地进入如意库，但是我们能够练习、训练自己的大脑，为如意库储存更多的知识宝藏。

记忆是分散的

与一个长久以来的看法相反的是，记忆并不是只储存在大脑的一个区域。大脑是通过神经细胞的网络结构来处理和储存各种信息的，而神经细胞的网络结构广泛分布于大脑的各个区域。一旦有一条信息需要被提交给记忆系统，无数条连接脑细胞的网线就会被同时激活，也就是说，大脑的绝大部分结构都和记忆的加工、存储有密切关系。

因此所谓"记忆中心"的说法是错误的。任何信息的记忆和再现都要依靠许多不同的记忆系统以及不同类型的感觉通道（听觉、视觉等）。据此推论，记忆只储存在大脑的一个区域的说法也就无法立足。可以说，记忆是"分散的"，不同种类的记忆各自依靠大脑的不同区域。

随着科学实验的深入以及脑电图技术的进步，目前科学家已逐步发现参与记忆的加工存储过程的那些大脑区域。概括地来说包括：瞬时记忆或短时记忆的加工需要大脑皮质的神经系统；语义记忆需要新大脑皮质对覆盖在灰质外层的两个大脑半球进行调节来完成加工；行为记忆的加工过程涉及位于灰质层之下的结构，比如说，小脑和锯齿状的灰物质块，等等；情景记忆主要依赖额叶皮质，还有海马状突起以及丘脑，这些结构都是大脑边缘系统的组成部分。

神经生物学家们通过研究发现，海马状突起在记忆的加工处理过程中起着至关重要的作用。它位于大脑的里层，属于脑边缘系统，和太阳穴叶平齐，因此它可以保证不同的大脑区域之间相互联系。短时记忆向长时记忆转换时，也就是记忆的巩固强化阶段，需要大脑的不同区域的参与，这一过程中，海马状突起发挥了关键作用。如果一个人的海马状突起受损，将会导致记忆新信息的能力完全丧失，无论是文字、形象还是图片信息。

第二章

记忆的类型

我们都有个记忆库

记忆库就是人们大脑中储存记忆信息的地方。人们的大脑中包含着很多记忆库，不同的记忆库，会根据信息的来源、信息输入的时间以及信息的重要程度的不同来储存记忆信息，比如说我们看到的信息和听到的信息，就被储存在不同的记忆库当中。

根据记忆的编码方式和读取方式的不同，记忆可以分为外在型记忆和暗示型记忆。外在型记忆是指人们自觉或者依靠本能就能够回想起来的记忆，比如现在让一个上过学的人背诵乘法口诀，他肯定不需要任何回想就能够背诵出来。暗示型记忆是指人们需要通过有意识地努力回忆才能回想起来的记忆，比如说让我们说出一个物品的功能，一些常用的功能可能很容易说出来，但是那些不常用功能可能就需要我们努力回想才能回忆起来。

根据信息在大脑当中保存的时间不同，记忆可以分为瞬时记忆、工作记忆、短时记忆、长时记忆等。瞬时记忆是指在大脑神经系统中保留下来的一种时间很短的记忆，比如电影的画面，就是根据人们视觉的瞬时停留性，才被看成是连续不断地运动着，事实上它是由无数个时间很短的画面构成的。瞬时记忆的持续时间可能连一秒钟都不到。短时记忆是指一种保持时间在一分钟左右的记忆，它是瞬时记忆通往长时记忆的过渡阶段。工作记忆就属于一种短时记忆，比如说拨一串刚刚看到的电话号码，可能在拨的时候记住了，但是一分钟之后就可能忘记了。长时记忆主要是相对于短时记忆和瞬时记忆而言的，是指经过一定的深度加工和复述之后，能在大脑中长时间保存的信息，它保存的时间可能是很多年甚至是一辈子。

根据记忆内容的不同，记忆可以分为形象记忆、语义记忆、情绪记忆、运动记忆和情景记忆。形象记忆是指以人们通过感官，感知过的事物的具体形象为内容的记忆，比如说我们对各种形状和颜色的记忆。语义记忆是指以词语所概括的逻辑思维结果为内容的记忆，比如说我们对某些汉字所代表的意思的记忆。情绪记忆是指以我们体验过的情绪和情感为内容的记忆，比如说一些节日家人团聚的情景。运动记忆是指以过去的运动或操作过的动作为内容的记忆，比如说人们对一些机器的操作。情景记忆是指对自己亲身经历过的、在一定时间和地点发生过的事情和情景的记忆，比如说我们在哪一年的哪一天做过什么事情。

记忆库并不是一成不变的，随着时间的推移，记忆库也在不断发生着变化。一方面，随着时间的推移，人们记忆库中储存的记忆可能会越来越多；另一方面，很多信息可能会由于长时间被放置在记忆库的最下层而被人们遗忘。

如果只是对记忆库进行简单的分类，则可以分为语义性记忆库和经历性记忆库两种。语义性记忆库主要储存一些综合性的世界知识，从本质上来说，任何与事实有关的知识都是语义上的。经历性记忆库主要储存的是一些个性化的片段和事件，比如说人们做过什么事情或者去过什么地方等。

短时记忆

短时记忆是信息从感觉记忆通往长时记忆的过渡阶段和中间环节，是指某些信息在人们接收到一次之后，能够在大脑中保存一段很短的时间的记忆。它的主要特点就是信息的有限性和相对固定性。

在心理学上，短时记忆中的信息的单位是组块，组块是指人们最熟悉的认知单元，是一种人们大脑中的信息由于受到刺激而不断编码所形成的稳定心理组合。人们对记忆材料认知的程度不同，导致了组块在不同人身上表现的数量也不同。对于一个人来讲，不同长度的记忆材料，组块的数量可能相同；但是对于不同的人来讲，相同记忆材料的组块数也可能是不同的。

短时记忆的容量是有限的，它不会因为人们记忆力的好坏而产生很大的差别，每个人大概都有7个组块左右的短时记忆容量。比如说一个人可能在很短的时间内记住7个人的名字，一旦名字增多，就会出现遗忘的现象，使短时记忆一直保持在7个组块的容量。但是这并不代表短时记忆的信息量不能得到提高。

短时记忆的信息量可以通过扩大组块的容量而得到扩充和提高。组块具有扩容性，它的数量虽然不会被改变，但是组块的大小是可以改变的。信息进入短时记忆的主要编码方式有三种，分别是形码、声码和意码，人们可以通过把更多不同形式的信息组合成一个有意义的组块的办法来提高短时记忆的广度。

由于短时记忆保持的时间很短暂，一旦出现分心和注意力不集中的情况，短时记忆很可能迅速消失或被打断，因此能否让短时记忆保存在脑海中的一个重要因素就是注意力。比如说我们刚刚记住一个电话号码并且要拨打，但是在这个时候却有一个人敲门，一旦我们把注意力转移到敲门的人身上，脑海中的电话号码很可能就被忘记了。

短时记忆加工信息的主要方式是复述。复述就是在大脑中对信息进行重复，可以出声，也可以不出声。一般来说，只要把信息重复一次或几次之后，就会形成短时记忆。比如说人们要拨打一个不熟悉的电话号码时，一般都是先把电话号码复述一遍，在大脑中形成一个短时的记忆，随后才会拨号。有实验表明，在短时记忆中，随着时间的延长，回忆成绩急剧下降，当信息被复述15秒之后，回忆率约为10%；到18秒之后，记忆保持近乎消失。由此可以看出，复述能使信息保持在短时记忆中，但是一旦停止复述，信息在短时记忆中将迅速消失。

复述还有一个重要的作用就是将短时记忆转化成长时记忆。信息被复述的次数越多，在记忆系统中存留的时间越长，最终短时记忆就会变成长时记忆。

复述主要有两种类型：第一种是维持性复述，即从感觉记忆中抽取某种信息并使该信息适应于短时记忆的编码方式，保持在短时记忆中；第二种是精制性复述，即将接收到的信息进行精细结构的编码。所谓精细结构编码，是指联想编码、组织编码、心像编码等，这种编码能在长时记忆中稳定地储存，并在日后被提取出来使用。

长时记忆

长时记忆是相对于短时记忆和感觉记忆而言的，它是指信息在经过一定的加工和精细的复述之后能作为记忆长时间保存在人们的大脑中，它能帮助人们回忆起那些几分钟、几小时或者是很多年前的信息。长时记忆的容量是无限的，任何信息都有可能被保存在长时记忆的记忆系统当中。长时记忆的主要来源有两种，一种是对短时记忆的不断重复，还有一种是由于人们对某些事情印象深刻而一次产生的。

人们现在能回忆起很多事情，比如说哪一年的哪一天人们的身体受到了巨大的伤害、人们结婚的日子、孩子出生的日子等，这都是一些给人们留下了深刻印象的事情，人们并没有去刻意记忆它们，却能够毫不费力地回想起来，就是因为这些信息都储存在人们的长时记忆系统当中。

人们可以通过不断地重复把短时记忆转变成长时记忆。这种转变的重点并不是重复次数的多少那样简单，而是在于重复过程对信息的分析作用。并不是信息重复次数越多，在我们的长期记忆中就越深刻。每一次重复都相当于对信息进行了一次新的学习，增加这种学习的长度和重复的次数，并不能够获得良好的效果。在我们重复信息的过程中，很少直接把信息存储在长时记忆中，因为理智和直觉会告诉我们，简单的重复对信息的长时记忆并没有什么效果。我们要长时记忆住某些信息，不仅需要对这些信息进行重复，还要对它们进行深入的分析。比如说我们要记住一个人，不仅仅是简单地重复他的名字就可以了，还需要见过这个人，记住他长什么样子、有什么特点，这些信息结合在一起才能帮助我们长时间记住一个人，否则单单只有一个名字，人们未必会想起这个名字代表的是什么。只有在重复的同时进行一定的分析，对信息进行思维整合、心理成像、深刻的感觉体验之后，才能长期记住信息。

在重复信息时，一定要掌握适当的节奏，最好是每次都间隔一段时间，分几个时段进行重复，这样既给了人们对信息的分析理解的过程，也避免了因为一次输入到大脑中的信息过多而造成大脑疲劳，或者是不同记忆之间的混淆，影响记忆的效果。

每个人的记忆能力都是不同的，人们想要把短期记忆变成长期记忆重复的节奏和次数也是不同的，因此重复的节奏和次数并没有一个特定的标准，人们必须要根据自己的实际情况来找出最适合自己也最合理的重复节奏和重复次数。

在现实生活中，很多人都会抱怨自己的记忆，比如说没有记住一个人的名字、没有记住一个重大的事件、忘记了一个英语单词的写法等，造成这些问题的原因可能是由于我们选择的长期记忆的记忆方式出现了问题。记忆有两种不同的方式，一种是陈述性记忆，一种是非陈述性记忆。

陈述性记忆是一种精确的记忆，是指当人们遇到某些问题的时候，人们能够通过有意识的回忆得到正确的答案，并且能够通过口头表达出来，也能够写出来或者在纸上或者照片上指认出来，这种问题通常是一些我们曾经经历过的时间或者认真学习过的知识。

非陈述性的记忆是一种隐性记忆，是指我们知道某些事情的详细做法，但是在更多的时候只愿意用简单的词语来描述，或者是自己亲身示范出来。比如说操纵一种机器，按照说明书上的说法可能很长，但是如果是我们自己去讲解可能就很简单地形容一下或者是亲身示范一次。

外显记忆与内隐记忆

外显记忆是指需要人们有意识地主动回忆才能回想起来的信息，这些信息是人们有意识地存储的，是过去经验对当前活动的有意义的影响。外显记忆可以通过人们的语言表达出来。内隐记忆是指人们没有主动和有意识地储存，却能够在人们需要的时候，不需要刻意主动去回忆就能回想起来的信息。内隐记忆是人们难以用语言来表达的，但是却对个体行为有很深的影响。

最早对内隐记忆这一心理现象进行描述的学者是法国近代哲学家笛卡儿，但是直到1985年才有人提出内隐记忆这个概念，用以表述在无意识情况下，过去的经验或学习对人类行为产生影响的现象。

内隐记忆主要可从几个方面来理解：第一是从现象上看，内隐记忆是人们在操作某些任务时，不需要有意识地回忆，但是储存在大脑中的信息却能自动出现在人们脑海中的现象，反映出了先前所学内容的存在和作用；第二是从研究模式看，内隐记忆是启动效应的一种，启动效应是一个人受到同一刺激的影响两次时，第二次的提取和加工难度要比第一次简单很多；第三是从测量上看，内隐记忆是不要求人们有意识地回忆所学内容，而是要求人们去完成某项操作，在人们的操作中反映出其所学内容的作用的另一类记忆任务；第四是从心理学研究理论上看，研究者在对记忆的实验性分离现象进行深入研究后，提出一种理论假设——多重记忆说，推测记忆系统可划分为内隐记忆和外显记忆这两个在机能上相对独立的记忆系统。

内隐记忆主要来自四个方面。

第一是再学时的节省。人们再次学习一个先前学过的知识时并不依赖于先前学习片段的外显记忆，外显记忆在这里是指能完全再认或回忆学习过的材料，而对那些不能再认和回忆的材料，由于曾经学习过，再学时就会缩短时间，这就是节省。

第二是阈下编码刺激的作用。阈下编码刺激就是最低限度的编码刺激，实验表明，不能被有意识地察觉到，因而也不能被外显地记住的刺激，能够对不需要有意识地恢复阈下刺激的任务行为发生影响，这些任务包括自由联想以及创造想象性故事和幻想等。

第三是无意识学习。有研究者做过实验，研究者要求人们分别在内隐指导条件或外显指导条件下学习根据不同人工语法规则产生的字母串，然后再给人们一些未学过的，根据相同规则产生的字母串，让人们识别这些字母串是否符合语法规则，实验结果是即使在不能有意识地、外显地知道这些规则时，被试者还是能够学会确定符合语法规则的字母串。在语法规则较为复杂时，记忆性的内隐学习比规则发现性的外显学习更有效。

第四是启动效应。启动效应一般又可分为重复启动效应和间接启动效应二种。重复启动是指前后呈现的刺激是完全相同的，即后呈现的测验刺激完全相同于前呈现的启动刺激；间接启动除包含重复启动之外，还允许两个刺激有所差别。内隐记忆的研究主要使用重复启动方式，但是间接启动方式也可以进行内隐记忆研究。比如在音似和形似启动中，学习阶段的启动物和测验阶段的目标词是在某一特征上相似。由于这种相似，先前对启动物的接触也可以导致对目标词作业的反应时或正确率提高或其他影响。

内隐记忆和外显记忆是相对的，这主要是由于加工方式和提取方式不匹配造成的。内隐记忆的任务要求由信息材料驱动的加工，而外显记忆的任务要求的是信息意义驱动的加工。

内隐记忆和外显记忆的差别主要表现在五个方面：第一是在保持的时间上，内隐记忆要明显长于外显记忆；第二是在干扰形式上，内隐记忆不容易受外在刺激的干扰，而外显记忆容易在受到干扰后发生遗忘；第三是在记忆的负荷上，外显记忆在记忆的项目增多时会导致记忆数量和准确性的下降，而内隐记忆不受这种影响；第四是在记忆加工的深度上，加工深度越深，外显记忆越好，而内隐记忆不存在这种情况；第五是在呈现的形式上，如果一个项目用听觉的形式呈现，再用视觉的形式检测，则人们的内隐记忆成绩会下降。但外显记忆不会出现这种情况。

内隐记忆对人们的学习有非常重要的意义。一些没有明确的意识而记忆的信息，经常会帮助我们解决一些问题和完成特定的任务。因此，在外显记忆的基础上，要充分发挥内隐记忆的重要作用，尽可能多地积累各种知识和经验，使所学的知识之间都能发生联系和相互影响，这样才能提高学习和记忆的效率。

语义记忆和情景记忆

语义记忆和情景记忆是长时记忆的两种主要形式。语义记忆是指以词语所概括的主要内容和逻辑思维的结果为内容的记忆，包括词语、概念、公式、价值观等，因此也叫语词逻辑记忆；情景记忆是指人们对一定时间和地点发生过的、自己亲身经历过的事情的记忆，比如个人经历过的地震、洪水等场面的记忆等。

人们的很多记忆都是以语义记忆的形式存在的，不仅包括生活中的各种类型的百科知识和一般性的知识问题，还包括自身在一段时间内的生活事实。语义记忆最主要的表现就是帮助我们对自身知识的归类和命名，比如说在现实中我们看到苹果、橘子、梨等会把他们归类到水果上，再比如需要我们列举动物的例子时我们会想到猫、狗等。一般来说，在语义记忆中储存的信息之间都是相互联系的，它有一定的逻辑顺序，比如说我们要做一件经常做的事情，这可能需要人们只做第一步就可以了，因为下面的步骤我们可以不用思考，自动就能做出来。当我们需要记忆一些没有顺序的混乱的信息时，我们就可以先把它们分类或者找出一定的顺序，这样就能够方便记忆。

语义记忆是我们保存经验时最简便、最经济的形式，它具有高度的概括性、理论性、逻辑性和抽象性等特征。在我们的学习过程中，有很多知识都是不能通过直观的形象去记忆，必须要依靠大量的文字记载和语言表述，而语义记忆专门接收和储存这样的知识。因此，在我们日常的学习当中，必须要努力培养我们的语义记忆能力，这样才能够掌握更多的科学文化知识。

情景记忆是以个人的经历为参照的，它所接收和储存的信息是一个人在特定的时间发生的某种事件、情景以及事件的时间和空间联系等信息。

很多时候我们在记忆某些情景时，记住的并不单纯是事件的本身，还有可能记住当时的时间和环境等。比如说一个车祸的目击者在回忆车祸发生的场面时，还能够回忆起车祸发生时的一些环境如道路上车的多少、是黑夜还是白天等。也就是说，当我们回忆某些事件的时候，可以通过时间、地点等不同的线索去回忆。这主要是因为这些线索在大脑中并没有储存在相同的位置，而是储存在不同的大脑神经元上，这样，即使一条线索被我们遗忘，我们也可以通过其他线索来回忆事件。这种信息的分散性储存是有一定的好处的，它能够使我们的记忆更稳固。很多时候我们可能会因为大脑的部分损伤而遗忘一定的记忆，但是没有受伤的部分却可以帮助我们找回记忆。

情景记忆和语义记忆之间有一定的差别。情景记忆能够帮助我们回忆出大脑中的某些场景以及场景中的一些细节，这是一种心理图像，我们能够通过这些心理图像找出当时的感情和情绪。在语义记忆中，我们自己的信息和与自己有关的信息是存储在一起的，回忆这种记忆其实是为了找回有共同特点的共同事件。

元记忆和反身型记忆

元记忆是人们对自身内部心理活动的记忆，是有关记忆的知识，是人们对记忆内容和过程的本身了解和控制。一个人的元记忆的水平主要表现在人们对于自身记忆功能、局限性、困难以及自身所使用的记忆策略的了解程度。元记忆主要参与人们对信息的学习、储存和重组阶段，即它能使人们知道怎样学好某些信息、知道自己记忆了哪些信息、知道自己应该怎么样找回记忆的信息。

在日常生活中，元记忆能够避免我们做一些徒劳的和无意义的事情。比如说有人问了一个我们根本就不知道的问题，我们的回答就是不知道，这就是元记忆在发生作用。元记忆主要给人们一种确定度，能帮助人们判断是否记忆了某些信息或者能否回想起一些信息。如果没有元记忆的帮助，可能别人在问我们一个我们根本不知道答案的问题的时候，我们还会去苦思冥想这个问题的答案到底是什么。

当我们开始回忆自己是否知道某些信息或者一些信息对我们是否有帮助的时候，元记忆就自动开始工作了。在我们做一些决定的时候，总是需要元记忆的帮助，比如说去某个地方的时候是不是需要先查询路线、使用电器的时候是不是需要先阅读说明书、做饭的时候是不是先要向别人学习一下等。

反身型记忆是人们对紧急情况做出的反应，它是一种暗示型的记忆，能够及时、本能地对信息进行编码、储存和重新提取，是人们能够生存的基本要素。它其实就是人的一种本能，比如说天冷的时候人们会自动为自己加几件衣服、碰到某些野兽的时候人们能自动进行躲避或者大叫、某些东西会对人们造成伤害的时候人们会及时远离等。

很多的反身型记忆都伴随着人们的一生，就像一些刺耳的声音、恐怖的场景和强烈的感情等，这些记忆会使我们一生中都有某种恐惧症和持续的毫无道理的害怕。比如说有人在无意的情况下杀了一个人，他不敢对别人说也不敢承认这件事情，这种时候这个人就可能会经常回忆起这个场景，经常做噩梦等，最后甚至可能导致一个人精神上的崩溃。

有时候，一种气味、场景、味道或者是歌声等引起一种核心的感触，这种反身型记忆也会形成一种强烈的感官记忆。比如说听到一首歌曲的时候，我们可能会想起家庭团圆等幸福的时刻或者是幸福的感觉。

在大多数的情况下，反身型记忆都是人们在不知不觉中形成的，就比如说火要烧到手的时候人们就会把手拿开，这种情况人们并没有去刻意训练，但是却在碰到这样的事的时候就知道怎么去做。这并不代表所有的反身型记忆都是人们在无知觉的情况下形成的，很多程序，人们只要重复的次数足够多，就能够形成反身型记忆。比如说路上有个坑，我们每次路过的时候都刻意从上面跳过去，而不是绕过去，时间长了之后，我们再在路上碰到坑的时候，我们就会本能地从上面跳过去。

情绪记忆

情绪记忆也叫情感记忆，它主要记忆的内容主要是自身所经历的情绪和情感。一些事件本来都已经过去，但是可能因为它引起了人的某种情绪和情感，使得人在这些事件中的深刻体验和感受都保存在了自身的记忆当中。

情绪记忆是建立在以杏仁核为核心的神经和激素调节共同作用的结果。神经回路能够使大脑以最迅速的方式接收到来自外界的情绪信息，同时也是高等生物应激反应的基础；激素调节是情绪刺激最终能够形成长时记忆的关键因素。当情绪记忆发生时，大脑中杏仁核、海马以及其他关键区域通过神经回路和激素交流相互作用，最终导致了情绪事件被长期和深刻地记忆在了人们的大脑当中。

情绪记忆具有鲜明、生动、深刻和情境性等特点。在回忆的过程中，一般只要有相关的表象浮现，人们相应的情绪和情感就会出现，因此情绪记忆比其他类型的记忆更加牢固。有时候人们经历过的事实已经有所遗忘，但激动或沮丧的情绪依然留在记忆中。人们并不能控制自己的情绪记忆，它在人们的潜意识当中隐藏得很深，当一些特定的情景或场所出现时，人们的情绪就会不由自主地浮现出来，而自己却无能为力，陷入那种情绪当中，特别是童年时期的一些情绪记忆，几乎形成了一种自动化、机械性的反应，使人更加难以处理。

情绪记忆和一个人的情感和情绪有很大的关系，强烈的情绪和情感更容易被牢记。强烈的情感和情绪信息会直接进入人们的大脑，并且在大脑中产生一定的化学反应，大脑中的神经递质会因为这种反应而认为这些信息很重要，因此会更容易记忆。另外，兴奋、悲伤、恐惧、焦虑、骄傲等强烈的情绪会刺激大脑产生一种能有效提高记忆力的荷尔蒙，它可以促使大脑和身体的行动，帮助大脑记忆和回忆信息。

情绪记忆在文艺创作和表演艺术中起着重要作用。比如说演员要演一场哭泣的戏，这要求演员要酝酿出一定的情绪，这个时候就可以调出一些关于悲伤的情绪记忆，帮助演员把哭戏演好。

不良的情绪记忆很可能会对人们造成很严重的影响。一些严重的情绪记忆也许会引起人们的注意，但很多的不严重的情绪记忆往往不会引起人们的注意，但这却是很危险的，因为这样很可能引起我们的不良情绪，这种不良情绪在潜意识中长期压抑会造成身体的不适。一个人从小到大，多多少少都有一些压抑的情绪。真正的心灵成长就是处理这些压抑的情绪，但这是一个长期而艰难的事情，人们需要花很大的努力才能找出这些情绪；同时这也是一个单独而危险的过程，可能你无法独处，也几乎无法找出自己有哪些不良的情绪，即使找出来，也不一定能进行很好的处理，一旦处理不好就会陷入那种不良情绪的漩涡中。这就是很多喜欢思考、内向的人容易抑郁的原因；性格外向的人，虽然看起来暂时没有问题和困惑，但如果只是依赖外在的工作、爱好或娱乐而逃避自己的问题，一旦有一天有什么突发事件引爆潜意识，那会更危险。因此，我们一定要加深对自身情绪记忆的监督和控制，避免不良的情绪记忆对自身造成严重的影响。

为了能够避免不良的情绪记忆对人们造成严重的伤害，就必须从小培养儿童积极的情绪记忆，消除不良的情绪记忆。

第一，孩子所处的家庭环境对孩子的情绪记忆有重要的影响。要让孩子从小就拥有一个和睦、友爱、民主、互信的家庭环境，这样能够使孩子产生愉快和安全的体验。要经常和孩子交流，给孩子送礼物，在孩子取得成绩时也要给予奖励，这样就能使孩子产生强烈而持久的情绪反应，有助于积极、良好的情绪记忆的培养。相反，如果家庭环境不好，比如父母关系紧张或者是经常打骂孩子，孩子缺乏温暖、缺乏爱意，孩子感到害怕，因而变得自卑、孤僻、不合群等，使得孩子对不良情绪十分敏感，导致孩子产生不良的情绪记忆。

第二，应该让孩子少接触一些视觉上和听觉上的恶性刺激。父母应该给孩子更多的关系和爱护，当孩子对某些事情害怕时，父母要及时安慰孩子，帮助孩子消除不良的情绪记忆。

第三，父母应该对孩子进行正确的引导。当孩子害怕时，父母可以有意识地把这些事物与愉快、甜蜜的刺激联系起来，使孩子逐渐消退或消除对这一事物消极不安的反应。另外，父母还可以多给孩子讲一些励志性的故事，培养孩子不怕困难和战胜困难的勇气，消除孩子的胆小、敏感、懦弱等不良的情绪和个性，避免孩子受到不良情绪记忆的影响，使孩子的个性和心理能够健康地发展。

程序性记忆

程序性记忆是一种潜意识的记忆，通常是指那种在很大程度上脱离了意识，但是却能正确使用的记忆。比如说话、弹钢琴、踢足球、骑自行车、打麻将等活动，之所以能够正常进行，就是因为程序性记忆在发挥着作用。

程序性记忆并不是生来就有的，它需要人们无数次地反复练习才能形成，这个过程通常很漫长，但是一旦形成就会很难忘记。就比如骑自行车，没有人敢说自己第一次碰自行车就会骑，都是需要先学习，在无数次的跌倒之后才学会的。学会之后基本就不会忘记，如果你让一个会骑自行车，但是很长时间没有骑自行车的人去骑一次，他一定不会出现忘记怎么骑的问题。但是，这并不是说程序性记忆形成之后，你需要它的时候它就会自动出现，一些复杂活动的程序性记忆必须要坚持不断练习、重复和实践，否则就会出现不熟练或者水平下降的情况。比如说踢足球，足球运动员为什么每天都要训练，就是因为如果他们不进行训练，水平就会下降，最后就会被淘汰。

在日常生活中，程序性记忆能起到非常重要的作用。

第一，程序性记忆可以让人们在进行复杂的例行活动时，保持大脑空闲去面对一些无法预知的情况。比如说一个控球非常熟练的足球运动员，他在激烈的比赛中就不需要把注意力集中在如何控球上，而是可以用更多的时间考虑怎么把足球传到更合适的地方，只有在对方球员上来抢球的时候注意一下控球就可以；再比如开车时，一般的司机都不用特别注意控制方向盘、油门和指示灯等，因为这些操作已经非常熟练了，只有在出现突发的情况，比如说躲避突然出现在马路上的行人时，才需要集中所有注意力进行驾驶。

第二，程序性记忆是许多习惯和偏好的根源。当人们能够记住某种商品的价格时，每次买这种商品的时候都会不自觉地把这个价格作为参考进行对比，从而得知哪家商店卖得便宜一些、哪家商店卖得贵一些。另外，当一些事物的某种条件发生改变时，我们在很长一段时间内仍然会根据以前的条件进行思考。比如说某个乡突然间把用了几十年的乡名改了，但是在很长一段时间内，人们在谈论到这个乡时，说出的依然是原来的乡名称，总是不习惯使用现在的乡名称。

第三，程序性记忆能够帮助人们回避一些危险。比如人们在吃了一种特殊的食物之后，出现了头晕、恶心等症状，那么从此以后人们再看到这些食物，就会感到头晕和恶心，从而拒绝食用。再比如当人们被某种动物咬伤之后，再次看到这种动物或者闻到和这种动物相似的气味时，都会感到心跳加剧，并且下意识地躲远点。这是一种典型的适应状况，这种适应状况在很多时候都和由于特殊原因引起的心理情绪变化有关。实际上，不只在回避危险方面，在一些快乐的事情上也会出现这种典型的适应状况，比如在巴甫洛夫的实验中，每次他在给狗喂食之前都要摇晃铃铛，一段时间之后，即使不喂食，摇晃铃铛之后，狗也会跑过来，这就是因为摇铃铛的响声引发了狗的程序性记忆。

第四，程序性记忆会引发一种诱饵效应。诱饵效应指的是人们会无意识地记住一些信息，当以后的某个时间需要用到这些信息时，它就能够使我们回忆当时情景的速度变得更快，也更容易。但是和我们有意识地记忆那些信息相比，这些信息的确定程度并不是很高，很多时候我们对这样的信息都持怀疑的态度。比如说一道问题的答案我们不知道，但是突然想起了很久之前做过的一道相似的问题，它的答案和这道问题一样，于是我们就能通过那道问题的答案回答出这道问题。当然，由于之前那道问题距离现在的时间太长，所以也可能会出现"答案究竟是这样还是那样"的疑问。

预先记忆和终极记忆

预先记忆是指人们对未来应该做的事情的记忆。预先记忆是人们要进行日常生活所必需的一种前瞻性记忆，它能使我们想起在未来应该履行的行为。

在人们的生活中，总是会展望一下自己的将来或者给未来做出一个计划，这很重要，因为它能让人们找到自己生活和奋斗的目标，告诉我们自己应该怎么去做。在记忆领域中，预先记忆起到的就是这样的一个作用。

预先记忆在人们的生活中经常出现，比如说生病的时候会提醒自己不要忘记什么时候吃药、买东西的时候应该要买什么东西等。预先记忆存储的信息主要是人们将要履行的行为和实现某些行为的时间，以及某些事情应该开始的最佳时间。在预先记忆中，记忆的动机和背景是最重要的，因为预先记忆的有效性只有在人们想起的时候才被确定。

在日常的生活中，我们经常会忘记做一些事情，比如忘记写作业、忘记买什么东西、忘记洗衣服等，这些都是因为人们的预先记忆出现了问题。这种情况经常会导致人们出现内疚或者沮丧的心理，使人们的情绪在一段时间内陷入低落当中。其实这种情况是很容易得到改变的：首先做事情要有条理、有计划，这样能够让我们理清思绪，有一个更清晰的大脑，做事情的时候才更方便；其次可以通过一些辅助的策略和道具来改变，比如说把将要做的事情记录到笔记本上，没事的时候多看一下，这样就不会忘记做事情。一些大公司的老总都会有一个日常表，记录着每天都要做什么事情，用的就是这个办法。这种行为实际上就是为记忆建立一种外部的线索，一旦关于某件事情的大脑内部线索遗失了，就可以通过外部线索重新找回来。

终极记忆就是把通过感官感知到的信息，如形状、颜色、声音、味觉等都联系到一起进行的记忆。

在日常生活中，我们记忆的很多信息都是不可靠的，比如我们看到的一些事情是假的或者我们听到的一些事情是假的，但是很多时候人们会凭借自己的记忆认为这些信息是真实的。这是因为我们在记忆的过程中，只是单纯的记忆眼睛看到的信息或者是耳朵听到的信息，并没有把这些信息和其他的一些情况结合起来。

很多时候，单一的感官系统所接收到的信息都是不真实的。比如说有一个小品中，A让B戴上了放着很大声的音乐的耳机，然后伸出大拇指在B面前比画，但是嘴里却在骂B，这时候B看到的信息只是A在对他比大拇指，还以为在夸他。这种信息其实就是不真实的，如果他的耳朵能听见A说的话，可能就不会那样高兴了。

因此，要想我们的记忆是最真实最清晰的，就必须把所有感官活动所得到的信息结合起来，形成终极记忆。就像我们吃苹果一样，不能捏着鼻子闭着眼睛吃，那样即使吃完了，我们又怎么能知道苹果到底是什么呢。

终极记忆的能力并不是天生的，这就说明我们应该自己努力去学会和运用这种能力。或许有一些人天生就拥有这种能力，但是在长大后却消失了，这说明很多记忆能力我们不用就会消失，也就是说人们能够通过对一些记忆能力的开发和利用来提高自己的记忆力。

第三章

记忆是如何运作的

大脑的不同部位,负责不同的记忆

人的记忆活动虽然都是在大脑当中进行的,但是这并不是说大脑内部的所有结构,都和记忆活动有紧密的关系。由于神经心理学的研究和现代脑成像技术的发展,人们对记忆的结构和通路的研究有了长足的发展。经过人们的研究发现,在大脑内部,与记忆活动关系密切的部位并不多,只有几个,其中记忆过程中起到最关键作用的部位主要有四个,分别是颞叶、杏仁核、额叶和丘脑。

颞叶是人的听觉中枢所在地,位置在大脑半球的外侧方,从前下方斜向后上方的侧沟下侧,靠近颞骨的地方,颞叶与记忆以及人的某些精神活动有关。例如一个清醒的病人,如果用无害的微弱电流刺激颞叶,病人可能会出现对往事的回忆,以及产生特异的幻觉等情况,比如听到了以往听过的音乐等。

颞叶和记忆的关系最为密切,一旦颞叶受到损伤,人就会失去长时记忆的能力,不论是视觉记忆还是听觉记忆,病人必然会表现出显著的记忆力衰退的情况。这主要是由两个方面的原因造成的。

一方面,颞叶外侧的新皮质层对记忆有重要的影响。研究表明,两侧颞叶新皮质层受损所产生的影响是不同的:如果左侧颞叶被切除,人的言语记忆会产生影响;而如果右侧颞叶被切除,人们对复杂几何图形的记忆、无意义的图形的学习和回忆、面貌以及声音的回忆都会严重受损。

另一方面，因为颞叶的内侧是海马结构，海马在长时记忆中扮演着重要的角色，主要就是用来固化长时记忆。一旦海马受到损伤，人就会产生记忆障碍，并且损伤越严重，记忆障碍就越严重。研究表明，左右两侧的海马单方面损伤造成的记忆障碍是不同的，在性质上有明显的差异。左侧海马的损伤会直接损害言语材料、数字以及无意义的音节的记忆；右侧海马的损伤则严重影响非言语材料的记忆、面貌的记忆、空间位置的记忆。

在大脑内部，影响记忆先后顺序的部位是额叶。曾经有人用两个实验证明了额叶在时间先后的记忆上发挥着至关重要的作用。第一个实验是用非语言刺激进行的实验，主要材料是照片、图画等。第一步是呈现出一系列配对的图片，要求被测试者记忆；第二步是出示一些配对的图片，要求被测试者指出这些配对的图片有没有在之前出现过，如果出现过，就必须指出这些图片出现的先后顺序。实验结果表明，在图片的再认和回忆上，右颞叶损伤者出现了轻微的衰退现象，右额叶损伤者则表现正常；在先后次序上，额叶损伤者出现了显著的记忆缺失，特别是右额叶损伤者的记忆缺损状况最为严重。第二个实验是用一系列配对的词语，进行了相似的实验。结果表明，回忆词语是否出现过，颞叶受到损伤的人会出现一些障碍，而额叶损伤者表现则完全正常；但是在先后次序的记忆上，额叶受到损伤的人，特别是左额叶损伤者，出现了十分明显的记忆障碍现象。

研究表明，遗忘症患者会出现脑萎缩的现象，同时，乳头体坏死和丘脑背内侧的某些损伤同样会出现在遗忘症患者身上，因此可以证明，遗忘症的出现和丘脑的损伤有明确的关系，也就是说，丘脑在记忆活动的过程中，也扮演着重要的角色。另外，在回忆过程中，丘脑也起到了重要的作用。在人们认识环境的过程中，特异性丘脑部位能够激活特异性皮层区域，这种情况下，一个人就会把它的注意力，引向储存记忆库。

杏仁核在记忆过程中，同样起着很重要的作用，它的主要作用是把感觉体验转化为记忆,促进记忆的会合。杏仁核复合体会沿着记忆系统中的一段通路和丘脑联系,把感觉输入信号汇集起来的神经纤维,送入与情绪有关的丘脑下部,因此它和皮层的所有感觉系统存在着直接的联系。一旦杏仁核被认为切除或受到损害,就会破坏视觉信息和触觉信息的汇聚,使人的辨别能力严重下降,这说明杏仁核在正常情况下会在联系不同感觉所形成的记忆中,发挥重要作用。

与记忆有关的生理单元

随着脑神经生理学的发展,有关记忆的研究越来越深入。研究表明,记忆不单单是和大脑皮层中的某些部位有密切的关系,同时和人的大脑中的某些生理单元也有着很紧密的关系。其中包括刺激痕迹、突触结构、核糖核酸、反响回路以及脑内代谢物。

刺激痕迹是指大脑在受到外界各种信息的刺激之后,会产生一种具有电流性质的痕迹,这种痕迹在经过多次强化之后,产生化学性质和组织上的变化,最终形成记忆的烙印。这种记忆痕迹和烙印,并不是固定在特定的部位,它是活动的。也就是说,刺激痕迹是形成记忆的基础。虽然这种说法并没有说明记忆的本质,但是观点本身是有一定的道理的。

突触结构的变化是长时记忆的生理基础。刺激的持续作用会使神经元的突触发生变化,比如神经元末梢的增大,树突的增多和边长,突触的间隙变窄,相邻的神经元因为突触内部的变化更容易相互影响等。曾经有人做过一个实验:将一窝刚生下的小白鼠分成两组,一组在有各种设备和玩具、内部非常丰富的环境中饲养,另一组则放在没有任何设备和玩具、贫瘠的环境中饲养。一个月之后,发现在内部丰富的环境中饲养的小白鼠大脑皮层的重量和弧度增加多一些,突触数目也增加很多,大脑中和记忆有关的化学物质浓度很高,学习行为很好。正是因为这个实验的结果,人们才认为突触结构的变化是长时记忆的生理基础。

反响回路是指神经系统中,皮层和平层下组织之间,存在的某种闭合的神经环路。当外界信息输入到大脑中之后,会对大脑产生一定的刺激,这种刺激会作用于环路的某一部分,使回路产生神经冲动。但是,在信息不再向大脑输入之后,也就是刺激停止之后,神经冲动却并没有停止,而是继续在回路中往返传递一段时间,而这段时间恰好就相当于短时记忆在大脑中储存的时间。因此,这种反响才被称为短时记忆的胜利基础。有研究者通过实验的方式来支持这种说法。研究者把白鼠分成两组,分别是实验组和控制组。首先让控制组建立起躲避反应,即把控制组放在一个窄小的台子上,让它总想着跳下来,同时台子下面通电,只要白鼠跳下来,就会被电流刺激,逼迫它跳回高台。经过一段时间的训练之后会发现,白鼠在台子上待的时间越来越长。这说明在反复的刺激后,白鼠形成了"台子下面有电"的记忆。这时候再次破坏白鼠的记忆,可以采用电击等方式,待到白鼠恢复正常后,重新进行之前的实验,发现它在台子上的时间依然较长,这就说明白鼠的长时记忆没有被破坏。随后让实验组的白鼠也形成躲避反应,并立即让它进入电休克状态,在恢复正常之后重新进行实验,发现它会立即从台子上向下跳,这说明白鼠失去了记忆。这种事实就说明电休克可能破坏躲避反应的回路,产生遗忘。所以说,反响回路是短时记忆的生理基础。

核糖核酸是记忆的物质基础。随着分子生物学兴起,人们对大脑活动过程中,生物大分子所起的作用的研究,取得了较大的进展,这就为在分子水平上揭示记忆之谜打下了基础。研究人员发现,因为学习和记忆引起的神经活动,会改变与之相关的那些神经元内部核糖核酸的细微化学结构,这就说明个体记忆经验是由神经元内的核糖核酸的分子结构来承担的。为了证明这个观点,研究人员做了两个实验:一个是瑞典神经生物化学家海登训练小白鼠走钢丝,成功之后对小白鼠进行解剖,发现小白鼠大脑内和平衡活动有关的神经元的核糖核酸含量明显增加;另一个实验是将抑制核糖核酸的化学物质,注射到动物脑内,发现动物的学习能力显著减退或完全消失。

乙酰胆碱对突触部位的化学变化有很大影响,它是由外界刺激之后的神经细胞的轴突末梢分泌的。它和游离钙发生反应,从而保证了神经冲动传递的通畅。这就说明,突触部位钙的堆积,会导致记忆力的衰退。还有研究表明，大脑中的五羟色胺拥有量的多少对记忆力有一定的影响，五羟色胺的水平下降，记忆力水平就会失调。

记忆的神经机制

人们的记忆能力和大脑的区域面积没有任何关系，也和大脑当中的细胞数量没有任何关系，即使是和重要的神经元细胞也没有关系，它主要取决于神将元之间接合处的数量和性质。

神经元是一种能够更新、传递和接受电脉冲的特殊细胞。电脉冲现象产生于活的生命体当中，因此也叫生物电，它会先在一个神经元内部传播，然后在构成整个神经系统的网络中传播。神经元与其他神经元接合的区域叫作突触。根据一些功能上的不同，每个神经元与其他神经元会通过一千到十万个突触连接在一起。电脉冲就是通过突触从一个神经元传递到其他的神经元上，最后遍布整个神经网络的。

大脑和整个神经系统的参与，是整个记忆功能正常运转的保证，其中神经系统负责传递和处理感情信息。但是长久以来，神经系统一直都属于不被人们认知的领域，直到科学技术发展到一定程度，神经系统才渐渐向人们敞开怀抱。整个神经系统是由无数个功能不同的神经元组成的，它包括中枢神经系统和周边神经系统两个部分，神经系统组成的网络也遍布全身的各个部分，包括所有的器官、关节、血管、肌肉等。

记忆在神经系统内运行的机制，叫作记忆的神经机制。根据记忆方式的不同，记忆的神经机制也是不同的，主要分为外显记忆的神经机制、内隐记忆的神经机制和工作记忆的神经机制。

外显记忆的形成必须有整个认知过程的参与，它能够对自身体验的事件和真实的信息进行编码。外显记忆的获取过程很简单，经常是一次尝试就能获得，并且能够随意取出，能准确地加以叙述。外显记忆的获得有包括海马、海马足和海马周围皮层等组成的系统参与，其中海马在哺乳动物的记忆形成过程中，起着重要的作用。

在20世纪70年代初，有人发现了一种长时程增强现象，这种现象的机制，在某种程度上揭示了外显记忆的神经机制。长时程增强现象是指在短暂而重复的高频刺激之后，海马神经通路中神经元的突触后电位将增大，持续时间长达数个小时，在整个动物身上的时间甚至能达到几天或几周。研究表明，有两种机制和长时程增强现象有关：一种机制是发生在突触前，即一旦长时程增强现象产生，突触后的细胞会产生逆行性，作用于突触的整个过程中，增加递质释放的持续性，使长时程增强现象能够持续下去；另一种是发生在突触后，即在高频刺激时，突触前释放的谷氨酸会使突触后的受体激活，产生膜去极化现象，从而把突触后的膜受体解脱出来，诱导长时程增强现象。现在已经有不少研究表明，长时程增强现象确实参与了记忆的存储，很多参与了长时程增强现象的受体会增强记忆的保留。

内隐记忆具有自动或反射的特性，它形成的过程一般没有意识过程的参与，也就是说内隐记忆的形成或取出，并不依赖于认知过程。内隐记忆包括习惯化、敏感化、经典条件作用等几种重要形式，各种形式的神经机制存在着一定的区别。

习惯化指的是人们在受到某种新的刺激时，会下意识地做出发射，当人们因为重复受到这种刺激而发现这种刺激没有危害的时候，就会学会抑制自己的反应，它是一种最简单的内隐记忆形式。这是因为人们在受到重复刺激的时候，突触的传递效率在感觉神经元与中间神经元和运动神经元之间降低，这种降低是持续性的，长时间之后可能会导致突触传递的停止，这就形成了习惯化。

敏感化是指人们在受到了一次伤害性的刺激之后，就会无意识地增强自身对各种刺激的反应，它是一种复杂的内隐记忆形式。敏感化包括短期敏感化和长期敏感化，研究表明，短期敏感化有突触前易化的参与，长期敏感化则包含感觉和运动神经元之间的易化。短期敏感化主要是感觉神经元上形成突触的中间神经元释放出的某种物质，能够直接调整感觉神经元递质的释放，也可能和受体结合，增加递质的释放。

经典条件作用指的是把一种刺激和另外一种刺激关联起来，是一种更为复杂的内隐记忆。它的机制主要是活动依赖性的突触前易化。

工作记忆是把当时的意识和大脑中存储的信息瞬间检索相结合所形成的记忆，它能对这些信息操作，也能短时存储和激活符号信息，对人类的信息存储和加工、推理、决策、思维、语言和行为组织都有重要的意义。工作记忆功能的发挥，需要依赖脑部各分散区域的协调和合作，其中起着最重要作用的是皮质的额叶部分。工作记忆就是在皮层的前额叶部分实现的。前额叶的神经元控制着运动中枢的神经元，对各种运动行为进行调节和控制，最终能兴奋或抑制其他脑区的活动。

潜意识仓库

潜意识仓库是指我们大脑中"意识之外"的用来存储我们感知过的所有事物的区域，这是大脑活动的潜意识区域，记忆就存储在这片区域中。

这是一片非常重要的区域，它存储这我们感知过的一切事物，即凡是我们所经历过、思考过和已经知道的事物，都会储存在这个仓库中。研究表明，只有当潜意识中储存的内容出现在我们的意识领域，并且产生回忆的结果，我们的记忆才算是从潜意识中走出来，成为真正意义上的记忆。

我们可以这样理解，外界信息在输入到大脑中之后，第一个停留的地点是潜意识仓库。当我们进行记忆活动的时候，潜意识仓库中的所有信息都将转化成各种各样的线索，而我们自身的主观意识会通过这些线索找到需要记忆的信息，并对其进行记忆，这样我们需要的信息就会形成记忆，而其他的信息依然会作为线索储存在潜意识仓库中。也就是说，潜意识仓库就是我们在进行记忆活动时的"原材料"集中地。

无论是什么样的信息，只要是我们感知过的，都会在大脑的潜意识仓库中留下痕迹，即使是我们对事物的感知非常细微，这种痕迹依然会存在。对事物的感知程度越高，印象越深刻，在潜意识中留下的痕迹就越深。当然，各种信息在潜意识仓库中储存的位置是不同的，感知程度高、印象深刻的信息，作为线索时也越清晰，在潜意识仓库中的位置就十分醒目，当我们需要记忆它们的时候，自身的主观意识会很容易就把它们搜寻到；而那些感知程度低、印象也不够深刻的信息，作为线索的时候也不会很清晰，在潜意识仓库中的位置自然也比较隐秘，当我们的主观意识去搜索时，也很难发现。这就相当于一个人，如果他站在你的面前，非常醒目的地方，那你一眼就能看到他；如果他藏在一个隐蔽的位置，你想找到他就会很困难，虽然说你下定决心去找的话，也能找到他，但是很可能会花费非常多的时间和精力。

我们经常会有这样的感觉，一件事物可能以前在某个地方看到过，但是无论如何也想不起来，这实际上就是因为这件事物在当初在我们的潜意识仓库中留下的痕迹不够深刻，作为线索的时候，很难被大脑主观意识搜索到。但是一旦我们长时间观察这个事物，就会突然间想起曾经看到过这个事物的地方，这就是因为我们感知的新内容也进入了潜意识仓库中，并且和原有的线索相结合，使其痕迹变得深刻，作为线索也变得明显了许多，所以我们的主观意识重新搜索到了这些信息。这就说明，潜意识仓库中的各种线索并不是一成不变的，内容相同的线索会结合起来，变成更清晰的线索；只要线索足够清晰，我们的主观意识都能够搜索到，那么任何信息都可能变成我们的记忆。

总之，只有在潜意识仓库中留下了线索和痕迹的信息，才有可能转化为我们的记忆。对于其中没有存储柜的信息，我们的主观意识永远也不可能在其中搜索到，自然也就没办法形成记忆。

动物也有记忆

在1904年获得诺贝尔奖的苏联生理学家伊万·巴甫洛夫曾经做过一个著名的实验，他每次给狗喂食的时候都会摇铃，经过几次之后，只要一摇铃，狗就会流口水，这证明狗能对刺激做出反应，也就是说狗有记忆。

在当时，这个实验结果可以用惊世骇俗来形容，甚至巴甫洛夫获得诺贝尔奖也是凭借这个实验的结果。但是100多年来，科学家对动物记忆的探索取得了巨大的进步。放到现在，这个实验根本就不值一提。现如今，各种动物表现出强大记忆能力的例子比比皆是，一些生物学家甚至在最初级的生物体上都发现了记忆。不同种类的动物在记忆能力上有很大的差别，有一些很弱，有一些则很强大，像一些高等脊椎动物、比如说狗的记忆能力，有时候甚至可以和人相比。

海狮能在记忆中长时间保存较少见到的猎物的图像，这是加利福尼亚大学的两个生物学家用十年时间训练和测试一头海狮所得到的结果。他们先让海狮学习一些符号、字母和数字等东西，然后在众多的卡片中辨认出这些东西，每辨认出来一个都会给它一份奖励。随着时间的推移，海狮学习的东西越来越多。在十年之后，生物学家向海狮展示了一些它从来没有学习过的符号、字母和数字，但是它依然能在众多的卡片中把这些符号、字母和数字找出来，这就证明了海狮有着强大的记忆力。生物学家们认为，海狮能够记住种类繁多的猎物，靠的都是这种强大的记忆能力。

鹦鹉能"学舌"，这是鹦鹉的记忆能力的展现。鹦鹉能够学人说话这个能力相信很多人都见识过，比如说当年很火的一部电视剧《还珠格格》里面小燕子就养了一只鹦鹉，而这只鹦鹉就会说"皇上吉祥"。加蓬有一只叫作亚历克斯的灰鹦鹉，它能够复述学到的所有词汇，被称为是现今最会说话的鹦鹉。它不仅能记住50多种物体的名字，还能辨别物体的类别，比如物体的形状和颜色等。如果给它展示一个蓝色、一个绿色两个相同形状和相同材料的物体，当问它有什么相似之处的时候，它会先说出形状，然后说出材料，这说明它对材料、颜色、形状等记忆的都非常清楚。

通过训练的狗通常能够做很多事情，比如训练有素的警犬，它们能够通过气味搜索敌人、能够在地震之后的地区搜索活人、能够寻找毒品或炸弹。再比如导盲犬能够帮助残疾人认路，还有一些狗能表演杂技等，这些都是因为狗能把它们接受训练时所学习的东西记忆住。

黑猩猩能够记住某些物品的作用和功能。人们经过长期的观察发现，一些黑猩猩专门使用某种形状的树枝捕捉白蚁，一些黑猩猩能够借助石头或者是木块来砸核桃，还有的知道利用海水清洗食物里的沙土来改善食物的味道。对于一些药用植物的使用效果，黑猩猩也能记住。比如一只黑猩猩在腹泻的时候吃了一种含有抗生素的合欢树的树皮，不久之后，和这只黑猩猩属于同一个族群的其他黑猩猩也知道在腹泻的时候应该吃这种含有抗生素的树皮。

大象和鲸能记住自己母亲教给自己的东西。大象和鲸掌握的知识，都是以从母亲到子女这样的方式传承下来的。年幼的大象知道迁徙过程中的安全区域和危险区域，是因为它们能记住老年大象教导的地理知识；小鲸鱼敢于毫无恐惧地去接近那些安全的船只，是因为它们记住了年长的雌鲸教导的哪些船只是有危险的这样的知识。

想象力——记忆的来源

记忆是一种生物过程，在这个过程中，信息被编码、重新读取。它使人类个性化，在动物王国里与众不同。

知道记忆究竟是什么以及它是怎样运作的，对开发人类的记忆力很重要。记忆力的形成需要特定的"路径"。记忆的形成取决于多个因素，而想象力参与了记忆的每个过程，因为正是它为记忆提供了所有的心理意象。它的创造力更体现在对储存在记忆中的信息能够有效地加以利用，以及在深刻理解现实的基础上进行的各种活动。但是它也会受你的期望或是挫折的影响，所以要有节制地放任想象力自由驰骋——它可能会带着你脱离轨道，最终导致错误的判断，甚至是失败！

18世纪，法国作家伏尔泰是这样定义想象的："它是每个有感知能力的人都能意识到他所具有的、在脑海中再现真实物体的能力。这种能力取决于记忆。我们能够看到人类、动物和花园，是因为我们通过感官接收到对它们的感知。记忆将这些感知信息保存起来；而想象把这些信息组合在一起。"

现代心理学证实了这个观点。想象力为记忆的主要组成部分——大脑形象的构成做出了很大的贡献。还有观点认为想象力具有利用以前记忆的信息进行复制再现的功能。另外，想象力还有再创造的能力，它可以重新排列大脑中已经存储的信息，建立新的组合；也可以改造以前经历中记录的形象，创造全新的联系。简而言之，想象力主要以先前已经存储在记忆中的材料为基础，进而创造出全新的形象。例如，当你在头脑中想象一种完全未知的动物时，实际上你是在将你所熟悉的各种动物的一些特征拼凑在一起。

所以，真正的创造性想象，首先要求有一些声音感知的信息，接下来需要一个存储状况良好的记忆，能够迅速而又轻松地提取出任何已存储的信息，最后就是创造全新组合的能力。这种创造能力仍然是建立在对已存储在记忆中的信息进行高效组合的基础之上的。在科学中，一个假想只有建立在对已观察到的现象做认真分析，以及对已有知识的精确掌握的基础之上，才有可能最终引向科学规律的发现。在物理中，要想对未来做出正确的预测，或是要保证计划方案的实施，最关键的条件就是对现实情况的准确把握和理解。能够根据现实情况来设计未来发展计划的能力，是对未来进行重大的干涉的前提条件。

创造出记忆力的杰作的，除了将分散的信息集中到一起，还有将它们组合在一起创造新的"事实"。

想象力总是建立在一些感官活动的基础上。经过良好训练的感官能力会使记忆变得更加高效，并且能够增强信息再现的能力。

想象力不只是伟大的创造者、艺术家或发明家的独有能力。爱幻想的儿童、遐想未来的成年人，还有在头脑中显现小说中的英雄人物和故事背景的人，他们都在运用自己的想象力。阅读（这会促使你的思想自由驰骋，将无数人物、景色和气氛的心理形象召唤出来）、写作，以及你对身边世界的兴趣和好奇心，所有这些都能激发想象力的创造能力。你的想象世界的产物也来源于你的欲望、你的幻想，还有你受到过的挫折。想象通常暗示出认为现实世界不够完整，并且相信有可能设计出新的、更加令人满意的版本，因为这些想象的版本比现实更加接近你的愿望。这就解释了为什么现实总是会让人的期望落空，例如被搬上银幕的小说、与原先互相联系但未曾谋面的人的会面，或是任何其他先做想象后化为现实的情况。

想象力的这种补偿性的作用，能够促使人行动。当然想象力也有它的缺点：会使人倾向于逃避现实，沉溺于幻想的世界中。你的想象力会跟你开玩笑，伪造对事物的感知，从而误导你将自己的幻想当成现实。因此，失去束缚的想象力是幻觉和失望的主要源泉。最终，它可能会伪造甚至扭曲事实，这些可以在白日梦、疯狂和说谎狂（情不自禁地伪造）症状中看到。

希腊哲学家亚里士多德相信人类的灵魂必须先通过在脑海里创建图片才能思考。他坚信，所有进入灵魂（或者说人脑）的信息和知识，都必须通过五感：触觉、味觉、嗅觉、视觉和听觉。首先发挥作用的是想象力，它修饰这些感觉所传来的信息，并把它们转化为图像。只有这样智慧才能开始处理这些信息。

换句话说，为了理解身边的每一件事物，我们必须不停地在脑中创造世界的模型。

我们中大部分人从小就学着在心中构造模型，并很快精于其中。我们可以单凭脚步声认出一个人，可以从一个人最细微的动作直觉地判断出他的情绪。而你现在正在做的事情就是更为典型的例子——你的眼睛轻而易举地扫过一行行杂乱的字符，与此同时，你的大脑识别出一组组词语并在大脑中同步，从而形成图像。

想象力能做很多事，其中最突出的大概就是梦境了，不过前提是我们能记住它。有很多种仪器可以帮助我们记住梦境，其中一种能检测快速眼部运动（REM）的护目镜已经经过志愿者的测试。REM 睡眠是梦境最活跃的阶段，它一般仅在特定时间突发，持续时间也很短。一旦REM 发生，检测器会在护目镜内部发出一道小闪光。这样做的目的是为了让志愿者能在睡眠状态下逐渐意识到他在做梦。这种亚清醒状态可以让人以奇妙的旁观视角，来体验想象力的虚拟世界。试验报告指出，"所有的物体看起来都像是全息真彩照片，每一个细节都非常完美"。多年不见的亲友，面孔会被精确地再现在眼前，而且这一切体验都真实得不可思议。

记忆的运行

记忆的运行过程会牵涉到整个身体的参与，它的每一个步骤都需要感觉、认知和情感的参与。因此，感觉和知觉对记忆来说，就像推理和思索一样重要。

飞机上的黑匣子会记录并保留机长和地面控制台在整个航行过程中的对话，以便需要时重新提取有用的信息，记忆的形成与之类似。它包括接收信息、保持信息的完整、在需要时再现该信息三步。但是，这三个步骤的顺利进行要依赖于一些在现实中实际上很少能遇到的条件。

接收信息以及从记忆中再次提取信息是大脑的一个十分复杂的运转过程。对信息的接收、编码、整理和巩固是这个过程的必要步骤。了解记忆这个奇妙的运行过程，对充分发挥记忆的潜能非常有用。

第一步，接收信息的要素。

接受信息首先要求感官——视觉、听觉、嗅觉、触觉和味觉有效地发挥功效。一般情况下，记忆信息所出现的问题都可以在检查信息进入"黑匣子"的方式之后找到原因。如果看不清楚或者听不清楚，就无法清楚地记忆。事实上，如果你的感觉不够灵敏，你是无法记住任何信息的；所以不要归罪于记忆力，而应该训练你的感觉器官。

另一方面，良好的感觉系统也不能代表一切。另一个重要的因素是集中注意力，这是由诸如兴趣、好奇心和比较平静的心理状态决定的。有效地接收信息决定于拥有正确的思维模式，以及保持信息过程不受干扰。

在19世纪90年代，一些发明家（包括托马斯·爱迪生）在记录音像方面取得了成功。但是真正成功地完善了用胶片捕捉动作系统的人，还是要数法国人路易斯·卢米埃尔，如今我们的照相机依然保留着他所发明的图像捕捉方式，只是在每秒钟所捕捉的图像数量上有了变化：从过去的16个变成了现在的18个。

第二步，信息的编码和整理。

你所接收的所有信息会先被转化成"大脑语言"。这是一个被称为编码的生理过程，在这一过程中信息被输入记忆系统。在编码过程中，新的信息和记忆中已存储的相关的部分放置在一起。它会被分给一个特定的代号，可能是一种气味、一个形象、一小段音乐，或者是一个字——任何标记符号都可以，只要能够使这个信息被重新提取。如果一个词"柠檬"被用"水果""有酸味儿""圆形"或是"黄色"来编码，那么当你不能自发地回忆起这个信息时，这几个特征中的任何一个都可以帮助你回忆起它。如果你接收的信息属于一个新的类别，大脑会给它一个新的代号，并与记忆已经存储的信息类别建立联系。信息再现的效率取决于大脑对这条信息的编码程度，还有数据的组织情况和数据之间的联系。这个过程需要利用人脑对过去的丰富记忆做基础，对每个个体来说，这个过程都是独特的，而且它的进行方式也是不同的。尽管如此，信息编码的潜能还是要受到大脑接收信息能力大小的限制——一次最多可以对 5～7 条信息进行编码。

此时，信息的性质就从一种从外界接收的感官信息，转变成了一个心理映像，也就是大脑受到某种行为刺激而导致的转换过程的产物。然后，这条信息就会被保存在记忆里，只是保存的种类、强度和持续期限各不相同。

短期记忆主要是一些日常生活中的事情，这样的记忆只需要保留到任务完成——比如说购物、打电话等。

普通记忆，或者叫中期记忆，对需要一定程度的注意力的信息发挥作用。我们对这些信息感兴趣，并希望把它传递到大脑中。个人能力、时间段、感官所受的训练，还有信息所包含的情感因素，都会影响到普通记忆的多样性。普通记忆是生活中利用频率最高的。尽管如此，它的潜在容量却无法预测，没有人知道它的极限是多大。

长时记忆会在我们不自知的状态下，不需做任何额外的努力就能把一些信息铭刻于心。通常，能唤起强烈情感的事件是形成无法磨灭的记忆的基础。它们内在的情感性使我们倾向于向别人讲述，而这个叙述的过程会将记忆巩固并存储到大脑的更深处。我们并不受这些深层的记忆所控制，这些被埋葬的记忆表面上似乎被长久地遗忘了，事实上却会在任何时刻重现脑海：出现在梦中或是被某种气味唤醒。

第三步，巩固。

有些信息由于自身所附带的强烈情感因素，会在记忆中自动留下难以磨灭的印象；而有些信息，如果你想把它们保留得久一些，就必须用一些方法去巩固它们，而这种巩固的过程需要存储信息时良好的组织工作。一条新的信息首先必须被划分到合适的类别中，就像你把一个新的文件放进一个文件柜时需要做的一样。至于把它们划分为哪一类，就要看你个人的信息分类标准——按照意义、形状等，或者被包含在某个计划、故事中，又或者是所能唤起的联想。举个例子，"文明"这个词，作为"文化"的义项可以被划分为"名词"的类别，但是作为"社会发展到较高阶段"的义项又可以和形容词建立联系。不过你也可能会用别的分类方式，因为没有任何两个人会对同一条信息采用同一种分类方式。

当你把新的文件归档时，很可能会把它放在其他已存的文件的前面；同样，处在不停变动中的记忆库会把新的信息储存在旧的信息之前，这样的过程不断重复，越来越多的新信息被存储，最终，"文明"的文件将会被彻底地覆盖。只有在你再次使用这个词时，它才能回到文件夹的最前面；否则，它将被转移到文件夹的最后面，束之高阁，就像其他被遗忘的信息那样。所以为了确保信息得到有效的巩固，仅仅组编数据还不够，在最初的24小时之内必须重复信息4～5遍，之后还要有规律地重复记忆，这样才能避免信息被遗忘。如果信息的重复工作得到很好的实践，我们就可以随时根据需要从记忆中提取完整的信息。

记忆形成的步骤

记忆的形成主要包括三个步骤，分别是编码、储存和提取。

信息的编码就是信息的获取，就是以各种方式加工需要学习的信息，把来自感官的信息变成记忆系统能够接受和使用的形式，它是记忆的第一个基本过程。一般来说，我们通过感官获得的外界信息想要转化成记忆，就必须要先转化成各种不同的记忆代码。

对信息进行编码的过程叫作识记，这是人们获得和巩固个体经验的过程。

根据需要识记的材料是否有意义和学习者是否明白材料的意义，识记分为机械识记和意义识记。机械识记是指对没有意义的材料或还没有理解事物的意义的情况下，根据事物的外部联系，采用机械重复的方法进行识记，比如说记忆地名、电话号码和人名等。意义识记是指在理解材料内在联系的基础上进行的识记。

机械识记和意义识记都有各自的优点和缺点。机械识记的优点是识记材料的准确性能够得到保证，缺点是花费的时间大、消耗的能力和精力多。虽然机械识记的缺点如此严重，但是由于现实生活中总有一些毫无意义的材料需要我们记忆，所以机械识记是不可缺少的。意义识记的优点是记忆方便、简单，可保持的时间长，提取也容易，在记忆的全面性和牢固性上有很大优势，缺点是识记材料的准确性可能得不到保证。

机械识记和意义识记全都不可缺少，二者的关系是相互依赖、相互补充的：机械识记需要意义识记的指导和帮助，比如说想要更有效地记忆一些没有内在联系的材料，可以人为赋予这些材料一定的意义，方便人们识记；意义识记想要达到对材料识记精确和熟练的程度，也离不开机械识记的帮助。

根据实际的意图和目的是否明确，以及主体是否付出了意志努力，识记还可以分为无意识记和有意识记。无意识记是指没有任何目的和方法的随意识记；有意识记是指有明确目的、策略和方法，并且付出一定的努力而进行的识记。

人们能通过无意识记记住很多东西，往往是在偶然之间，我们就把一些重要的东西记住了。但是这也并不是说我们只要坚持无意识记就可以，无意识记具有强烈的偶然性和选择性，内容也具有随机性，虽然能帮助我们记忆很多重要的东西，但是更多、更重要的东西却不能记住，因此有意识记也是必须要存在的。

事实证明，在同等条件下或者在大多数时候，有意识记的效果要比无意识记的效果更显著，因为它的目的更明确、任务更具体、方法更灵活多样，并且有强烈的思维活动和意志努力，因此，在日常的工作和学习中，有意识记占主要地位。

信息的储存是记忆形成的第二个步骤。信息的储存也叫保持，它是一个过程，把做过的动作、体验过的情感、思考过的问题、感知过的事物等信息，以一定的形式储存在头脑中，是识记的延续。想要顺利提取头脑当中的信息，必须把已经编码的信息在大脑中储存起来。保持是一种主动的行为，需要我们自己努力想办法储存信息，不能指望信息自动储存。

信息在经过长时间储存之后，在质和量两方面都会发生变化。

在量的方面，保持的信息可能会增加，也可能会减少。增加是指在学习某种材料一段时间之后的保持量可能比学习后立即测量时的保持量要高，这是因为对材料的反复识记和消化理解材料的意义所造成的；减少是指储存后的某些信息可能在一段时间之后就回忆不起来或者回忆发生错误，也就是遗忘现象。

在质的方面，保持的信息可能会变得简略和概括，也可能会更加完整、具体和详细，并且更有意义，或者是更有特色。变得简略和概括是因为我们保持的信息当中的一些不必要的部分和多余的部分被逐渐遗忘；更具体或者更有特色是因为随着时间的推移，越来越多的信息被储存并且和我们保持的信息联系了起来。

把储存在记忆系统中的信息提取出来的过程，就是再现，它是使储存在记忆系统中的信息变得有意义的一个过程，也是记忆过程的最后一个步骤。

再现有两种基本形式，分别是再认和回忆。再认是指过去识记过的材料、经历过的事物等信息，再次呈现时，有熟悉的感觉并且能够回想起来的过程；回忆是指过去识记过的材料、经历过的事物等信息不在眼前，但是仍然可以回想起来的过程。再认和回忆都是对过去记忆过的信息的提取，但是因为有明确的线索和提示的帮助，再认比回忆更容易提取信息。能够回忆的内容，一般都能再认；能再认的信息却并不一定能够回忆。

再现基本上都是主动再现，因为再现是有明确目的和对象的提取信息，这需要人们努力开动脑筋才能做到。很少会有一些无关紧要的信息莫名其妙地出现在人的脑海中，除非是一些对人们的情绪影响非常大的信息。

信息的再现有时候可能会失败，但是不用担心，经过一些正确的引导和提示，人们依然能顺利再现出自己所需要的信息。

记忆形成的这三个步骤之间有着紧密的关系，它们相互联系，相互制约：识记是保持的前提条件，保持是识记的巩固手段，再现是记忆的表现形式；只有储存的信息才能被提取，信息的存储方式决定着信息的提取方式；识记和保持是积累知识经验，再现是应用知识经验。所以说，整个记忆过程是不可分割的，想要提高记忆，必须要把握住这三者之间的联系。

记忆的工作原理

对学习内容进行分析有助于记忆。但是应该遵循什么原则来优化这种分析呢？为了回答这个问题，心理学家设计了一些实验来实践不同的编码方式。

当我们在大脑中"操纵"一条信息时，会进行不同类型的分析——书写（NO：是小写还是大写）、发音（"湍"与"惴"是念同样的音吗）或者语义（溜须拍马：比喻谄媚奉承）。

心理学家所做的各种实验表明，最后一种处理方式——自问词汇的意思，而非发音或者书写形式——有助于更好地记忆，这一过程经过了一个更为深入的分析。因此，这通常是我们学习时最经常的自发性处理方式。由此可见，在记忆领域也一样，"最好不要只相信表面"。

如果成功地在信息与自我之间建立联系，很有可能改善我们的记忆能力。为了记住像"过滤器"这样普通的词，可以联想自己曾经弄坏了一个过滤器，另一个借给了邻居，在一个月前我们买了第三个。这一过程叫作"自我参考"，能最大限度地调动我们的精神重心，从而强化此词汇在长期记忆中的痕迹。

我们是否必须不惜任何代价地弄清楚一个词的意思，或者将其与我们的个人生活联系在一起？事实上，我们还需要考虑到信息的不同类型。如果需要记住的是一篇散文，最好把注意力集中在它所要表达的意思上。但是，如果要背诵一首诗歌，最好注意诗句的节奏及韵律，这些才是易化记忆的有用线索。至于诗歌的意思，在回忆的时候它将帮助重组诗歌的主题。

信息不是以把东西放在仓库或商店里的方式存储在大脑中，因此信息的记忆需要被巩固。我们时刻面临着遗忘的挑战，因此必须要强化记忆痕迹，以增加信息被长期保存的机会。反复学习有助于巩固知识，并延长记忆。

当然，有时候，我们能毫不费力地想起一些事情。而有些时候，话就在嘴边，但是我们需要一个线索才能够回想起来。事实上，存在3种方式来"找回"记忆。

第一，自由回忆。

这种回忆是最困难的。在日常生活中，常以开放式问题的方式出现，例如"你昨天晚上吃了什么"。而在关于记忆障碍的会诊时，医生或者心理学家会询问被测试者："请告诉我你刚才所学的4个词。"

第二，借助线索易化回忆。

这种回忆可以依赖于某种辅助条件来减少可能的答案。比如，在上面的第一个问题中加入一条普通的信息，"那是一种主要原料为苹果的甜点"。在第二种情况下，医生和心理学家也给出了线索："它有可能涉及一棵树、一种鸟、一种乐器或是一种水果。"

第三，通过识别易化回忆。

在这种情况下，可以在不同的可能性中选择答案。比如，第一个问题会变成"涉及一个苹果夹心蛋糕、黄油面包片还是一盒苹果酱"。在第二种情况下，医生和心理学家将给出提示："在以下8个词中找出那4个词，鹳、李子、铃鼓、山毛榉、乌鸦、竖琴、桦树、菠萝。"

事实上，一个信息的所有元素还包括我们记忆时所依靠的背景环境，它们常常在不为我们所知的情况下被记住了，正如一些生理现象（饥饿、口渴、快乐、兴奋、呼吸加快、心跳等），还有一些背景则是我们能识别的，如时间和地点。

1975年，英国心理学家邓肯·戈顿和艾伦·巴德雷做了一个实验，要求一个大学俱乐部的潜水员分成两组学习40个词，第一组潜入水中学习，第二组坐在沙滩上学习。然后要求每一组的一部分成员在水中回忆，另一部分成员在沙滩上回忆。结果，第一组在水中回忆的人平均记住11~12个词，而在沙滩上回忆的人平均记住8~9个词；第二组在沙滩上回忆的人大约能记住14个词，而在水中回忆的人平均记住8~9个词。

也就是说，面对同等的要求，当回忆和学习的背景环境相同时效果更好。通过对饮用酒精或者吸食大麻的人的观测，也证实了这一结论。

如何使演出令人难以忘怀？美国心理学家杰罗姆·瑟赫斯特考察了城市大剧院的演出，他询问了25年里的观众对284场演出的记忆。结果发现，被记得最牢的是一个歌手或者乐队指挥的名字。一个4人专家评委组给出的解释是，这些人在公众中特别引人注目。有感情才能有特征——初次表演或第一次和爱人约会的地方——我们才能将日期或地点记得更牢。

另一方面我们发现，人们能够更好地记住具有积极意义的词（快乐、幸福等），除非一个人具有消极的情绪或者患有抑郁症，描述不愉悦东西的词（害怕、恐怖等）则更容易被记住。

"2003年8月到达纽约时，我想起2000年夏季的一些经历。"重新进入我们获得信息的背景，回忆会变得更容易。这种记忆的"回归"可能是自觉的或者是不自觉的。有时候，学习时背景环境的独一性足以使得大量细节重新涌现出来：你住所附近新开的一家意大利餐厅的一份佳肴，就有可能引发出曾经在意大利的一次旅行的回忆。

相反，有时候由于背景环境的改变，我们无法想起一些事：在考试的时候，我们无法想起一些课程细节，而这些我们却在家里复习过了，并且已经很好地掌握了。

为了解释这种现象，心理学家提出特殊的编码原则：如果学习和回忆的背景环境相同，那么我们的记忆更有效。例如，当我们想找回某个记忆时，有时候"往回走"是很有用的，也就是在脑海中重新经历当时的过程。

第四章

忘记或记忆丧失

遗忘是正常的

相信很多学生都经历过这样的事情，在考试的时候遇到一些问题，发现以前会做并且做过，印象很深刻，但是当又一次遇到之后，却怎么也想不起来到底应该怎么做了；很多人可能也有这样的经历，一个以前认识的人，在很久不见之后再一次见面，自己明明知道认识这个人，却怎么也想不起来这个人叫什么名字；还有这样的事情，我们在某一天做过了一件什么事情，但是在一段时间之后，却怎么都想不起来自己在那天究竟做了什么事情。这样的事情可能每时每刻都在发生，我们把它叫作遗忘。

遗忘实际上就是记忆力减退，随着年龄的增长，记忆的能力也会发生显著改变，记忆力减退是很正常的事情。研究表明，67%的成年人都担心自己记忆力的减退和损失。至于记忆力减退的原因，包含着几个方面。

第一，时间的流逝会导致记忆力的减退。

时间能够改变一切，随着时间的流逝，人的大脑内部也在发生着一些改变，最明显的变化就是旧细胞的衰亡和新细胞的诞生。由于人们记忆的信息主要存在于大脑当中，确切地说是存在于大脑的各个细胞当中，那么因为大脑内细胞的衰亡，导致记忆力发生减退就是很正常的情况。随着年龄的增长，我们遗忘的东西会越来越多。

另外，输入到人脑当中的信息必须不断进行复习和使用，这样人们才能记忆深刻。可是随着时间的流逝，输入到人脑当中的信息越来越多，人们需要记忆的信息也越来越多，很多信息会因为人们精力有限而没时间去重复，这就会导致一些早先储存在人脑当中的信息，因为缺乏使用和练习而被人们遗忘。孔子也说过"温故而知新"，就是因为只有经常温习已经学过的东西才能强化记忆。如果不进行温习，那学过的东西必然会随着时间的流逝而逐渐遗忘。当然，也正是因为输入到人脑当中的信息越来越多，人们想要提取早期存储的某些信息越来越困难，人们没有更多的注意力和精力投入到这个方面，这种情况下自然就会遗忘。

而且，随着时间的流逝，人们记忆的东西越来越多，因为一些原因可能会导致新的记忆干扰到旧的记忆，这也会导致遗忘。比如，我们认识一个人，同时对这个人有一定的印象，但是后来又认识了一个和这个人同名同姓的人，并且后面这个人还做了一件令我们印象深刻的事情。由于这件事情实在让人无法遗忘，所以当以后提到这个名字的时候我们就会想到这件事情，虽然我们自己也知道是认识两个同名同姓的人，但是还是可能因为这件事情的干扰，使得一提起这个名字，我们可能就只能想起后面这个人，这也是一种遗忘。

再有，随着时间的流逝，人们记忆的动机也在不断发生变化。人们所处的环境、地位等发生变化之后，很可能会导致之前记忆的某些信息失去了作用，这样的结果就是人们会失去记忆这些信息的动机。失去了记忆的动机，人们对信息的关注度就会下降，复习和使用的频率也会大大减少，这样逐渐就会产生遗忘。

第二，一些心理因素会导致遗忘。

心理上的某些因素对记忆力的伤害无疑是更大的，比如说有很大的压力、焦躁的情绪、悲伤、感情受伤等情况，都会对记忆力产生很严重的影响。这样的事情在我们身边就经常发生，例如很多学习很好的学生，经常在考试的时候发挥得很不理想，平时很熟练的问题考试的时候都回答不出来了，问原因得到的答案是考试的时候紧张，很多东西都忘记了；再比如有些人去面试，本来在之前准备得很充分，可是在面试的时候还是语无伦次，原因也是因为紧张，导致把自己准备的东西全都忘记了。实际上紧张就是心理的焦虑、焦躁引起的，因为紧张而导致的遗忘都是因为受到了心理因素的影响。

　　重大的创伤所造成的心理阴影，也会导致人们遗忘。一些重大的创伤，比如严重的车祸、地震、洪水、海啸等，可能会对人的生理和心理都造成重大的伤害，这样就会让人在潜意识里拒绝去回忆这些相关的内容，也会导致人们遗忘这些内容。

　　当人的心理在生活中发生极端的情绪变化时，大多数人就会把精力集中在自己内心的痛苦和斗争上面，从而忽略了对外部世界的注意。这样在记忆上面投入的精力减少到一定程度，自然就会导致记忆力的减退。

　　因为心理因素而导致的遗忘有时候只是暂时的，因为当人们的注意力重新集中之后，很多东西人们都能够想起来。另外，现代医学对于治疗这些心理问题的手段越来越多，相信在不久之后，心理因素对人们记忆力的影响会越来越小。

　　第三，一些其他的因素。

　　导致人们遗忘的因素还有很多，包括头部受伤、营养不良、神经系统问题、乱用药物、吸毒、酗酒、更年期和重大疾病等，当然，这些原因很多时候都是可以避免的。只要避开了这些因素，人们记忆力遗忘的现象一定会得到很大的改变。

舌尖现象

　　仿佛自相矛盾似的，记忆的一个方面存在于遗忘。实际上，要冒着记忆饱和的危险而记住每天所有影响你的信息是毫无意义的。这并不是说你不能借助于好的"拐杖"，或者不能同时做几件事情来确保你记忆力处于良好的状态。尽管有时候我们想要记住东西的欲望被我们的潜意识所阻止，但那些被抑制的信息仍然在那儿。

　　遗忘通常会表现为两种方式，一种是正常遗忘，一种是舌尖现象。

正行遗忘是一种积极的遗忘，也叫选择性记忆。记住你在上下班或者上下学途中遇到了多少个红灯有什么意义呢？不管怎样，你当然看到并且记住了它们，但是这些信息只是被短暂地使用一下，很快就会被消除。

所谓的正常记忆，是消除了你一天中所接受信息的90%～95%。这种积极的遗忘，通常叫作选择性记忆，它事实上是保留日常生活中那些重要信息的一种方法。没有它，你的记忆就会达到饱和。

这种积极的限制过程在每个人身上的表现是不一样的。有的人能够回忆起大量的细节。比如，他们会向你描述你们见面时你的发型和衣着等这样微小的细节。这种记忆并不意味着这些人拥有惊人的记忆力，只是说明这些人与世界的联系基于视觉印象。因为他们的注意力集中在外表上，因此他们不太可能记得其他的信息，诸如谈话的主题，或者关系的性质。

对另一些人来说，情况恰恰相反。他们忘记了所经历的境遇的自然物质环境，并且被认为是健忘的人！他们与这个世界的关系可能更多地基于情绪和个人经历，因而对物质的细节不是很感兴趣。

许许多多的因素影响着记忆的作用，而为了提高记忆表现，你必须重视那些与你最有关联的因素，以及为什么有时必须忘记一些事情。遗忘的定义是没有能力回忆、辨认，或者再生产以前学过的东西——换句话说，当有人问你"上星期一你做了什么"这类问题时，你脑子里一片空白。

当人们不得不说"我忘了"时，大多数人会感到非常失落甚至难堪。在你埋怨自己记忆力不好之前，应该先了解几个遗忘的真正原因。

遗忘是正常的——我们实际上不需要记住每件事情。没有遗忘，你的头会因为有太多的信息而发昏。所以，遗忘实际上对于记忆是至关重要的。因为你需要为你想要或需要记住的事情腾出地方来。

我们为什么需要忘记一些事情？主要有以下3个原因。

（1）衰退了的记忆。存在于感官记忆库中的信息似乎很快就会衰退。如果它进入了运作记忆——声音或形象记忆库，也许能在那儿待上30～40秒，然后消失，除非它被有意识地进行了加工（在声音记忆库里，这意味着复述说过的话或读过的东西。在形象记忆库里，意味着这些图像的形象操作）。如果没有被有意识地在短时记忆中进行加工，它就会消失。

（2）干涉。在短时记忆中的内容可能因为新信息的进入干涉而成为牺牲品。例如，你还能清楚地记得5分钟之前在想什么吗？

（3）存储失败。有时记忆没有得到适当或完全地存储，因此就难以从记忆库中再现。这意味着那儿根本就没有记忆，无法再现。如果某个记忆只有片段的存储，同样也很难再现。

我们通常会有这样恼人的经历，那就是知道的事偏偏记不起来。我们对这种现象似乎已经习以为常。其实这种现象叫作舌尖现象，从20世纪60年代中期开始，认知心理学家就对这种头脑堵塞或记忆暂时缺失进行了研究。现在已经可以全面揭示这种现象了。主流理论认为，当缺少必要的能使人回想的暗示时，一个词会堵在脑中出不来。这就可以解释为什么通常想不起来的词会在几分钟后浮出水面，也可以解释为什么在这种堵塞没有清除的情况下找到一个新思路，或找到与之相关的东西而使问题迎刃而解。

对于这些遗忘的情形，压力往往是罪魁祸首。我们大多数人都有过这样痛苦的经历，明明知道试题的答案，但由于时间紧又必须赶紧往下做，尽管记忆没有恢复，但一个与那个词密切相关的或发音相似的词已经在你脑中形成，而且在某种程度上阻碍着你找到那个确切的词。在这种情况下，一般来说最好想点别的，过一会儿再说。在脑中重组事件顺序、具体情形以及相关概念或按字母表顺序查找可能的联系，这些都可以帮你找到丢失的线索。

另外一种对于舌尖现象的解释是记忆构成出了问题。想想看，要回忆起一本索引缺失或者目录不完全的书中的内容是多么困难。自己的记忆很有可能以一种相似的模式在运转。我们非常清楚我们知道哪些东西，但有时就是想不起来。例如，当我们被问到瑞士的邻国都有哪些时，如果只是用脑子想，很有可能会想不全或者出现错误；但是假如给出一些选项让我们从中做出选择的话，就会立刻给出正确的答案。所以，大脑中的记忆是处在混乱状态的，除非我们很好地理顺这些记忆，做出一些标记，这样我们才能够准确回忆出自己想知道的事。但当我们在一些特定的环境或者在面对一些选择的时候，我们就会给出正确的答案。

在记忆英语单词的时候，我们应该依靠发音、拼写和词义来记忆词汇。想要记起时就可以通过声音、图像以及具体含义来解决这个问题，这样还能有效地降低"话在嘴边说不出"现象的发生频率。例如，最近老是想不起compound（复合物）这个词，于是就在脑海中想象一个疯狂的科学家在做实验，他把两种物质混合到一起，而且想象composition这个词的发音来帮助记忆，这样就再也不会忘了compound这个词。

遗忘是有规律的

在记忆的过程中，遗忘是必然的。虽然遗忘在每个人身上的表现各不相同，但是它依然是有一定的规律可循的。学者们经过长期的实验和研究后得出结论，认为遗忘的过程中主要有两个规律，一个是艾宾浩斯曲线，一个是系列位置效应。

艾宾浩斯曲线是德国著名的心理学家，通过实验的方法，他研究出记忆遗忘规律。很多人都认为，遗忘的过程是缓慢的，也是不间断的，在时间流逝的同时，记忆也会像一个泄露的容器一样，慢慢地把所有的内容漏空。但是，这种想法是错误的，它是人们对遗忘规律的一种误解。

当然，有一点不可否认，遗忘规律确实和时间的流逝有一定的关系，但绝对不是随着时间的流逝而缓慢、不间断地遗忘，而是一个由快变慢的过程。在这个过程中，遗忘的记忆信息并不均衡。艾宾浩斯经过实验后得出结论，遗忘的过程是遵循着一个对数曲线的变化规律，最初遗忘得很快，然后随着时间的推移，遗忘逐渐减缓。遗忘的过程从信息输入到脑海中的时候就已经开始了。大部分新输入到人们脑海中的信息，可能在1个小时之后就会被忘记。但是从这之后遗忘的速度逐渐开始减慢，可能一个月之后这些新信息的20%还留在我们的脑海中。随后剩余这些信息遗忘的过程将更加缓慢，可能在很长的一段时间之后，这些信息还留在我们的脑海中。

艾宾浩斯曲线总结的规律，只能算得上是正常情况下的记忆遗忘的规律。艾宾浩斯自己也认为，很多因素会影响到记忆的遗忘，比如使用的记忆方法、记忆者的重视程度、记忆材料的性质、记忆策略的选择、个人的心理因素等。比如心理紧张和压力大的时候遗忘的速度必然会加快，而当信息受到重视程度非常高的时候，遗忘的速度也一定会减慢。

艾宾浩斯在研究记忆规律的时候，还发现了艾宾浩斯曲线之外的另一种记忆规律，对于一连串的信息，开头的部分和末尾的部分往往比中间的部分更容易记忆，也就是说一连串信息的中间部分，是最容易被遗忘的。这种趋势叫作首位效应和末尾效应，也叫作系列位置效应。

系列位置效应主要是受到被记忆材料的特征的影响，指的是在多个信息连续被记忆的情况下，各个信息因为在记忆时的顺序和位置不同而影响到回忆。一般来说，最后被记忆的信息往往能最先被回忆起来，因为受到近因效应的影响，这些信息被遗忘的最少；因为首因效应的影响，遗忘较少的是最先被记住的信息；处在记忆中间位置的信息是被遗忘得最多的。很多的研究表明，记忆的中间部分更容易被遗忘，它的遗忘次数相当于两端的三倍左右。

系列位置效应形成的原因，主要分为两个方面。如果在信息被记忆之后马上进行回忆，那最先记忆的信息可能已经进入了长时记忆系统，因此遗忘得比较少；最后记忆的信息可能还处在短时记忆的阶段，回忆起来相当的容易，因此遗忘的也很少；而中间记忆的信息则处在短时记忆向长时记忆过渡的过程中，可能会受到前面信息的阻挡和后面信息的冲击，以及记忆信息之间的相互影响，导致信息流逝，因此遗忘得很多。如果是在记忆信息之后过一段时间再进行回忆，则遗忘现象依然会符合系列位置效应，只是这个时候中间部分信息遗忘得多的原因则是因为受到了前后信息的抑制的影响。其实这种情况和一些老师记忆学生名字的情况差不多，上过这么多年学的人都应该知道，基本上每个老师在记一个班的学生的时候，最先记住的总是学习好的那一部分和学习最差的那一部分，对于中间的那一部分，总是很容易忘记。

系统位置效应给人们带来了一个好处，它相当于给人们指点了一个进行信息的记忆的正确方法，那就是要把最重要的信息放在开头或者是结尾去记忆，而把那些相对来说不重要的信息放在中间去记忆，免得造成人们对重要信息的遗忘。

遗忘的规律也并不是不能够改变的，但是必须要用一定的方法和策略，同时也需要人们自己去努力。只有对记忆信息不断地复习和使用，才能够真正降低遗忘的速度和改变遗忘的规律。一般来说，对于记忆的复习需要坚持五步法则，主要是要求人们要严格把握记忆的时间，第一次是在记忆信息之后马上就进行，第二次是在24小时以后，随后在一个星期后、一个月以后和三个月以后，各进行三次复习，这样就应该能够保证记忆长期留在人们的脑海中，改变遗忘的规律，减少遗忘的损失。

拒绝进入和拒绝访问

很多时候导致人们遗忘的原因是拒绝进入和拒绝访问。

拒绝进入指的是虽然很多信息通过各种各样方式进入了人的大脑当中，但是却有相当一部分的信息根本就没有进入到人们的记忆库当中，只是形成了感觉记忆和工作记忆这种短时的记忆。

拒绝进入是一种好的现象，因为很多时候它能够阻止一些没有任何意义的信息进入到人们的记忆库当中，这样能够保证记忆库中的空间，也能够避免人们因为一些没有用处的信息而头昏脑涨。但是，它有时候也会阻碍一些对人们有很大作用的信息进入记忆库，这可能导致人们在日常的生活、学习和工作中受到一定的影响。

外界输入到人脑中的信息不能进入记忆库是由很多原因造成的。

第一是记忆的自动过滤。每时每刻输入到人脑当中的信息是不计其数的，这其中有很多的信息都没有任何用处。就比如说我们走在大路上看见一朵花开得很好看，这种信息对我们来说就没有用处。如果让这些信息也进入到人们的记忆库，就很有可能造成记忆库的负载过度，导致一些重要的信息被排除在记忆库之外。因此，当信息被输入到人脑当中的时候，大脑会自动把信息划分成有用的信息和没用的信息，并且把那些没有用的信息排除在记忆库之外。

第二是对信息重复次数不够。很多信息想要进入记忆库并且真正被记住，需要人们不断地重复记忆。如果不进行重复，这些信息就会衰退。就像是我们要背诵一篇很长的文言文，并不是一次就能够全部记住的，需要反复地进行记忆，否则我们就会发现根本就没记住。这是因为很多复杂困难的信息进入人脑之后只是一个过客，没有进入到记忆库当中，只有不断进行循环才能敲开记忆库的大门。在很多时候，简单重复通常都不会形成人们能长期保存的记忆。

第三是缺乏联想关系。很多时候有一些信息看起来是没有用处的，但是实际上对人们的用处很大。因为人们不能够发现这些信息的用处，导致这些信息输入到人的大脑当中后，会被大脑当作是无用的信息进行处理，从而排除在记忆库之外，这就使人们丧失了对这些信息进行记忆的机会。因此，有时候当信息输入到大脑当中之后，我们需要花费一些时间，发挥想象力，把这些信息和记忆库中已知的一些重要信息建立一定的联系，判断新输入到人脑当中的信息到底是不是有用处。

第四是对信息缺乏理解。想要把信息记得牢固，就一定要充分理解信息所包含的意义。许多时候，因为人们不能对信息的意义有充足的理解，会导致人们明明知道是重要的信息，却没有办法把信息记住，这就造成了很多重要信息的丢失。就像我们记住一个数学公式，单纯地记住这个公式并没有任何帮助，只有理解了这个公式的用途之后再记住它，它才会对人们有帮助。所以，很多时候一些重要的信息无法进入人的记忆库的原因的就是人们对这些信息缺乏足够的理解。

拒绝访问就是记忆的重现，指的是很多信息明明已经被记住了，但是当人们再想提取和使用的时候，却没有办法正常访问。

记忆并不是磁带，很多时候它都不会像磁带一样想重复就重复，很多原因都会造成记忆没有办法被访问的情况。

第一是信息被加工的深度和广度不够。一般都认为，信息在首次加工的时候越精细，就越有助于记忆，越不容易被遗忘。很多时候我们不能想起以前记忆的东西，就是因为在记忆的时候，对信息加工得不够精细。比如说我们记忆一块像一匹马的形状的石头，如果只是记住那是一块石头，我们以后就很难回想起它，因为在我们的记忆中可能会有无数的石头。但是，如果我们在记忆的时候对这块石头进行一下简单的加工，就记住这是一块像一匹马的形状的石头，我们以后再想起这块石头就一定很容易，因为它在我们的记忆当中是独一无二的。

第二是选择的记忆方式不对。信息的记忆是需要选择正确的方式的，很多时候选择正确的方式记忆信息会比选择其他方式记忆同样的信息的时间更持久。比如说我们记忆一个人，肯定要先记清楚这个人长什么样子，之后再去记他的名字，这样以后再想起这个人就会想起他的样子，就很难忘记。如果只是记住名字，以后回想起来就可能只想起这个名字，对于这个名字代表的是谁则完全不清楚，这就没有任何意义。

第三是记忆信息之间相互的干扰。记忆信息的时候会受到一些信息的干扰，访问记忆的时候也同样会受到一些信息的干扰。比如说我们在一天之内认识了很多人，知道了他们的名字和长相，但是很可能在第二天的时候我们会把人的样子和名字对不上号，这是因为这些信息输入到人脑当中的时间相近，信息的内容也十分相似。非常类似的信息比有明显区别的信息之间更容易互相干扰。

第四是缺乏足够的联系和暗示。很多时候失去了某些联系之后可能会影响记忆的访问。比如说我们在一部电影里面知道了一个明星，因为他扮演的人物实在是太好了，所以我们就记住了这个明星和他扮演的这个人物。而当这个明星出现在另外一部电影里面扮演另一个人物的时候，我们很可能会感觉这个人在哪里见过，但是就是想不起来，需要经过长时间的思考才能想起来这就是扮演先前那个角色的人。其实这就是因为两者之间脱离了联系才导致人们没有办法回忆起来。暗示也是同样的道理，还是这个例子，或许我们需要经过别人的提醒才能够想起来这个明星到底是谁，这就是一种暗示，如果没有这个暗示，我们同样很难回忆起来。

我们什么状况下要为自己的记忆力担忧

在现实生活中，有很多人总是因为自己记不住一些东西，总是抱怨自己的记忆，这是一种没有任何作用和意义的行为。记忆的主要问题就是记忆障碍，但是人们在对记忆抱怨的时候，并不能说明自己就有记忆障碍，因为没有疾病就没有记忆障碍。

很多时候，抱怨自己记忆的人其实都是杞人忧天，许多抱怨自己的记忆不好的人在进行记忆检查后都会发现，自己的记忆完全没有任何问题。一般情况下，人们认为自己的记忆力不好主要是由于缺乏注意力而造成的。要知道，想要记住某些信息，就一定要在这些信息上投入一定的精力和注意力，否则任何信息都很难记住。但是，由于输入到人脑当中的信息实在数量过多并且内容复杂，导致有时候人们没有办法在某些信息上面集中自己的注意力，这样就造成人们认为自己没有办法记住一些重要的信息，记忆力太差。

有时候人们的抱怨也是有一定的道理的，比如说一个被别人重复了无数次的问题仍然没有办法记住；经常会提醒自己但还是没有记住某个重要的日子；经常在马路上迷失方向，不论这条路是否走过；经常给某个亲密的人打电话却仍然没有记住人家的电话号码等，这些都是记忆力出现障碍的征兆。如果出现了这样的问题再去抱怨记忆力吧，因为这是真的出现了记忆力的障碍。

记忆力是否出现障碍并不是靠个人的感觉来决定的，这需要一系列的诊断之后才能确定。这种诊断并不是像我们去医院看病一样，要抽血、化验、做各种检查，而只是做一些关于记忆力的测试，通过这种手段来确定一个人的记忆力是否存在障碍。这种测试包括很多方面，有视觉记忆测试、听觉记忆测试、文化知识测试、个人经历问答等，它不仅需要测试一个人各个方面的记忆力，还要注重一个人的注意力、语言能力、演绎推理能力等各个方面的能力，测试可能是简单的，也可能是复杂的，只有把这些测试所得到的结果综合起来，才能对一个人的记忆力做出准确的判断。当人的记忆力如果真的出现问题之后，通过这些测试是很容易判断出来的。

如果测试的结果能证明自己的记忆力没有问题，那就不需要再去抱怨了，只要想办法集中自己的注意力，或者使用记忆术帮助，应该就能够很快改变自己记忆力不好的问题。如果有人在进行过测试和诊断之后，发现自己的记忆力真的出现了记忆力障碍的问题，那么就一定要抓紧时间进行治疗了。应该抓紧时间到医院进行一定的检查，大多数情况下，记忆力障碍都是由某些疾病引起的，比方说脑部疾病或是其他的一些疾病。通过医院的医学影像或是核磁共振等医学项目的检查，找到自身病症的根源，抓紧时间进行治疗，尽早除去病症。只要把疾病彻底去除，那么记忆力也就能够很快恢复。

记忆的局限

记忆并不是完美无缺的，它有一定的局限性，最直接的表现就是不准确或者是错误的记忆会给人们带来严重的影响。这种影响有时候会给人们造成巨大的伤害，比如说有些人可能会因为一些错误的记忆而导致自己失去一些重要的东西，因此所有人都会努力地去避免自己的记忆出现错误和不准确的因素。但是，记忆具有复杂性，这种复杂性会很容易导致记忆的歪曲，因此记忆出现错误这种事情不可避免。

记忆是一个复杂的过程，它包括信息的输入、储存和提取等几个环节。在这个过程当中，任何一个环节出现一点问题都会导致我们的记忆出现错误和不准确的因素。

记忆出现错误的主要原因是受到外界的影响。记忆的网络是复杂的，它是由感觉、情绪、话语、思想、情感、感官知觉、智力和想象等组成的，这种组成结构很容易受到人们主观意识的影响，比如说外界输入的信息、数据、事实、地点和事件等，一旦人的主观意识因为外界的影响而出现问题，人的记忆就会出现错误。另外，人的记忆痕迹也不能总保持一个完整的状态，它会随着时间的流逝和外界的影响而发生改变。即使是人的记忆痕迹非常清晰，也同样会因为某种原因的影响而极易发生变化，导致记忆出现错误，比如误解、分心、忘记别人的意见和建议等。

很多因素都会对人的记忆产生不好的影响，包括回忆提示的缺失；新记忆的信息对以前记忆的信息的干扰；记忆的衰退和错误的应用；内心的压抑；个人的感觉或经验；别人的指点和建议等。这些因素当中的任何一个因素都会对原始的记忆痕迹产生一定的干扰，导致人的记忆出现错误。比如内心的压抑，其实就是心理压力过大所造成的结果，这种压力可能会导致人的精神出现问题或产生一些疾病，抑郁症就是这种压力下的产物。一旦人受到的压力超过自身的承受极限就很可能会逃避现实，产生一些幻想，这些幻想会让人的心灵得到一定的安慰，人会不自觉地把自己的幻想当成发生过的事情，变成记忆，这就导致人的记忆发生严重错误。

由于内心的压抑而产生幻想所带来的记忆错误，是一种人为创造出来的错误。事实上，错误的记忆也并不完全是人为创造出来的，还有一些是因为人本身正确的记忆被歪曲而产生的。比如两个人共同做了一件事情，其中一个人因为某些原因把这件事情彻底忘记了，如果想要再回忆起这件事情，就需要另一个人的帮助。这个时候，就算另一个人说的情况和当时发生的情况不一样，那这个人也会相信，并且一旦次数多了还会把这个错误的情况当成自己的记忆，这样，人的记忆也会发生错误。

人的注意力或者是精力上发生问题，同样会导致记忆的错误，比如疏忽或者分心。这样的事情在现实中我们会经常遇到，就像我们要学习一个重要的知识，但是却因为自己的疏忽、大意导致注意力不集中，从而忽略了知识当中的关键点，导致我们以后用到这个知识的时候总会出现错误，这就是因为我们的记忆出现错误的原因。分心也是一样，本来我们应该记住某件事情，但是在记这件事情的时候我们又去记别的事情，这样就很可能导致我们所有事情都没有记好或是出现混淆，也会出现记忆错误。想要解决这种情况很简单，只要在记忆任何事情的时候集中注意力，这样就能够避免因为疏忽或者是分心所带来的记忆错误。

记忆中的误差同样是记忆的局限之一。记忆的误差主要存在于一些相似的信息、道听途说的信息、漫不经心的记忆和对信息的误解上。比如说对人的误解，每个人的性格都有很多方面，可能一个人本来是一个罪大恶极的罪犯，但是因为某些事情上面他帮助了你一次，这样在你的记忆中，这个人可能就是一个好人，这其实就是记忆的误差。再比如你想要买一件东西，可能听说这件东西是多少钱，所以在你的记忆中这件东西就是这些钱，但实际上东西的价格并不是这样的，这也是记忆的误差。记忆的误差对人同样有很大的坏处，它可能导致人们在某些事情上面做出错误的判断，影响人们很多计划的实施。

记忆误差不同于记忆错误，只要人们多发现、多记忆，并且集中自身的注意力，记忆错误可能很快就会发现。记忆误差在大多数时候是不容易被发现的，因为人们总是会把它当作是真实的信息记忆起来，并且在应用的时候也非常自信。

记忆误差在很多时候都不可避免，这就要求人们在记忆的时候一定要记忆全面的信息，或者是记忆那些自己能够确定真实的信息，尽量把记忆误差降低到最少。

记忆扭曲也属于记忆的局限。记忆扭曲是指因为某些原因而使人们的记忆发生了一些改变。记忆扭曲主要发生在一些犯罪事件当中的目击者身上，很多因素都会使犯罪事件的目击者记忆发生扭曲：比如巨大的压力，因为压力会造成目击者注意力的改变，导致他们的感官发生偏差；比如目击者遭受到了暴力的胁迫，也会使记忆变得扭曲、不准确；犯罪现场的一些其他信息吸引了人们的一部分注意力，或者是某些信息过于吸引人，也会造成记忆的扭曲，比如说目击者只注意了罪犯的衣着却忽略了罪犯的样子，这会导致穿着同样衣服的人都会被认为是罪犯。还有一个重要的原因也会使记忆发生扭曲，那就是主导性的提问，包括假定和暗示发生了某些事情。

记忆可以被引导

记忆是可以被引导的，在很多时候，记忆也需要被引导。比如说我们背诵一篇文章，本来已经全部记下来了，但是在背诵的时候由于某些因素而在中间卡住、背诵不出来了，这个时候如果有人提示一下，我们就能够继续背诵下去，这就是一种对记忆的引导。

引导就是在检索事件之前，连续提供一些精心挑选的内容，帮助人们顺利提取记忆信息，这是一种能够影响记忆的暗示。学生们在考试的时候，经常会碰到填空题，就是给一句话，中间有几个地方是空着的，需要学生去填写正确的词语或句子，那些已经给出的词语和句子起到的就是一种引导作用,引导学生们填写上没有给出的词语和句子。再比如以前有一个综艺节目中,有一个环节就是给出一段歌词,然后让嘉宾接出下面的歌词,那些已经给出的歌词的作用也是引导嘉宾的记忆。

引导的作用是巨大的,通过对记忆的引导,人们可能会了解和解决一些很重要的事情。比如说我们丢失了一件很重要的物品,但是怎么也想不起来是在哪里丢的,这个时候就需要对记忆进行引导,要先想起自己都去了哪里,然后做了什么,还有最后一次看到这件物品是在哪里等,通过这样一层一层的引导,找到物品丢失的地点,随后再去寻找。警务人员查一些重大的案件,比如杀人案时,很多目击者可能是因为受到了惊吓或刺激而不愿意去回忆当时的场面,这就会给警务人员查案带来很严重的困难,这个时候,为了顺利的破案,警务人员就需要对目击者进行引导,引导他们说出自己所看到的真相,以此来方便自己顺利破案。

引导也包括两个方面,一种是正确的引导,一种是错误的引导,也就是误导。对记忆进行正确的引导主要就是为了让人们能够想起一些重要的事情,起到的作用是积极的,它能让人们重新找回已经遗忘的记忆。误导是一些人为了达到某些目的而做出的一些错误的引导,一旦误导成功,很可能会出现一些严重的问题。就像我们看电视剧里,有一些律师为了能够让自己的雇主脱罪,在问询证人的时候会故意朝一些错误的方面进行引导,这就是误导。这样做的结果会打断证人的思路,让证人做出一些错误的证词或者没有办法再继续作证,导致明明有罪的人却不能被绳之以法,这就是误导可能带来的后果。误导并不能够消除人们的真正记忆,只是让人们对自己的某些记忆产生困惑和不信任。只要对自己的记忆有足够的自信,无论任何时候都以自己的记忆为准,误导其实是可以避免的。

任何人的记忆都有可能被引导,这一点每个人应该都能感受得到。但是,经过研究证明,记忆最容易被引导的人群还是儿童。因为儿童的许多事情都要依靠成年人,有些时候,为了取悦成年人和获得成年人的信任,儿童的记忆就会在压力之下变得脆弱不堪。一旦出现这种情况,儿童的记忆就很容易受到成年人的引导。

不同性质的遗忘症

遗忘症就是记忆的丧失,指的是人们对一定时间内的生活经历完全丧失或者是部分丧失。随着年龄的增长,许多人的记忆力下降,出现记忆障碍等问题,这就是遗忘症。

一般来说,遗忘症患者都拥有正常的智力、语言能力和瞬时记忆的广度。遗忘症患者并没有失去记忆的能力,只是长期记忆受到了损害,这种损害主要表现在一些外显记忆上,即对事实、时间或者能够回忆并有意识表达的陈述性记忆上,对内隐记忆的影响是很小的。即使得了遗忘症,患者也可以形成一些新的程序性记忆,比如一些习惯性的事情,像开车等。

遗忘症可能由很多原因引起,一种是大脑的损伤,一种是心理的损伤,还有一种是突发性的遗忘症。

大脑的损伤所引起的遗忘症主要包括顺行性遗忘和逆行性遗忘。

顺行性遗忘也叫近事遗忘症,意思是记忆信息的丧失发生在大脑受损伤之后,即大脑损伤之后无法记忆新的信息。

逆行性遗忘也叫远事遗忘症,意思是记忆信息的丧失发生在大脑受损伤之前,即大脑损伤之前所存储的信息很难找回来,这其中不包括一些先前的个人经历以及一些基本的文化知识。

引起大脑损伤的原因有很多,包括由某些疾病引起的,或者是因为某些意外造成了记忆的重要区域的损伤。

一是疱疹性脑炎。疱疹病毒会引起大脑内部某些区域的严重坏死,从而会导致近事遗忘症、某些已获得知识的遗忘和某些行为障碍。这种原因引起的遗忘症通常是永久性的,非常严重。

二是脑血管意外,包括脑出血、脑梗死等。脑血管意外会造成大脑内部某些区域的损毁。这些区域不一定和记忆有关,但是一旦和记忆有关的部位发生损毁,就会造成遗忘症的产生。

三是科萨科夫综合征。这是由俄罗斯医生柯萨科夫提出的一种罕见病症,这种病症产生的原因是人体内缺乏某些重要的维生素,从而造成大脑中应用于记忆的某些结构损坏，从而产生严重的遗忘症。

四是双海马脑回遗忘综合征。这种病症主要是由于海马脑回的损伤而造成的。海马脑回是进入记忆环路的入口，是记忆功能中十分重要的结构，它的损伤自然会导致严重的遗忘症。

五是帕金森病。帕金森病是最常见的精神疾病之一，它所造成的病变主要位于大脑中对程序记忆起到决定性作用的区域，因此会造成与注意力相关的短期记忆困难，使人们学习某种技艺的能力受到影响。

六是意识模糊遗忘综合征。这种情况是因为人体的某些整体功能退化而产生的，主要是新陈代谢紊乱和药物影响等造成人的注意力不集中，从而使人的意识越来越模糊，记忆力也逐渐受到影响。

七是颅骨创伤。颅骨创伤主要是因为头部遭到碰撞而引起的，主要包括交通事故、意外跌倒、工作或运动意外以及头部受到袭击等。轻微的颅骨创伤可能会导致暂时的记忆障碍，甚至不会出现任何问题。严重的颅骨创伤则会导致大脑中一些和记忆有关的部位，如颞叶和额下叶等受到严重的损伤，造成近事遗忘症或远事遗忘症。如果造成人昏迷不醒，则有可能导致更严重的遗忘症。

并不是所有的遗忘症都是由大脑损伤造成的，一些心理学家认为，有些遗忘症是由心理因素或者情感因素引起的。心理损伤引起的遗忘症主要包括选择性遗忘、分离性遗忘和界限性遗忘。

选择性遗忘是指为了满足一些特殊的心理需要和感情需求，经过高度选择之后，遗忘某些记忆。比如为了否认某些事情发生的事实而完全忘记这些事情发生的经过。

分离性遗忘是指患者本身所具有的知识和能力与其曾发生过的遗忘之间有着很明显的矛盾和距离，一方面遗忘了一些从事各种复杂事情和活动的能力，另一方面又会经常遗忘很多重要的事情。

界限性遗忘是指患者对过去生活中某个阶段的明确事件和经历完全没有记忆。这种遗忘所忘掉的经历通常是一些造成人们强烈的愤怒、恐惧和羞辱的事情，人们因为心理的原因而不愿意提及这些事情，所以产生了遗忘症。颅骨的损伤同样可能导致界限性遗忘。

心理损伤主要是由于人们受到了一些重大的刺激之后而产生的。人们一旦受到重大的刺激，心理很可能会没办法接受，特别是受到了严重的羞辱或者感情伤害，这样就会导致人们不愿意去记忆这些事情，因而产生了遗忘症。由心理损伤所引起的遗忘症并不一定是真正的遗忘，只是人们在某些状态下做出的一种有利于自己的选择，如果能够经过正确的引导，因为心理损伤所引起的遗忘是可以重新记忆起来的。

除了由大脑损伤和心理损伤引起的遗忘症之外，还有一种突发性的遗忘症。

突发性遗忘症大多发生在患者 50 岁以后，主要是因为争吵、被偷窃、不好的信息、某个人意外去世、突然改变环境、剧烈疼痛等引起的情绪波动，造成大脑中有关记忆的不稳出现某些问题，导致记忆的暂时中断所引起的。

突发性遗忘症可能会迅速引起严重的失忆，同时也会引起近事遗忘症。人可能会突然之间忘记几秒钟之前记住的信息，并且很难想起来，即使是给其提供几个选项去选择，也依然无法想起来。突发性遗忘症的患者完全意识不到自己的病症，只是对某些事情非常焦虑和困惑，而对于其他的事情的记忆则完全正常。就算是进行临床性的检查，患者也是完全正常的，也就是说突发性遗忘症没有办法治疗。所幸突发性遗忘症只是暂时的，患者可能在经过一段时间之后，症状就会完全消失，并且不再复发也没有任何后遗症。

焦虑和抑郁会削弱记忆力

焦虑和抑郁都会作用于记忆，但是不会造成本义的记忆障碍，只是会对记忆产生一些消极的影响。

焦虑通常是人在遇到某些事情如挑战、困难或者是危险时所出现的一种正常的情绪反应，是一种缺乏明显客观原因的内心不安或没有根据的恐惧，一般情况下和人受到的精神打击以及即将来临的、可能造成的威胁和危险有一定联系。

焦虑和恐惧有一定的关系，特别是在情绪表现方面十分相似。但是它们之间又有着明显的区别：焦虑的根源无论是真实存在的还是自我想象出来的,都是被过高估计了;而恐惧的根源则是真实存在的,并且不存在过高估计的因素。

现实中很多人都会陷入焦虑的情绪当中,有过这样经历的人都知道,一旦人产生了焦虑的情绪,那么这个人无论做任何事情都没有办法集中注意力。其实这就是焦虑的特征,许多焦虑的人都不能将注意力集中在他们身外的任何事情上面。焦虑的人主要表现为内心紧张不安,有时候甚至会产生一些生理上的症状和说不清楚的恐惧。焦虑的人头脑中总会因为一些莫名其妙的事情而感到担忧,从而把自己的注意力都转移到了自己的担忧上,这就有可能会对记忆力产生一定的影响。

焦虑会使人产生记忆空洞,在所有信息都没有遗失的情况下,人却没有办法使用有效的策略寻找出自己所需要的数据和资料,这就是记忆空洞。焦虑还可能阻碍人回忆某些事情,比如明明我们会的知识,但是在考试的时候却无论如何也想不起来,这就是由于焦虑而造成的;再有人们在焦虑的时候,听别人谈一些重要的事情可能只会记住其中的一部分,而另外的部分则遗忘掉了。

引起焦虑的原因有很多:第一是遗传因素,遗传的因素决定了人的易感素质,而焦虑则是环境因素通过易感素质共同作用的结果;第二是人的性格特征,人的很多种性格会造成焦虑,比如说自卑、缺乏自信、胆小怕事、做事谨小慎微、接受不了挫折等;第三是精神因素,主要是人因为对某些事物和事情的不满所造成的。

焦虑会引起很多问题和症状,包括失眠、出汗、恐惧、易怒、焦躁不安、头昏眼花、腹泻、一阵一阵的恐慌、神经过敏、有不祥的预感、注意力不能集中等。

解决焦虑的方法一种是药物治疗,一种是自我治疗。药物治疗主要就是通过使用一些抗焦虑的药物来治疗焦虑。药物治疗的副作用很小,但是药物治疗容易使人对药物产生依赖,因此想要停止药物治疗就必须缓慢进行,不能够突然之间停止用药。自我治疗属于一种心理上的治疗,主要是通过一些正确的方法来减轻和消除自己的焦虑,包括增强自信、自我松弛、自我反省、自我刺激和自我催眠等。

想要彻底解决焦虑问题,重点并不在治疗上,而是在预防上,正所谓预防重于治疗，规律的生活、充分的营养和适当的运动，是预防焦虑等负面情绪的最基本的方法。

抑郁是一种心理行为，是精神科自杀率最高的一种症状，主要表现为抑郁症。抑郁症被称为精神病学中的感冒，发病率很高，现在已经成为全球疾病中给人类造成第二负担的病症，不但会对患者和患者家属造成痛苦，还会给社会造成很严重的损失。

抑郁症可能是由很多原因造成的：第一是人的性格特征，以悲观的情绪来看待这个世界，不注意美好的事情，专注于坏的事情，用悲观的方式来对待所有问题，都有可能造成抑郁症的产生。第二是遗传因素，抑郁症具有家族聚集性，单卵双生子研究显示，双生子的一方发生抑郁症，其同胞发生抑郁症的危险性高达70%，相反，非双生子的兄弟姐妹中有一个发生抑郁症，其他兄弟姐妹发生抑郁症的危险性则很低。第三是一些突发事件的影响，比如冲突、失业、孤独、失去重要东西等事情的影响，都可能引发抑郁症的产生。第四是某些疾病或者药物，比如流感、肝炎、贫血、避孕药、酒精、心脏病、高血压等都会导致抑郁症的产生。

抑郁症的主要症状也有很多，包括情绪低落、脑子不好使、浑身发懒、不喜欢运动、精力不足、悲观失望、对自己缺乏信心等，甚至可能会悲观厌世、想要自杀。

抑郁症的治疗方法也有很多，包括药物治疗、心理治疗、自我治疗、电痉挛疗法、替代性疗法、实验疗法、发射疗法、运动疗法、音乐疗法等。其中药物治疗主要是用一些防治抑郁症的药物进行治疗；心理治疗需要自己保持一个良好的心态，有时候也需要求助外界的帮助，比如说看心理医生；自我治疗则是要把药物治疗和心理治疗结合起来，但是不需要外界的帮助，主要依靠自己个人的努力去改变。至于其他的疗法主要的作用是放松心情，减轻抑郁症的情况，对于治疗抑郁症并不是很明显。

罕见的记忆疾病——阿尔茨海默氏病

阿尔茨海默氏病是一种大脑神经系统退行性疾病，这种疾病会以隐匿的、不可逆转的方式在几年之间恶化，在临床上表现为记忆障碍、失语、失用、失认、视觉空间技能损害、执行功能障碍以及人格和行为改变等全面性痴呆表现。这种疾病可能从人35岁的时候就开始出现，并且随着年龄的增长而逐渐增加，特别是65岁以上的人群患阿尔茨海默氏病的概率更高。

阿尔茨海默氏病出现的原因主要是由于人的大脑神经元内部和外部的损伤所造成的。这种损伤可能是由多种原因造成的：第一是一些躯体的疾病，如甲状腺疾病、免疫系统疾病和癫痫等；第二是头部的外伤；第三是免疫系统的进行性衰竭、机体解毒功能削弱及慢病毒感染等，以及丧偶、独居、经济困难、生活颠簸等社会心理因素。

另外，家族遗传同样是阿尔茨海默氏病形成的一个重要原因，绝大部分的流行病学研究都显示出，家族史是该病的危险因素。某些患者的家属成员中患同样疾病者高于一般人群，多数研究者发现患者家庭成员患该病危险率比一般人群约高3~4倍。

由于阿尔茨海默氏病也是一种记忆疾病，最先出现损伤的部位是负责记忆信息的海马脑回中，因此阿尔茨海默氏病最早出现时的征兆就表现为遗忘。这种遗忘属于真正意义上的遗忘，不是那种因为注意力没办法集中而无法记忆新东西的现象。由于阿尔茨海默氏病随着时间的推移越来越严重，这种遗忘也会越来越严重，并且随着遗忘的增长，其他的困难也逐渐产生，比如说在进行各种非习惯性和非经常性的活动时越来越困难、处理某些突发事件或行政文件以及复杂的事物时越来越力不从心，性格也会随之大变，逐渐变得冷漠，对事物也会逐渐失去兴趣。同时，阿尔茨海默氏病的患者对各种社会活动也会逐渐失去兴趣，脾气暴躁，不分轻重，不能忍受别人的怀疑和试探。

当阿尔茨海默氏病越来越严重时，患者身上表现出来的症状也会越来越明显和严重。

第一是记忆障碍越来越明显,达到影响人在日常生活中进行各种活动的地步。这个时候患者可能会遗忘很多东西,比如当天发生的事情或者是某一天所做的事,还有一些以前发生的重要事件和一些重要的知识、纪念日等。最后还会对遗忘变得无意识,认为自己一切都是正常的。

第二是智力的缺失也会越来越明显,包括失语症和失用症。失语症就是语言功能发生障碍,不能正确表达某种意思,也不能理解别人说话的意思,甚至忘记了某些词语所代表的意思。失用症是一种行动上的障碍,患者可能不知道某些事情究竟该怎么做了,比如说一些家用电器的使用以及日常生活中各种工具的使用。

第三是生活不能自理,主要就是没有了自主能力,做什么事情都需要别人的帮助,甚至可能会分不清白天和黑夜,忘记吃饭喝水等。

第四是一些并发症逐渐出现,包括生理上的和心理上的。生理上主要表现有患者越来越瘦、越来越苍老等,心理上则表现为焦虑、狂躁、抑郁,甚至会产生一些幻想和幻觉。

最终,阿尔茨海默氏病患者会越来越无法理解这个世界,也不理解周围的人,从而变得易怒,具有攻击性。

由于患有阿尔茨海默氏病的患者并不能察觉出自己的病症,所以要诊断是否患上了阿尔茨海默氏病就必须借助医生的临床检测和心理医生的一些测试。一旦发现患上阿尔茨海默氏病,就一定要抓紧时间进行治疗。

大脑损伤,可以实行再教育

很多人会出现记忆困难和遗忘症,主要原因是存在大脑损伤的问题,因此必须对这类人群进行再教育。再教育的根本目的在于帮助那些因为大脑损伤而产生遗忘症和记忆困难的人,改善他们大脑损伤的状况,包括颅骨创伤、脑血管意外、科萨科夫综合征、双海马脑回遗忘综合征等。但是,再教育并不是对大脑中已经受到损伤的记忆部位进行反复和机械地刺激,而是要激发受损伤部位的存留和剩余的能力,同时利用一些外部的辅助帮助人们记忆。

再教育并不是随意进行的，而是要根据患者剩余的记忆能力、患者在记忆时所遇到的困难以及患者日常生活的需要，选择最适合的方式进行。再教育的方式主要有三种，分别是发展大脑内部的记忆功能、激发受损伤部位的剩余记忆能力以及借助外部辅助的帮助。

发展大脑内部的记忆功能是指抛开大脑受到损伤的部分，帮助患者找到新的记忆方式和记忆策略。它的主要目的就是帮助患者重新组织记忆功能。一般来说大脑损伤所导致的遗忘症，只是大脑当中某个方面的记忆能力受到了损害，很多和记忆有关的部位和能力仍然是正常的。这时就可以重新教给患者一些记忆策略，避开大脑受到损伤的部分，用正常的部分来记忆信息。这就要求要让患者学会把信息进行结构化和简易化的处理，帮助患者有效地利用剩余的完好记忆技能，改善患者的记忆能力。这种方式在使用的时候也有一定的要求，它必须在患者仍然保留着推理能力和心理成像能力的基础上进行，从而弥补那些因为损伤而无法实施编码策略的缺陷。这种方式大多都会用在颅骨创伤的患者身上。

激发受损伤部位的剩余记忆能力就是激发那些存留的隐含能力。大脑中某些和记忆有关的部位虽然受到了损伤，但还是有些记忆能力不会出现问题，比如说程序记忆，它们很可能只是隐藏了起来。把这些隐藏的记忆能力重新激发出来，并且帮助患者重新掌握这些能力，可以有效地改变患者的记忆障碍和遗忘症。

借助外部辅助的帮助主要是通过一些外部工具的帮助，减轻患者的记忆负担。由于患者的大脑受到了损伤，某些记忆功能受到了损害，这时候患者如果要去记忆新的信息很可能会加重大脑的负担，特别是信息量过大的时候。如果能够利用外部的辅助工具如笔记本、录音机等储存患者需要用到的信息，患者只要随身带着这些辅助工具就可以，并不一定非要用大脑去记忆，这样就彻底减轻了患者大脑的负担，有助于大脑损伤的恢复。

要对遗忘症患者进行再教育，一定要把握住最正确的时间，最好的时间是在患者走出严重遗忘症的最初阶段。这个时候患者自己已经意识到了自己记忆出现的问题，也意识到了自己所面临的困难，并且情绪和身体等各方面都在药物和其他治疗手段的帮助中逐渐稳定，同时患者也恢复了足够的记忆能力。

由于大脑受到的损伤程度、位置和方式各不相同，患者的记忆障碍和遗忘症的程度也是不同的。想要最有效地进行再教育，就必须要根据记忆障碍和遗忘症的程度和阶段来选择再教育的方式。

对于轻度或中度的颅骨创伤患者和由于脑血管意外或者自然衰老引起的遗忘症患者，最好是进行内部辅助的方式，即选择发展大脑内部的记忆功能和激发受损伤部位的剩余记忆能力的方法。因为这样的患者自己清楚自己能够使用的记忆方法并且拥有足够的动机和能力去记忆。

对于中度到严重的遗忘综合征患者，需要借助外部辅助的帮助。这样的患者虽然有一部分记忆功能受到了严重的损伤，但是短期记忆功能并没有出现问题，同时认知障碍和与其相关的行为障碍也不严重，所以笔记本等辅助工具是很好的选择。

对于严重的遗忘症患者，比如科萨科夫综合征患者，需要花费很大的力气对他们进行再教育。因为这类人群的学习能力可能已经丧失，日常生活都需要别人的照顾，想要融入这个社会更加困难。因此，要先让他们学会生活自理，然后才能想办法帮助他们改善记忆力。

对于病入膏肓的患者，应该抓紧时间进行治疗最好的方式就是帮助他们保持住存留的记忆能力，其他的再教育方式完全没有意义。

回忆，可以帮助我们重拾记忆

记忆是包括信息的输入、编码、存储和提取等多个环节的过程，其中提取信息是一个重要的环节。保存在记忆当中的信息，只有提取出来加以应用并且为人们服务，才有意义。信息提取就是从记忆库当中提取出需要的信息，其中一个最主要的基本形式就是回忆。

回忆是指过去的经验和经历过的事物并不在眼前，但是却可以在记忆库中找到，并且重新回想起来的过程。回忆主要分为两种方式，即有意回忆和无意回忆。

有意回忆指在一定目的和回忆任务的推动下，自觉自动地进行的回忆。比如说我们在考试的时候遇到了一个问题，就需要通过回忆找到我们之前学习的和这个问题有关的一些知识，这就是有意回忆。有意回忆分为自发性回忆和触发性回忆。自发性回忆是指按照一定的要求回忆信息的条目，比如说回忆某本书中所包含的几个题目；触发性回忆是指根据固定的条目回忆其中包含的内容，比如说给你一个你曾经听过的故事的题目，要求你把这个故事讲述出来。

无意回忆指没有明确的回忆目的和意图，也不进行努力搜索，完全是自然而然地想起过去的经历和经验的过程。人们平常说的触景生情就是一种无意回忆。当人们因为某些事情而勾起对往事的回忆时，我们可能会想到很多很多的往事，这些往事可能是各种各样的，并且都是我们随意想起来的。

很多时候，回忆是需要回忆提示的。回忆提示能把人带进自身的记忆网络，有回忆提示的时候，人们回忆的信息就会增多，没有回忆的时候，人们就没办法提取记忆。

那么，在没有回忆提示时，人们要怎样才能进行回忆，提取出自己需要的记忆呢？

第一，自己寻找一些有关记忆的线索。很多时候我们并不能回忆出自己需要的信息，这就需要我们自己去找一些线索帮助我们回忆。比如说在考试的时候碰到一道题，我们可能知道自己曾经学过，但是怎么也想不起来，这时候我们可以主要回忆一些关键词，或者是从问题本身寻找一些关键词，联系这些关键词回忆自己需要的信息。

第二，发挥自身的想象力，自由进行回忆。想象力是无限的，当我们没有办法回忆出自己需要的信息时，就可以根据随便一条信息，发挥出自己的想象力，自由自在地进行回忆，凭借着各种信息之间某些相互联系的关系，相信能够回忆出我们需要的信息。

第三，通过一些辅助的条件简化回忆的难度。可以增加一些和我们要回忆的信息有关联的信息，随后回忆出我们增加的信息，通过信息之间的联系关系，回忆出我们需要的信息。也可以把我们所需要回忆的信息划分成几个简单的部分，回忆出与这些简单的部分有关的信息，然后把这些信息再重新结合起来，应该能够得到我们需要的信息。

第五章

记忆规则

记忆的规律

和其他的心理活动一样,记忆也有其自身的客观规律。想要增强记忆力,提高工作和学习的质量和效率,就必须掌握和遵循记忆的客观规律。根据人们长时间的观察和研究证明,记忆的客观规律主要有时间律、数量律、迁移律、强化律、对比律和意向律等几种。

时间律是指人的记忆会随着时间的流逝而改变,这种改变的主要表现形式就是遗忘。根据艾宾浩斯曲线,遗忘的过程是先快后慢的,最初会很快,然后随着时间的推移,遗忘逐渐减缓。遗忘的过程从信息输入到脑海中的时候就已经开始了。大部分新输入到人们脑海中的信息,可能在1个小时之后就会被忘记。但是从这之后遗忘的速度就开始减慢,可能一个月之后这些新信息的20%还留在我们的脑海中。随后剩余这些信息遗忘的过程将更加缓慢,可能在很长的一段时间之后,这些信息还留在我们的脑海中。

遗忘的规律说明人们记忆的最初时刻也是遗忘最严重的时刻,这是因为新学习的知识在头脑中建立的联系还没有得到巩固,记忆的痕迹很容易衰退,因此及时进行复习非常重要。及时复习就是要在新学习的知识没有遗忘之前就进行巩固,强化联系,使人们加深对新学习的知识的记忆。事实证明,及时复习可以防止遗忘,如果延缓复习,想恢复遗忘的知识就要花费很大的力气。

复习要坚持一定的方法，连续进行复习称为集中复习，复习之间间隔一定的时间叫作分散复习。分散复习要比集中复习的效果好，因为集中复习可能会导致大脑神经系统的疲劳，影响复习效果。我们平时进行记忆，最有效的办法是把分散复习和集中复习相结合，只有平时坚持分散复习，到必要的时候进行集中复习，才能达到我们最满意的记忆效果。

迁移律是指两种记忆活动之间相互作用产生的效果，包括正迁移和负迁移两种情况。正迁移是指两种记忆活动之间产生积极的促进作用的效果，例如学习拼音有助于汉字的学习，学习汉字又有助于文章的学习，这就是记忆的正迁移。负迁移是指两种记忆活动之间产生消极的妨碍作用的效果，比如在同一时间学习了两种不同的记忆材料，结果两个材料都没有能够被很好地记忆，这就是负迁移。造成迁移律的主要原因是记忆材料之间相互干扰和抑制的效果，因此，在人们进行记忆活动的时候，必须要对记忆材料进行合理的安排：针对内容较多的记忆材料，一定要分成几个部分进行记忆，降低材料之间出现干扰和抑制的效果的几率，提高人们的记忆效果。另外，有研究表明，先后记忆的材料内容越相似，材料之间干扰和抑制的效果越明显，因此在人们对材料进行记忆时，一定要分清楚材料的类别，交替进行记忆，防止因为相同材料之间的干扰和抑制，影响记忆的效果。

强化律是指在记忆活动中，强化和重复的程度对记忆效果有影响，经常进行强化和重复，记忆就能得到巩固，如果不经常强化，记忆就会被遗忘，甚至是消失。外界的各种信息在输入到脑当中后，想要形成记忆需要一个编码和储存的过程，这个过程需要一定的时间，在这段时间当中，重复和强化的次数越多，记忆的痕迹就会越巩固，记忆的效果就越好。

强化能增强记忆这个道理，大多数人都明白，也都做过这样的事情。很多人都觉得，如果一个材料记忆了一遍没有记住，那就记忆一百遍，记住之后怕忘了，那就再记一百遍巩固一下，这其实就是在强化，只不过是盲目的强化。虽然强化能够增强人的记忆效果，但是也要有一个度。研究表明，学习一个知识达到了背诵的效果之后，还要继续学习，但是继续学习的次数只要达到从学习到能背诵的时间的一半就可以。比如说学习一个材料，如果学习一百遍之后恰好能够达到背诵的效果，就再继续学习五十遍，所得到的记忆效果才是最好的，多几次或少几次都不能达到最好的效果，多了可能会因为兴趣减退和疲劳的原因而导致记忆下降，少了则可能会因为强化程度不够而不能达到最好的记忆效果。

强化还要有一定的方法：第一，要采用不同的方法，比如归类、画图、制表等，这样能让人感到新颖，容易激发智力活动，使材料和知识之间建立一定的联系，提高记忆效率；第二，不同学科要交替进行，避免大脑产生疲劳和相同材料之间产生严重的干扰；第三，同一内容要从多种角度进行强化，比如说可以选择填空、选择、判断等方式，提高人的兴趣，提升记忆效果；第四，多种感官共同发挥作用，事实证明，多种感官共同作用的结果，比单一感官所取得的记忆效果要好，比如说学英语，只是看，效果会很差，如果边看边写，同时还进行听力练习，效果比单一的看要好得多。

数量律是指记忆的效果和记忆材料的数量有直接的关系，在相同的条件下，需要记忆的材料越多，能够保持的记忆数量就越少。无论是有意义的材料，还是无意义的材料，材料越多，记忆需要的时间就越长，记忆就越难越慢；材料越少，记忆需要的时间就越短，记忆就越轻松；不停地增加材料的数量，则会继续延长记忆的时间，并且大大增加遗忘的概率。因此，我们不论在记忆任何东西的时候，都要遵循记忆的这条规律，掌握好记忆材料的数量，保证在一定时间内能够获得最佳的记忆效果，不要贪多求快，否则不仅会浪费时间和精力，还会给我们的大脑造成严重的负担，使记忆的效果大大降低，欲速不达。

对比律是指在相同条件下，记忆有意义的材料要比记忆无意义的材料效果好。有意义的材料更容易和大脑中原有的知识结构建立联系，让人产生兴趣和联想，理解起来更容易，记忆也就更轻松，效果也更好；无意义的材料则很难和原有的知识建立联系，孤立的信息容易使大脑陷入疲劳状态，严重影响记忆效果。

研究表明，记忆有节奏、有韵律的材料比无节奏、无韵律的材料记忆效果好，这是因为节奏和韵律能够帮助人们迅速建立联系，提高人们对材料记忆的兴趣；记忆系统条理的材料比杂乱无章的材料记忆效果好，这是因为系统化的过程有利于大脑积极思维，大脑的积极思维则有利于记忆。因此，人们在进行记忆的时候，应该加强对记忆材料的理解，让无意义的材料变得有意义、不系统的材料系统化，同时给材料加上节奏和韵律，这样对人们的记忆有很大的帮助。

意向律是指记忆力和人的主观能动性有直接关系。

记忆和人的主观努力、兴趣和需要等因素有很大关系。研究表明，在日常生活中人们记忆的时间长的事物通常是人们需要的、感兴趣的和具有情绪作用的事物；记忆时间短的则是人们不需要的、不占主导地位的和不感兴趣的事物。因此，要增强自己的记忆力，就必须对需要记忆的材料和事物产生兴趣，并且明确你的需求。

记忆力和人的注意力集中程度有密切的关系，注意力越集中，记忆的效果就越好。注意力集中的情况下，脑神经系统会处于最佳的状态，外界信息更容易进入大脑也更容易留下记忆痕迹。因此，人在进行记忆活动的时候，一定要保持高度集中的注意力，让脑神经一直处于兴奋状态，这能够极大地增加记忆效果。

记忆和人的自信心也有密切的关系，对自己的记忆信心越强的人，记忆材料或事物时效果就越好。自信心能够使大脑皮层进入兴奋状态，并且抑制其他一些和记忆无关的部位，这样信息就能够在大脑中留下清晰的印象，有助于人记忆。因此，对自己的记忆一定要有信心，一定要坚信自己任何东西都能够记住。

语言与记忆

语言是人们获得记忆的重要方式之一。语言是人类所拥有的最有力的交流工具，是区别人类和其他动物的基本能力之一。世界上的所有民族都有语言能力，人类交流思想感情需要语言，交流文化、世界观和生活方式等问题也需要语言。

每个人都有语言功能，并且基本上都是在还是小孩子的时候就拥有了。很多人认为学习语言的能力是人们天生就拥有的，但是事实并不是这样。除了天生的因素之外，后天环境对于人的语言功能和能力有重要的影响。

语言和大脑有十分密切的关系。每个人的知觉、心理和运动技能都要由大脑来处理，语言的加工同样需要大脑来处理。一般来说，一个人的大脑的左半球负责分析语言的表面意思，而大脑的右半球则要参与分析语言的隐喻意思。简单来说，人的左脑半球负责管理语言，而右脑半球负责进行补充。

任何语言都要在人们理解了之后才变得有意义。语言的理解是一个重要的行为，它迅速而又自动。虽然人们能够快速理解语言，但是它却并不是一个简单、省力的过程，相反其中包含着声音、词汇、语法规则、听力、语言加工的技巧等丰富的知识。理解语言最重要的是对语言的加工，语言加工主要有感知阶段、词汇阶段、句子阶段和语篇阶段等四个阶段，四个阶段相互加工、相互反馈，最终才能帮助人们理解语言。

要想理解语言，首先要知道语言的结构。语言可以分解为句子、词汇、音节、音素和重音、语调等分析特征。其中句子能使我们表达完整的想法和观点，在语言中起到关键作用；词汇是句子的组成部分，词汇按照一定的句法规则组织起来就成了句子；语素是传达意义的最小单位，词汇都是由一个或几个语素组成的；音素是词汇组成中的语音；音节是比音素大的语言要素，包括元音和辅音，对语言的加工，特别是言语的生成和理解有重要作用。

理解语言是以声音信号的输入开始的，到完全整合信息之后结束。

在感知阶段，我们的感知系统会把输入到大脑中的声音信号转化成一连串的音素。因为我们的感知系统对语言的感知和对音乐等其他声音的感知在方式上有明显的差别，所以我们才能准确地把声音信号转换成一连串的音素。

当声音信号转换成音素之后，就进入词汇阶段，词汇阶段就是把各种可能与音素有关的一系列词汇相互联系的过程。一般情况下，我们在词汇阶段只需要单独理解词汇的含义就可以。但是在很多时候，需要联系句子的前后才能准确理解词汇的含义。比如说"狂妄的路人甲和路人乙打了起来",要想知道这个狂妄的到底是说路人甲还是说路人甲和路人乙,就需要知道重音或者语调等因素,注意句子在哪里停顿。

句子阶段就是把词汇阶段理解出来的词汇意思按照句子的组合方式结合起来,整体来理解句子的意思。而语篇阶段就是把句子的意思按照语篇组成的方式结合起来进行理解。

事实上,我们的记忆不可能记住语篇里面的所有词汇和句子,这就导致在语篇阶段我们所要做的重点就是把整个语篇提取出重点,精简成几个简单的陈述,去掉没用的细枝末节,这样才有助于我们对语篇的理解和记忆。

由于语言和大脑有着紧密的关系,因此,大脑的损伤很可能会导致语言障碍。最常见的由大脑损伤所引起的语言障碍就是失语症。失语症是指因为大脑损伤而导致大脑内部和与语言功能有关的脑组织发生病变,造成了患者对人类交际符号系统的理解和表达能力的损害,以及对作为语言基础的语言认知过程的减退和功能的损害,突出表现为对语言的成分、结构、内容和意义的理解和表达障碍。

语言功能对应着大脑的特定区域,语言区域的损伤并不都会导致语言障碍,非语言区域的损伤也可能会导致语言障碍。常见的失语症主要分为几大类。

第一,运动性失语。运动性失语是因为大脑的特定区域受到损伤所产生的失语症。导致运动性失语的大脑区域是大脑左侧前上额叶到前顶额叶的皮层,主要原因可能是脑血管意外损伤、肿瘤、脑出血以及撞击或刺入伤等,主要受损的功能是语言的流利性和命名、复述、书写等功能,主要表现为语速慢、不流畅以及语言中连词、代词等词语的减少或缺失。

第二,感觉性失语。导致感觉性失语的原因是大脑左侧颞前叶和颞中叶联合区域的损伤,主要受损的功能是语言的命名、复述、口语和书写理解等功能,主要表现是语言很流畅,但是对语言的理解困难,说话很荒谬,回答文不对题,说话和书写的内容以及意义错误。

第三,传导性失语。导致传导性失语的原因是大脑左侧前后语言区域的传导性纤维受到损伤,主要受损的功能是语言的复述功能和对语言的理解功能，主要表现是不能复述词语、命名和读词错误。

第四，命名性失语。导致命名性失语的原因是大脑内部颞中回和角回受到了损伤，比如说阿尔茨海默氏病，主要受损的功能是语言的命名功能，主要表现是在自发言语中和视物命名时，找词困难。

第五，完全性失语。导致完全性失语的原因是大脑的绝大多数部位受到损伤，特别是左脑半球的多个脑回，语言功能全部受损，主要表现为失去语言能力和理解能力。

第六，混合性失语。导致混合性失语的原因是左脑半球的运动性及感觉性区域受到损伤或联系通路的中断，导致四周区域也受到损伤，主要受损的功能是诵读和书写功能，主要表现是既听不懂别人说话也无法表达自己的意思，甚至有一些精神失常的感觉。

第七，新语症，也叫接受性失语。新语症出现的主要原因是左脑半球的颞叶颞上回处受到损伤，主要受损的功能是分辨语音和形成语言的能力，主要表现是说话时语音语法正常，但是由于很难想起自己想要说的词，于是用其他的词语代替，导致自己的话语没有任何意义，不能提供任何信息，以及无法辨别出一些语言语义的错误。

语言是人和人之间的信息交流方式，这是人所特有的。其实许多非人生物之间都有着非常强大的信息交流方式，这也算是它们的语言。比如说蚂蚁会分泌一种叫作信息素的化学物质和同类交流，以此来给它的同伴留下信息；蜜蜂则用身体语言进行交流，它们会跳着复杂的舞蹈从外面回到蜂房，不同方式的舞蹈能够传达不同的信息。当然，动物的信息交流方式和人类的语言比起来，有着非常大的差距，因为它们只能传达一些简单的信息，而不能够表达思想和感受等精神层面的信息，属于最低层次的交流。

阅读与记忆

阅读是一种娱乐，是消遣和放松的一种方式，同时也是一种为了更好地学习和工作所进行的一个必不可少的活动，甚至可以说是人们日常生活的重要组成部分。对于阅读的内容，人们应该理解和记住，一般情况下，当人们不能理解和记住正在阅读的文章的内容时，都会感到非常沮丧。

和语言的理解一样，阅读也包括一系列的相互配合的步骤：首先是认识书面语，其次是将认识的书面语组合成词汇，再次是在心里面回想这些词汇，最后是理解含义。语言和阅读虽然都是为了理解和记忆信息，但是它们有很大的不同。第一，信息的摄取方式不同。语言是靠声音信号来摄取信息，但是声音信号稍纵即逝，人们无法掌控，而阅读是靠视觉信号来摄取信息，当人们忘记信息的时候，可以回过头来再看一次。第二，使用的要求不同。语言能力人生下来就具有，而阅读必须在人拥有了足够的文化水平之后才可以拥有。第三，语言中可能有些话表达不清楚。比如一句话的着重点表述不清晰，就很可能会在阅读中遇到这样的问题。第四，语言至少已经伴随我们 3 万年了，但是最早的文字出现却只有 6000 年，阅读无论如何不可能比这早。

阅读的方法有主动阅读、被动阅读和 PQRST 方法等几种，想要阅读的效果达到最大，就必须要选择正确并且适合自己的阅读方式。

主动阅读是指在安静的环境中投入更多的注意力并且加强学习意图，要求随时能拿出一支笔把重点部分记录下来或者是标注出来，阅读完成之后再重新看一次重点的部分，并且学着去梳理阅读内容的结构，这是一种积极的阅读方式。

被动阅读是指在我们阅读时，并没有把精力集中在阅读的内容上，导致在阅读完成后，我们只能保留一些对文章的总体印象，属于是没什么意义的阅读方式。

PQRST 指的是 Preview、Question、Read、State 和 Test，即预览、问题、阅读、陈述和测试，这是美国心理学家托马斯·富·斯塔逊发展的一种阅读方法。第一步是用浏览的方式进行第一次阅读，抓住文章所要表达的总体意思；第二步是找出重要的信息，提出一些和文章内容有关的问题；第三步是用主动阅读的方式再次阅读一遍，回答出自己之前所提出的问题；第四步是重复自己阅读过的内容，找出文章的主要观点和特征；第五步是检验自己的阅读成果，可以通过设置问题等方式进行检查。这种方法能够让我们更有效地进行阅读。

想要保持对阅读内容的长期记忆就必须要充分理解阅读的内容，随后在理解的基础上进行记忆。但是，阅读的内容是各种各样的，因此理解阅读内容的方法也有很多。想要彻底理解自己阅读的内容，就必须根据阅读的内容选择最合适的方法。

第一，找关键词。经常阅读的人都知道，一篇文章可能有几千甚至是上万字，但是作者真正要表达的关键信息并不是很多，只要找准文章中的关键部分，我们就能够很轻松地理解文章。其实这和一些开放性的考试题目的道理是一样的，有些考试题目不要求学生写出标准答案，但是却必须要写出答案中的所有关键点，其他的部分怎么说都可以，这样就能够拿到所有分数。找关键词对我们阅读的好处主要有两个方面，一方面是能让我们更准确地了解文章中的关键内容，另一方面是方便我们以后复习。找关键词也需要按照一定的方法，一般来说一个段落中一般只有一个关键的句子，不可能所有句子都是关键点；一个句子中一般也只有几个关键词，不可能没有连接或指代等没什么意义的词语。所以找关键词一定要准确，不能碰到一个词语就觉得是关键词，看到一个句子就觉得是一个关键的句子。标注关键词的方法有很多，可以是各种各样的符号，也可以是一个点、一个圈、一条下划线，还可以用各种颜色的笔来标注，甚至是自己想一些特别的办法。总之，用自己熟悉的方法标出一篇文章的关键点，对我们理解和记忆文章有很大帮助。

第二，做笔记。常言说，好记性不如烂笔头，做笔记这种方法我们上学的时候都经常用到。用做笔记的方法来记录文章的关键部分和自己对文章的理解和看法，有很多好处：一方面可以帮助我们更好地去理解文章的内容和观点，另一方面，也能促进我们思考。思考出来的想法越多，对文章记忆的效果就越好。

第三，做批注。做批注是指在书籍的空白部分写上一些自己对文章内容的理解、观点和看法等。这样做能够加强人们对文章内容的理解和记忆，也方便以后复习。很多人都觉得书籍是宝贝，要保持书籍的洁净，不能在书中乱写乱画。其实这种想法完全没有必要，书籍只是承载知识的媒介，重要的是书籍当中的知识，而不是书籍本身。我们要做的是想尽办法理解并记忆书籍当中的知识，而不是为了保存书籍的整洁就不选择正确的方法学习和记忆知识。

第四，做图解。图解就是用关键词和图形的方式把书中的主要内容描述出来。这样做的好处是使人们对书中的主要内容有一个更直观的认识，让人看起来一目了然。做法也很简单，就是在一张纸上写上主题，然后画出分支，在分支上写上内容，如果分支还有分支，那就继续画，最后就组合成了一个大大的图解。

第五，提出问题并解决问题。这样做可以更快速、更准确地在书中找出自己所需要的信息。做法就是在阅读文章之前，先要想好自己在文章中需要了解到哪些问题，比如说事件发生的时间、地点、人物、起因、经过、结果等，把这些问题写在一张纸上，然后在读书的时候把这些问题的答案找出来，这样一本书中自己所需要的知识就全部都了解了，记忆起来也更方便。

人的精力是有限的，长时间的阅读很可能会造成视觉疲劳和大脑疲劳，严重影响人的阅读效率；同时，也需要一定的时间对阅读过的内容进行消化吸收。因此，我们必须合理安排阅读时间，不能过度疲劳，也不能只阅读而不留时间去消化理解阅读的内容。否则，即使阅读了很多的东西，也不一定会对我们有多大的帮助。就比如一两个小时能阅读完的材料，宁可分4个半小时阅读，也不能连续阅读2个小时。另外，良好的睡眠质量和身体健康状况也是有效阅读的保障，因此必须要吃好睡足。

B.E.M 学习原则

B.E.M 在英文中是代表开始、结尾和中间的缩写词，同时，它也代表着人们记忆各种信息的顺序。一般来说，最容易记住的是最开始接收的信息，其次是结尾部分接收的信息，比较难记忆的是中间部分的信息，它一般也是被最后记住的。

为什么会出现这样的情况呢？

首先，人们在接收信息时，总是会对开头和结尾的信息存在一种关注偏见，即更重视开头和结尾的信息。在刚开始接收信息时，由于对信息不了解，会产生一种好奇的心理，这种心理会让人们对信息更感兴趣，从而促使注意力的集中，更多地关注信息；而信息结尾的时候，则到了感情释放的阶段，由于接收信息过程的结束，人们或多或少会在心里面产生一种"终于结束了"或者是"怎么就结束了"想法，使结尾时的信息带有的感情因素更加浓烈，也会让人们投入比较多的注意力，因此记忆起来很轻松；而中间部分的信息，则由于人们过了信息开头感兴趣的阶段，对此时输入的信息产生一种疲劳的感觉，同时又没有达到释放感情的时间，所以受到的关注是最少的。人们在开头和结尾接收信息时的偏见，对大脑产生的刺激会更加强烈，这种强烈的刺激是开头和结尾接收的信息记忆效果好的主要原因。

其次，很多信息之间会相互影响或者相互抑制，而人们之所以最难记忆在中间部分接收的信息，就是因为在中间部分接收的信息会受到前摄抑制和倒摄抑制的双重影响。前摄抑制是指先接收的材料，会对后接收的材料产生一定的干扰作用，倒摄抑制是指后接收的材料，对回忆先前接收的材料会产生一定的干扰作用。而开头和结尾接收的信息则不同，开头接收的信息只会受到倒摄抑制的影响，结尾接收的信息则只会受到前摄抑制的影响，这样的影响并不是很大，因此信息的记忆效果会好很多。

还有一点就是受到了遗忘规律中的系列位置效应的影响。系列位置效应表明，在多个信息连续被记忆时，信息所处的不同顺序和位置会影响人们对信息的回忆。开头接收的信息由于受到首因效应的影响，遗忘较少。在人们接收完所有的信息，并且进行回忆的时候，开头的信息由于识记时间比较长，可能已经进入了长时记忆系统当中，因此被遗忘得比较少。结尾接收的信息由于受到近因效应的影响，遗忘得也很少。在人们对信息进行回忆的时候，结尾接收的信息由于接收到的时间最短，还处于短时记忆的阶段，因此回忆起来相当容易。而中间部分的信息最难记住，是因为这部分信息，正处在从短时记忆向长时记忆过渡的过程中，既会受到开头接收的信息的阻挡，同时还会受到结尾接收的信息的冲击，同时受到前后信息的双重影响，导致这部分信息很容易流逝，因此非常不容易记忆。

受这种因素影响最大的是死记硬背式的记忆方式。死记硬背是指通过一遍又一遍地反复阅读材料来记忆各种信息。采用这种方法的时候，人们都是按照材料中的顺序来记忆信息的。但是，很多时候一段信息最重要的部分恰恰是信息的中间部分，就像是一篇文章中，开头可能只是简单概括一下信息的主要内容，而结尾也可能只是简单总结一下信息的主要内容，而对各种观点和信息的论述以及主题部分都在文章的中间部分。如果人们坚持使用死记硬背的记忆方式，则很有可能受到B.E.M学习原则的影响，导致人们对信息的开头和结尾等一些不重要的部分记忆深刻，而对最重要的中间部分则记忆得不是很清晰，这就可能造成人们的记忆活动变成无用功，白白浪费了很多的时间和精力。

通过对B.E.M学习原则的了解和学习，人们不但能够了解信息的排列顺序和记忆顺序对记忆效果的影响，同时还能学会在进行记忆活动时，究竟应该怎样分配自己的精力和注意力，以及如何分配需要记忆的信息的顺序。

第一，应该把更多的精力和注意力集中在信息的中间部分。根据B.E.M学习原则的影响，由于信息的开头和结尾部分相比于信息的中间部分更容易被记忆，所以就需要人们对信息的中间部分记忆更加重视，从而抵消开头和结尾的信息对中间信息的记忆造成的不利影响。也就是说人们在进行记忆活动时付出的精力是有限的，但是不应该把有限的经历平均分配在记忆信息的开头、中间和结尾三个部分，既然开头的信息和结尾的信息非常容易记忆，可较少地分配一些注意力和精力，而中间部分不容易记忆，那就多分配一些注意力和精力。

第二，既然B.E.M学习原则表明人们在记忆信息时，开头和结尾部分的信息记忆效果最好，那人们在实际进行记忆活动时，就可以找出记忆信息的重要部分和其他不重要的部分，随后把那些重要的部分放到开头或者结尾去记忆，而把不重要的信息放到中间去记忆。这样既能够加深人们对重要信息的记忆效果，同时也能减少那些不重要信息对重要信息的影响，避免遗忘。

你的记忆能提高多少

当心理专家们探讨提高记忆力时,并不像谈论心血管健康问题那样具体或可量度地来讨论。增强记忆力有点像提高高尔夫球技——涉及一些动力学。同样,形成一个极佳的记忆也并不是一个秘密。由于记忆种类繁多,那么心理专家也推荐一些记忆方法。这里所介绍的方法为有效运用一系列记忆手段提供了基础,这些记忆手段被心理专家合称为记忆术。然而,就像熟练目标击掷、轻击、击球一样,使用这些规则和训练良好的技能是你成功的保证。运用记忆方法是简单而有趣的事情。只要你使用了这些方法,哪怕是最低限度的运用,就已经是在开始挖掘自己最丰富的记忆潜力了。

一般情况下人类的记忆容量很难估量。但最近一项关于大脑的研究证明了专家们一直以来所断定的:我们大脑的容量远远超出自己的想象。事实上,一些科学家认为普通人的大脑在长期的记忆中可以容纳1000万亿比特的信息量。

然而,大脑的结构要求我们储存有意义而非随意的信息。因此,记住一个任意的社会保险号或一个难懂的概念需要一个比记住你喜欢的东西更复杂的策略。普通人一次只能记住3~5比特或块的随机信息,但每部分可能又包括另外3~5块信息——有些像俄罗斯套娃玩偶,每个玩偶都装在更大的一个里面。因此,假如一个社会保险号有9位数,当被归纳成次集合时可能很容易就被记住。这种所谓的团块策略,说明了大脑如何被训练得可以更有效地运作——来加工和记住更多的信息。

本质上,记忆术是记忆的工具。该词的本源可追溯到1000年前或更久远些。古希腊人非常崇拜记忆的力量,以至于一位象征着爱与美化身的女神被命名为摩涅莫辛涅——意思是"不忘的"。那时古希腊和古罗马政治家们想出了许多记忆的策略来帮助记忆大量信息,通过这些策略使长老院的演讲与辩论在听众中留下深刻的印象。在现代,这个词通常指的是记忆方法。既然我们将记忆理解为包含三个要素——编码、保存、读取——的一个过程,那我们就总结并增加了曾被古代演说家用过的一些记忆法。

记忆也许不可能是精确的，更有可能的是你一旦获得信息就会马上识别出来。例如，在一个多重选择的格式中，像一个评论问题中需要的那样单独记忆。另一方面，如果没有很好地编码、保存信息，没有采用策略性的记忆方法，那就没有恢复信息的希望。但是这三个过程中的每一个都能提高你成功的概率。事实上，每一种提高记忆力的系统、规则、记忆过程、策略、种类、观念或洞察力，都与这三种关键的记忆阶段中的几个或全部有关。

编译记忆的原则

最重要的编译记忆的原则，是你真正相信自己能够学会和记住你想得到的。这种情况下，你的身体放松并且聚集了所有完成手边工作的能量。积极的态度会产生成倍的效果：第一，它最终改变大脑中的化学成分。积极的态度促使多巴胺——一种良好的神经递质产生。就像一台从地基循环取水的抽水泵，乐观促生了多巴胺，多巴胺反过来又提升了乐观情绪。第二，积极的态度有助于产生更多的去甲肾上腺素和另一种神经递质，这种神经递质为你提供了作用于动机的生理能量。第三，建设性的思考可以刺激大脑前叶，有助于长期计划和判断。总之，积极的状态远胜过"盲目乐观的效果"，它实际上刺激了你用来学习的大脑。

我们大脑中的大部分信息都是无意识的。心理学专家认为，我们加工处理的超过99%的信息都是没有意识的。为了避免被无数的感官琐事所轰炸，人类的大脑学着有意识地只关注那些被认为是重要的信息，我们尤其关注那些威胁到我们生存的事物。当我们每分钟随机感知数以百万的信息量时，我们确定要记忆的信息必须有意识地被提示给记忆系统。这里动机在起作用。为了确保准确的编译被引入信息，你必须下意识地集中注意力。不管你是否真的感兴趣，积极主动地集中注意力能更好地储存和恢复记忆。

你观察、听到和思考的事物越多，记忆的可溯源就越深。注意闻一下是否有气味存在，如果有就在心里默默记住。听一些平时不容易注意的事物——背景噪音的变化或音量的增减。写下那些特别有意思或重要的信息；绘制图画、图标或标出数字来说明一个要点；检查你确认的感知是否准确。闭上眼睛想象你所听到的。在脑海中回想这些信息并用你自己的语言重新组织。你潜心感受的越多，初始记忆的编码就会越强。

编译记忆的另一个关键因素是考虑背景。背景则意味着更宽泛的模式——输入的意义、环境、原因。当我们第一次关注大幅图画时，所有的细节问题更关键，知道了图画是怎样组合在一起后我们就可能理解和记住信息。例如，想一个拼图玩具。通常的方法是通过比较方框中的图片来确定邻近的部分。换句话说，整体为理解部分提供了必要的背景。想象一下学习一项新的运动，比如，你亲自打了比赛并且得分了之后才会记住"标准杆数"或"转向架"这些高尔夫中的专业术语。同样，当你一遍遍试着击球到400码远时你才能确切地领会到这一距离的实际意义。

主动学习也是编译记忆的一个重要因素。主动学习是指当一个人处理信息或用它做实验，或者被要求来解决一个与之相关的问题时，他可以通过多种记忆方法来编译信息——视觉、听觉和知觉的——以此增加恢复记忆的机会。加工处理新的信息可以在你大脑中产生更多联想并且巩固已有的联想。这里有一些用于塑造记忆肌肉的可靠而真实的策略：

（1）讨论新的知识。

（2）阅读新的知识。

（3）观看一部相关的电影。

（4）将信息转化为符号——具体的或抽象的。

（5）运用新术语和概念做一个填字游戏。

（6）写一个主题故事。

（7）绘制相关的图画。

（8）分组讨论新的学识。

（9）在头脑中描述新的学识。

（10）编一些相关韵律和歌曲。

（11）将身体运动与新学识联系起来。

不论何时，一个人情感的加入，都在很大程度上形成对事件更深刻的印象。激动、幽默、庆祝、猜疑、恐惧、惊奇，或者任何其他强烈的情感都能刺激肾上腺素的产生，同时也刺激着扁桃体结构。举个例子，如果你作为贵宾出席一场令人惊诧的聚会，那么你会感觉到情感对记忆的影响。在这样一个时刻，这个活动会因肾上腺素的释放，大脑情感中心和扁桃体结构的刺激而变得记忆犹新，从而也促进了编码和恢复记忆。

恐惧为长期记忆中某种情感的根深蒂固提供了典型例子。你4岁时，有人恃强凌弱从你身后鬼鬼祟祟冒出来，将一条蛇猛推到你脸上并大声恐吓，这种经历在事情发生的那一刻留下了深刻的烙印。为什么？因为强烈的恐惧感刺激产生了肾上腺素——使身体免受畏惧和惊吓的生存反应；因此，生物化学认为这种情况是重要的。一条蛇或以后类似的刺激物在你余生中可能触发相同的自动反应——无意识的，如果不是有意识的话。如果这导致了令人讨厌的恐惧症，（在治疗中）这种强烈的编码将被重新组织。然而，由于恐惧感使人印象深刻的特性，我们通常要推荐一个资深医生来治疗。

"你看到了吗？"无论何种情况，当我们见到一些不寻常的事物时，我们的反应或者是不相信，或者是和别人核实。这是一个聪明的策略。你要确保自己的所想、所见、所闻是真实的。寻求反馈是一个自然且基本的学习手段，它有助于我们在形成不准确的记忆之前将假象减小到最低点。反馈的过程有助于增强我们的感知，从而增加记忆事物或刺激物的可能性。反馈来源于多种形式。提问是其中之一。即便答案并不恰当，个人对信息的涉入也能加深编码。

增强记忆力的原则

研究表明，白天学习时间越长，夜里做梦可能就会越多。我们做梦的时间，即所谓的快速眼动睡眠，可能是学习的一个巩固期。快速眼动睡眠占据我们整个休息时间的25%；也有人认为它对睡眠是重要的。这个假定有事实支持：大脑皮层的一部分被认为在长期记忆过程中起关键作用，而其在快速眼动睡眠期间是非常活跃的。其他的研究表明，快速眼动睡眠中老鼠大脑的活跃方式与白天学习期间大脑的模式相似。心理专家认为，在睡眠过程中，海马体仍然处理着脑皮层传送来的信息。关键的"停工期"通常在睡眠最后的1/3时间（凌晨3~6点）出现，它可以使好记忆与差记忆呈现出差别。

大脑的设计并不是为了永不停息的学习。加工处理期是为了在脑中建立更好的连接和唤起。这就是间歇过程中可以进行最成功学习的原因——学习、休息、学习、休息。研究表明，应依照学习材料的复杂性与学习者的年龄，每学习10~15分钟之后应确定一定的停工期，而这种有效的规则对于增强记忆是至关重要的。

维持记忆的另一个重要因素是人对信息重要性的划定。有关这个原则的一个很好的例子，是那些总是忘记写作业的学生，但他们却记得自己最喜欢棒球队中每个队员的击球率。想想每天对我们进行狂轰滥炸的电视广告，你会记得多少？你又能记住多少时时响起的电话号码？可能你什么也不记得——也就是说，除非你正在专门查找一条广告，那么你会刻意记住它。回想上次你被介绍给你真正喜欢的人时，你是不是不止一次询问他/她的姓名？信息对你越重要，你越可能记住它。

练习是最好的老师与教练。重复能够增强记忆。当大脑吸收了新的信息时，细胞间就产生了一种关联。这种关联在每次使用时都会得到加强。初始学习之后复习10分钟可以巩固新的知识，48小时后再复习一遍，7天后再来一次。这种循环确保一种牢固的联系。看照片是另外一种增强记忆的方法。大学时的一些记忆是否已消失？通过留言簿里泛黄的纸张和幽默的留言，我们可以回忆起那些面孔、名字以及共同的冒险经历。

有人错误地认为大脑是身体里唯一的记忆存储和恢复中心。实际上，我们需要不同的记忆存储设备。便条、名单、电脑、档案、朋友、特意放置的物品和日历都可成为支持我们记忆的工具。它们中的每一个都有着同一目的：为帮助记忆恢复提供"牢固的副本"。依靠这些外部的记忆设备，我们很少会产生错误的回忆。把我们忙碌生活中的重要记忆放在每一个地方是加强记忆的策略性方法，即使是仅仅写下想要记住的事也能加强你的记忆。

大多数人都有许多，甚至成百上千种习惯让我们记住生活的责任与义务。当然，大多数人都是无意识地养成这些习惯的。这些习惯可能是把我们的日历翻到一周中恰当的一天，把便条贴在醒目的地方，标记出我们要记得带去学校或工作的东西，等等。这里的策略是有意识地在生活中养成习惯以减轻记忆的负担。比如，当你走进屋子时总是把钥匙放在同一地方，它更适宜放在靠近门的地方。一旦意识到自己的习惯，你就可以利用它们把要记住的信息联系起来。例如，你可能把自己要记得带去工作的书与钥匙放在一起，在你例行其事的时候，就不需要刻意去记忆了。

第六章

年龄与记忆

年龄与记忆的关系

在西方，人们都认为随着年龄的增长记忆会衰退。莎士比亚有这样一段话诠释了人的年纪："全世界是一个舞台，所有的男男女女都不过是一些演员；他们都有下场的时候，也都有上场的时候。一个人在一生中扮演着好几个角色，他的表演可以分为7个时期。最初是婴孩，在保姆的怀中啼哭呕吐。然后是背着书包、满脸红光的学童，像蜗牛一样慢腾腾地拖着脚步，不情愿地呜咽着上学堂。然后是情人，像炉灶一样叹着气，写了一首悲哀的诗歌咏他恋人的眉毛。然后是一个军人，满口发着古怪的誓言，胡须长得像豹子一样，爱惜名誉，动不动就要打架，在炮口上寻求着泡沫一样的荣名。然后是法官，胖胖圆圆的肚子塞满了阉鸡，凛然的眼光，整洁的胡须，满嘴都是格言和老生常谈。第6个时期变成了精瘦的穿着拖鞋的龙钟老叟，鼻子上架着眼镜，腰边悬着钱袋；他那年轻时候节省下来的长袜子套在他皱瘪的小腿上显得宽大异常；他那朗朗的男子的口音又变成了孩子似的尖声，像是吹着风笛和哨子。终结了这段古怪的多事的历史的最后一场，是孩提时代的再现，全然的遗忘，没有牙齿，没有眼睛，没有口味，没有一切。"

我们要感谢他的陈述，但不是观点。东方人的观点正好相反。老年人因为阅历和智慧的增长，受到人们的尊敬和爱戴。正是由于这个原因，人们愿意做受别人崇拜的事，很多老年人生活非常积极，在有生之年仍然和同事共同奋战。

在西方，人们有这样一个观点，新的一代不能以父母的方式变老。这一部分是思想态度的问题，一部分是医学发达造成的。它是指，如果你不想失去记忆，你就可以做到。而事实上并非如此。随着年龄的增长，我们的永久记忆也许会得到提高，但是我们的短暂记忆却大不如前。

记忆会随着年龄而变化，这主要取决于大脑发育的不同阶段。大脑中最后发育完全的区域（前叶）却是最先随着年龄开始退化的部分。

大多数人会注意到他们的记忆随着年龄增长而发生的变化。随着身体状况开始下降，我们的大脑状态也开始下降，这是很自然的，而这对于我们的短时记忆有着特别的影响。年长者比年轻人记忆出错的次数更多，状态首先开始变差的似乎是他们的运作记忆和回忆，因为最先开始退化的是大脑中的前叶部分。身体因素也可能起一定的作用。听力和视力的衰退会影响记忆功能，因为它们是有效地摄入信息的障碍。

我们生成策略的效率也会随着年龄的增长而减退。然而，研究显示，如果教会老年人一个策略，他们能非常有效地使用它。

有观点认为，老年人退休后如果能通过做十字填字游戏、猜谜、培养爱好、参加读书俱乐部等来锻炼大脑，就可以防止记忆迅速退化。

随着年龄真正改变的东西

我们慢慢地变老，我们的记忆也跟其他精神的和身体的因素一样，性能在逐渐减弱。不过，只有在患病的情况下，这种趋势才会恶化。其实记忆的退化早在退休之前就开始了，但是这也因个人情况不同而不同，不同的精神活动不是以同样的方式和速度演进的。

随着年龄的增长，我们发现很难同时进行几种活动，我们越来越经常"丢失"钥匙或者眼镜。事实是，当思维忙于另一件事时，放置钥匙或眼镜的动作不再被有意识地记住，因此，在之后需要它们时便无从回想。

另外，对某项活动我们需要付出更多的努力才能保持长时间精神集中，同时我们也不如年轻时学得快。

我们常抱怨想不起某个人的名字。事实上，这是一种任何记忆策略都不那么容易起作用的"低落状态"。众多因素会影响记忆力的演进，一些与个人经历或者社会环境有关，一些则受个人意愿和动机的影响。

一旦校园时光远去，我们经常忘记在校时学习的知识。我们错误地以为，一篇深奥的文章现在也只需读一两遍就能记住。事实上，我们已经丧失了学习的习惯（组织信息的方式，必不可少的重复，便于记忆的各种技巧和策略等），从而导致新旧知识之间建立联系的可能性变小了，构建心理图像的能力也减弱了。

一条没被记录好的信息在重组时需要投入更多的努力。相反，一旦信息被良好地巩固在长期记忆中，将不会受任何与年龄相关的因素影响。遗忘曲线对每个人来说都是相同的，无论年龄大小。

事实上，对许多事物的记忆都被很好地保存着，尤其是专业领域的知识，我们所抱怨的遗忘几乎总是那些对我们来说意义不大的事物。

另外，拥有的经验和知识会随着岁月的流逝而增多，一些信息将汇集在一起并分享一些共同的特征：同样发音的名词，我们曾住过的所有地方，我们与朋友一起的晚餐，等等。这种情况下，最近的记忆能激发以前的记忆，或者相反，最近的记忆刻下更深的感情烙印，妨碍之前的记忆重现。

与上面所提到的不同，似乎存在这样一种记忆，随着年龄的增长其功能趋向增强！这就是心理学家所说的"前瞻性记忆"，即对我们在未来应该做的事的记忆：明天早上打电话给朋友，今天下午去药店，在19点左右去扔垃圾……许多经验表明，年龄大的人往往比较他们年轻的人更能记住这些行为。越是年轻的人，就越倾向于信任自己的记忆能力，然而，结果并不总是与他们所期待的一样。相反，老年人会借助外部辅助来帮助记忆，比如记事本、符号等。

婴幼儿时期的记忆

胎儿记忆的形成和发展是一个复杂的过程。这个过程的形成会受到神经内分泌、生物化学、基因、感情因素的影响。

胎儿在母体里就能感知许多事情，对母亲摄入的食物味道、由于姿势不好而引起的肌肉收缩，以及在母体中的最后六个星期反复听过的儿歌。对胎儿来说非常重要的一点是，父母要多和他沟通，多关心他。怀孕期间做腹部按摩有助于父母和孩子之间的早期沟通。胎儿在触觉接触中，会以积极的方式去感受这种快乐。胎儿在母体中的快乐体验，会变成牢记的记忆草图，而这些最初的体验会让孩子一生都保持乐观的心态。

出生后的婴儿没几天就能辨别出妈妈的声音和气味，婴儿听到妈妈的声音会迅速把头转向妈妈的方向，速度会比听到其他人的声音快一些。还有就是新生儿会偏爱母亲在怀孕时经常吃的食物的味道，也会对妈妈身上的味道做出更积极的反应。这些记忆也可能是婴儿在母体中就产生了。

婴儿的模仿行也是一种记忆吗？有人认为对着婴儿噘嘴、眨眼睛。如果婴儿模仿某个动作，就证明婴儿记住这个动作。研究人员为了证明这个事实，做了一个实验，他们弯腰贴近婴儿，然后对着婴儿噘嘴、眨眼睛、吐舌头。之后发现刚出生不到一个小时的婴儿就会对噘嘴、眨眼睛、吐舌头的行为做出反应。究竟婴儿是真的在模仿，还是仅仅因为研究员离婴儿太近而引起的婴儿机械式的行为？最后，实验证实新生儿不能对复杂的行为做出反应，当研究员离开时，新生儿就没有了这样的行为。但九个月以上的婴儿在研究员走了以后，也会继续模仿。

婴儿在出生前几个月，脑部的发育很快，新生儿的头大约是身体其他部分的 1/4，婴儿的头部在出生头两年会持续增长，这期间脑细胞数量在增多，覆盖脑细胞的保护膜也随之生长，神经细胞相互之间产生了大量的联系。事实上，两岁时大脑的潜在联系比任何一个阶段都要多。婴儿的脑和成人的一样，主要由三个部分，即大脑、脑干、小脑组成。

脑干在胎儿期和婴儿期发育都比大脑快，这是由于脑干与呼吸、心跳、消化等生理运动有密切关系。大脑则跟感觉器官的活动、平衡和运动有密切的关系。大脑主要是负责思考和语言区域。

婴儿的记忆在开始的时候不能用语言表达，所以被称为内隐记忆，这种记忆主要是建立在脑干和小脑上。婴儿快一岁的时候会产生外显记忆，这种记忆主要是建立在大脑上。婴儿最初的内隐记忆是很短暂的，婴儿不会长时间地记住事物，可是如果有一个东西提醒，婴儿就会想起来。比如，在婴儿面前拿起苍蝇拍打苍蝇，会发出"啪"的声音，婴儿听到这个声音会眨一下眼睛。如果每次拿起苍蝇拍去打苍蝇时，婴儿听到"啪"的一声都会眨眼，那么之后即使不打苍蝇，就在婴儿面前拿起苍蝇拍，他都会有眨眼睛的行为出现。

儿童学家马里恩·帕尔马特把婴儿记忆的发展分为了三个阶段。

第一个阶段的记忆是婴儿从出生到三个月大。这个阶段婴儿的记忆多由重复出现的事物所引发，比如，妈妈的声音或气味。这一阶段的记忆特点就是短暂。

第二阶段的记忆是婴儿从三个月到八个月之间。这个阶段记忆的特点是能辨识出熟悉的事物，开始有了意识。随着婴儿年龄的增长，他们会越来越熟悉周围的事物。这样就说明婴儿在学习并记住事物。慢慢地，婴儿会主动去观看周围的人和事物。

第三个阶段的记忆是婴儿从八个月大开始。这个阶段的婴儿记忆的特点是变得像成年人，更加抽象。之后婴儿会慢慢学着用言语来表述事物。这个时期的婴儿能够对事物加以注意，还会努力记住事物。

心理学家威廉·詹姆斯曾认为婴儿在出生后几个月之内，感官器官还没有充分发育，婴儿既看不清也听不清，所有东西都是模糊、混沌的。这个观点在某种程度上是错误的，因为婴儿出生以后器官的发育情况并不是詹姆斯认为的样子。但是某种程度上这个观点也有正确之处，因为婴儿意识不到物体的真实性和永恒性。例如，六个月大的婴儿会伸手去抓在他面前的小皮球，但用衣服把这个皮球盖住，婴儿就不会继续抓它了。另外一些研究员不同意这个观点。他们指出婴儿不去找藏起来的东西，不能证明婴儿不懂物体的永恒性，而是婴儿还没有形成能抓住目标物体的能力。还可能是因为婴儿有抓住目标物体的想法，但是他们还不能很好地协调自己的能力。

儿童时期的记忆

学龄前儿童是指 2~6 岁的孩子，这个时期的儿童学习速度非常惊人，对于语言的学习掌握速度尤其明显。从 1 岁半开始，他们的词汇量就会大幅度地增加。这个时候学习单词只要学一两遍就能记住，学会后将会终身牢记。

学龄前儿童的记忆方式与更大儿童、成年人相比，仍然存在很大的差异。其中最明显的差异是，学龄前儿童不能有意识地、系统性地利用有效的记忆策略。他们似乎还不太明白记忆是怎么回事儿，也不会有学习或是记忆的念头。但有趣的是，学龄前儿童能够偶然使用一下特殊的记忆方法——"偶然记忆术"。偶然记忆术的叫法来自密歇根大学的亨利·威尔曼，这种记忆法称不上是真正的记忆策略，也不是有意识的行为，可是学龄前儿童会常常使用，使用最多的可能就是集中注意力在某个事物上。

例如，实验人员把 3 岁的儿童分成两个小组做实验，实验人员让第一组儿童把自己的玩具藏起来，在儿童们走的时候提醒他们藏起来的玩具明天要来拿，可是只有 1/4 的儿童想到要做个记号，以便明天把玩具找回来。实验人员给第二组儿童提示，让他们尽量记住玩具藏的位置，做记号的也只有一半。这个实验表明，即使第二组儿童知道自己应该记住玩具地点，一半儿童还是没使用记忆策略，这一半的儿童无论有没有记忆提示，记忆的情况都一样。

随着年龄的增长，学龄前儿童可能会从父母、哥哥姐姐的互动中学到一些记忆策略。例如，一位母亲教 4 岁的孩子学习和记住卡片上的动物，母亲就会自然而然使用记忆策略帮助自己的孩子记忆。通常母亲使用的记忆策略是对孩子重复，之后让孩子对自己重复。

儿童成长过程中记忆力会越来越好，这种现象就和他们能越来越多地使用记忆策略有关系。比如，让 4 岁、7 岁、9 岁的儿童看图片并记住这些图片，4 岁的儿童就只是在看，而 7 岁和 9 岁的就会有意识地使用一些记忆策略来帮助记忆。儿童使用的组织、复述等技巧越多，记忆力提高越明显。记忆力水平还与儿童对事物的熟悉程度有关系。例如，实验中给 8 岁的儿童看各种音乐器材，然后就这些照片对儿童提问。发现学习乐器的儿童比不学习乐器的儿童回答的好。

还有一个问题需要注意，那就是学龄前儿童的记忆可靠吗？他们也会目睹犯罪，有时还会不幸地成为被害人。在法庭上也会让他们回忆犯罪嫌疑人在什么时间、什么地点做过什么。很多儿童都能清楚地回忆起一些重要的事情，但法庭不能判断儿童证词的可靠程度有多高。

有人做过这样一个实验：让一个戴黑墨镜、黄头发、穿红外套的人，突然闯进教室中，教室中最大的孩子只有 5 岁。这个人当着孩子们的面偷走了其中一个孩子的书包。同样的事情，分别在一组 10 岁的儿童和一组青春期的少年中演一遍。然后让每一个孩子都描述这个小偷的样子，并且让这些孩子在前排的队伍里指出小偷。

结论表明：学龄前儿童记忆的准确程度没有较大儿童和成年人的准确，也没有他们详细。研究者们换一种方式，提前告诉小偷不在队伍中，可学龄前儿童不会相信没有，他们会指认一个无辜的人当成是小偷。学龄前儿童会在自己所信任的人面前，急于回答出令人满意的答案，因而他们会受大人问题的误导。与之相对，成年人的判断就更加准确可靠。

由此可以得知，儿童在记忆测试中的错误率极高，他们的社会认知能力还没有完全形成，所以很难做出联想。在测试中可能这样的记忆存在，可是不能正确地提取出来。

如果是非常重要的事情影响到了孩子，那么可能会给孩子深刻印象并形成记忆。记忆就是关于我们自己故事的汇总，记忆也为我们提供了知识，帮助我们理解事物，在生活中起着重要的作用。

少年时期、青年时期的记忆

少年时期的记忆与童年时期的记忆相比，有了明显的进步和一定发展。生理学家和心理学家解释了少年时期的记忆情况。少年时期由于复杂的环境和各种不同事情的影响，大脑各部分的联络神经纤维会大量增加，大脑的机能达到了成年人的水平。

少年时期学生的记忆基本是从课堂的学习任务中得到的，这种主动、有意记忆有了进一步发展。在学习中，老师要及时、适当地为学生布置需要识记的作业，让少年时期的这种有意识记更好地发展。少年时期的记忆一般都是机械记忆，但是这种记忆方法却有着很大的作用，使少年时期的有意识记不断发展。少年期具体的形象识记占有相当重要的地位，另外词语抽象识记能力也有了进一步提高。

到了青年期，人的记忆有了很大的变化，青年时期是人处于最佳状态，也是学习和工作的最佳时期。青年时期也是记忆开始变成熟的时期。青年不只是单纯地使用机械记忆，而是会根据学习和工作当中的记忆材料，用有意识记去掌握。这个时期注意力水平也处于较高的水平，特别是有意注意和抽象思维能力得到了较快的发展，对事物的理解力也有了很大程度的提高，想象力也变得更加丰富。

青年期是记忆的黄金年龄段，这个时期要抓紧时间学习，充分利用时间去掌握知识。当然这并不意味着过了这个时期，记忆力和学习能力就不行了。即使记忆黄金期过了，也要对自己的记忆有信心。

每一个人都会日渐老去，这是我们不得不面对的事实。在人们日渐老去的同时记忆力也在改变。70%的老年人会觉得记忆力越来越差，10%～20%的老年人会患上轻微认知损伤疾病或是老龄联想记忆损伤疾病。仅有25%老年人的记忆没有什么变化，另外5%的老年人比较特殊，在90岁的时候记忆力会达到人生的顶峰。

脑神经生理学家认为，人到中年后，脑细胞的树突会变短，分枝也减少，导致记忆力下降。这是不可抗拒的，可是记忆力的下降速度没有想象的那么快。对于记忆力衰退的速度，许多科学家进行了大量的研究，把这些资料总结为：如果以100为标准，那么18~36岁的记忆力平均为100，37～65岁的平均记忆力为93。这就证明，记忆力的下降速度没有那么快、那么可怕。

一般看来，人在50岁的时候记忆力就开始减退，但是记忆力减退也不会太严重。科学家们认为，大脑要经常使用记忆力才会好，否则比衰老还会伤害记忆力。比如，一个75岁的老人每天坚持阅读书籍，他的记忆力和智力都很健康。老人从 70 岁到 90 岁还能掌握新知识，只要愿意坚持去学习。

老年人的记忆力

将近 25% 的老年人与其年轻时的记忆相比没什么变化；5% 的老年人会在 90 岁时达到其记忆力的顶峰，就像 20 世纪英国哲学家伯特兰德·拉塞尔那样。剩下 70% 的老年人的记忆力会有一些变化，其中 10%～20% 的老年人会得一种叫作老龄联想记忆损伤或轻微认知损伤的病。这样，当我们日渐变老、时间感知力迟钝时，大多数人可能不得不面对与年纪变化相应的记忆力变化。当我们日益衰老，我们所经历的生理也会依靠多方面因素，包括锻炼、营养、持续的精神刺激、尝试新鲜事物的意愿和态度等变化。

从 20 世纪 70 年代所做的研究中，科学家们发现了不勤于使用大脑比衰老对记忆力更有害。换句话说，一个 70 岁的坚持学习和研究的老人的记忆力要比一个不重视智力训练的 40 岁的人更健康。研究还显示，多年的学校教育和近期上学习班等因素都对记忆力有积极作用。这些因素在中年女性中也与记忆技巧或记忆术的使用积极地相互关联。研究发现，通过坚持阅读和研究的习惯而保持智力活跃的成年人，比那些智力不活跃的成年人更好地记住他们阅读过什么。大概在 16 岁左右，人的记忆力达到高峰，在剩下的岁月中（高达 30%），记忆力开始渐渐衰减。在正常的因年迈而导致的记忆力衰减中，有许多巨大的差异，练习、目的、重要性都在此种差异中扮演着非常重要的角色。

科学家马里昂·佩尔姆特一直在研究老年人的记忆力，他发现 60 岁或以上的人，回忆和认知能力比他们 20 多岁时要差；但是记忆和认知事实效果又好于比他们更老的人。这一发现能更有力地证明年龄与记忆联系的重要性。我们越老，就越能与更复杂和全面的网络系统相连。一个健康的成年人，能以惊人的有效方式适应自己的环境：如果我们被强烈命令记忆，我们会找到记忆的方式。只不过一些记忆类型可能更受老年人的影响。例如，你的祖母在她 90 岁的时候，还能记得家里为庆祝每一次重要事件而举行的庆祝会的具体日期，但是，她却经常忘记关掉家用电器的电源。记住名字和脸孔的能力——被称作多任务（即同时做好几件事情）的能力衰退，在暮年是很正常的事。例如，正当你在准备用砂锅炖肉时，电话铃响了，当你接完电话回来，你已忘了你是不是添加了作料。但是可喜的是，只要你能理解且能联系在这本书里列举的各种类型的记忆术，在任何年龄段，你的记忆力都能得到提高。

克服年龄因素，保持良好记忆

年龄的增长通常意味着大脑具有的容量越来越少，并且我们更容易疲倦，记忆力也不例外。那么如何保证良好的记忆力呢？

第一，注意生活保健。

到了一定的年龄，身体的各种功能通常会变得不太好，而健康问题可能导致记忆障碍。某些药物，特别是安眠药，对记忆会产生直接的负面影响。适当的预防措施和良好的生活习惯，都对记忆有利。

不存在能够刺激大脑或者保持高效记忆的"神奇饮食规则"，但均衡的饮食有助于预防心血管疾病、癌症和某些病变，应多吃蔬菜、水果和鱼（特别是那些含有丰富的不饱和脂肪酸的生鱼），饮用适量的葡萄酒（最多一或两杯，并且只在用餐时饮用）。

第二，保持好奇心。

额外的不安有时来自某种感觉器官的衰老。当视觉和听觉衰退时，对外界的感知将会变得更困难，而且不再完整，这势必会阻碍记忆。此外，功能的减退还经常伴随着社交活动的减少甚至消失，这样便更残酷地造成记忆功能不能再顺利运转。

事实上，社会或家庭环境的激励、娱乐活动的参与对记忆具有有益的影响。一项记忆测试在大众中进行，将会取得更好的成绩，并且如果活动种类越是丰富，产生的效果越好。

我们在年轻时发展的认知资源是年老后主要可以依赖的，充满活力、保持好奇心和警觉，对维护智力与记忆都非常重要。

第三，我们感兴趣的是什么？

只有在我们不去运用它时记忆力才会衰退吗？人们常说，当我们变老时，回忆年轻时候的事情要比回忆前个晚上做过什么更加容易。但是这也因人而异。增加训练记忆的机会，并不意味着要强制自己去做不符合我们品味、愿望和日常生活的大脑锻炼。然而，日常生活中有着许多需要我们努力记忆的东西，例如银行卡的密码、门禁的密码，又或者是完成一项任务的程序等。那么，为什么不创造些技巧或者策略来训练记忆呢？

当然，除了有用的或者必要的活动之外，还存在其他一些可供我们选择的活动。没有什么比记住那些看似无任何用处的东西更难的了，比如所有城市的市政府所在地。对一门外语进行学习，却没有在使用该语言的国家居住一些日子的打算，那么学习从某种意义上来说则毫无用处。如果不制订一个计划，并有规律地实践，那么要掌握计算机操作（记录个人经历、编制家族数据库等）几乎是不可能的。同样，在听完一系列讲座或者阅读完一本书后，不去复习或深入研究是不能记住很多东西的。事实上，如果我们对某一个课题感兴趣，就应该深入下去。

换句话说，如果想通过某种活动改善记忆，就应该以不断重复的方式去实践，并且长期坚持。最好是选择一个自己感兴趣的活动，这能给自己带来直接的满足感，并且要为此做好付出努力的准备。

第七章

影响记忆的因素

性别对记忆的影响

男性与女性的智力运行机制方面存在差异。关于男性和女性智力不同的社会争论和学术争论一样，究竟是教育、社会、历史原因使然，还是该从解剖学、遗传学、两性的生物特性学来考虑呢？

女性在数学方面的天分差点儿，可是当她回忆和描述自己的过去时，比男性叙述得更为详细和连贯，更富有感情色彩。心理学家和神经学家进行实验，得出的结论是：一般来说夫妻中，女性会记住更多两个人共同生活的记忆，对于事件的时间、地点、和细节都记得很清楚。

在记忆词句或短文时，女性会表现得更好。可是对于几年前读过的一篇短文，男性和女性都有着相似的记忆结果。女性能更准确地记住老同学的名字和面孔，但无论是男性还是女性都更容易记住同性别的同学。

男性在记忆路线的时候，通常是借助方向、几何形状很快地掌握一条路线。对于女性而言，则更多是靠口头标志来确定方向，例如，在蛋糕店门前左拐，然后到十字路口左拐……

造成男性和女性记忆的不同，主要与教育、激素和大脑的微观层面有关。

1.教育的影响。教育有可能促使某些男性的行为不同于与女性的行为。比如，某些玩具用来开发男孩子的生理世界和认知能力；而另一些玩具是用来促使女孩子去发现和认识社会的。这样，不同的教育方式出现的动机导致两性之间差异的产生。

2. 激素的影响。某些激素分泌的多少是性别特征形成的主导因素，并且对许多智力功能，特别是记忆的运作具有影响。

雌性激素、睾酮、黄体酮，这些激素在性别发展与生殖相关的生物过程中扮演着关键的角色。激素在女性和男性的血液中浓度也不同。科学家做了许多实验，为了明确激素的浓度与智力之间的关系。雄性激素——睾酮在男性出生前、刚出生以及青春期的分泌量很大，这种激素对数学和空间感方面起着重要的作用。女性的雌性激素变化，尤其是在月经期浓度的变化，会影响到不同领域的各种能力。

3. 大脑微观层面的不同。男性的大脑和女性的大脑几乎没什么差别，其主要的不同在微观层面。男性的语言区域更多地分布在大脑的左半球，而女性在处理语言问题时，会同时使用两个脑半球。这就是女性在测试语言或文字方面更具有竞争力的原因。

男性和女性之间所擅长的也不同。每个人都具备系统思维能力和情感沟通能力，只不过男性更擅长系统思维，女性则擅长情感沟通。

男性所擅长的系统思维包括像数学这样的抽象系统。在数学方面男性的表现比女性要好，在背景图形辨认的测试中得分更高，更容易让目标对象在大脑中循环。在做事情上男性天生更有条理，但通常不会与感情进行联系。

女性更擅长做特定的语言任务，也擅长情感沟通，更能从对方的角度出发去体谅别人的想法或情感。女性比男性更擅长同时做几件事情。想象一下自己是公司前台的接待；正在接待来访的客人，这时电话响了，你要接电话；同时，同事又让你帮忙传个话。另外，女性似乎更擅长记住过去的事情，特别是感情方面的事情。

值得注意的是，在怀孕期间，女性的短时记忆会发生变化。可能是因为对即将到来的小生命全身心的关注，也可能是疲惫所导致。这些变化还可能是由生活变化引起的，如体重增加、容貌改变、疲劳等。催产素的升高也会损害孕期记忆。另外，氢化考的松的释放程度升高，它会影响海马，而海马对记忆起着至关重要的作用。

总之，女性和男性在记忆方式上大多数还是相似的，差异只是一小部分。需要指出来的是，女性完全可以在一个由"男性的"记忆主控的领域获得成功，并且会比大多数男性做得更好，反过来也成立。

身体与健康因素

现在，健康是大多数人都关心的问题。在报纸、杂志、电视上，经常看到讨论健康方面的话题。无论是大脑的健康还是身体的健康都很重要。要想让记忆力良好的运作，必须注意锻炼身体，提高健康水平。

首先是大脑的健康对于记忆力的影响。保持良好的记忆力，健康的心理很重要，要避免发生过度劳累、压力过大、焦虑等情况。健康的饮食习惯也是良好记忆力的保障，比如说，许多人会偶尔饮酒过量或吃太多高脂肪、含糖的食品。这样的饮食会就会影响我们的记忆功能。

从记忆条件的角度，神经系统的健康，主要指大脑的健康。因为记忆活动是大脑活动的结果，如果大脑出了问题，神经系统就出现了障碍，必然会影响记忆力的发展，降低记忆的效果，甚至会导致无法记忆。脑部疾病，像是大脑紊乱、大脑损伤就会出现这样的情况。脑部疾病影响到大脑的物理和化学程序，还对记忆力和注意力有反作用。这个时候就要去医院对记忆做一个精确的评估，再进行必要的康复训练。

因此，大脑作为人体不可分割的一部分，它的状态和整个身体的健康息息相关。身体其他系统患病，也会影响大脑的正常活动，这样势必会影响记忆力。

另外就是身体健康状况与记忆力的关系。我们的身体健康状况与思维健康是一致的，即使是身体没有疾病，如果身体虚弱或健康状况不好，必然感觉到精神倦怠，思维迟钝，反应不灵敏，精力不集中，从而影响记忆效果。

所以，我们要尽量避免一些伤害身体并对记忆无益的因素，例如，吸烟、喝酒、吸毒等。这些东西的有害成分会直接影响记忆功能，长期吸烟会造成注意力分散，记忆力减退，长期喝酒会导致慢性酒精中毒，导致理解力和记忆力下降。

疲惫时也会影响记忆力，可能会在学习新事物上遇到麻烦。如果你清楚自己在一天中什么时候的思维最敏捷，就在这些时间里学习新知识。例如，为了帮助自己入睡，躺在床上读书。然而，在你读完之后却记不住里面的人物名字，这让人很泄气。如果是这样，那就选择在你的思维灵活时读这本书。在睡觉的时候，读一些你无须记住的东西。

一项研究表明，在获取新事物前，有意识地放松全身肌肉能最有效地提高记忆，这是来自美国斯坦福大学医学院研究员的研究结论。

这些研究员还对由40个老人组成的被试者进行提高记忆进程指导，这40位老人年龄是在60岁以上、85岁以下，共分为两个小组。其中一组老人，研究员指导他们如何放松主要肌肉组织，另外一组，研究员对他们进行记忆训练的培训。实验结果表明，进行肌肉放松指导的一组，明显在记忆名字和面孔方面效率高。

身体器官的一些疾病对记忆力也有很大的影响。一个人想不起来一些事物或经历，就会说是他的记忆力不好。实际上，这样的情况也不完全是记忆力的问题。当你视力或听力有问题时，信息不能被正确地编译。

比如，你的同学建议你给一个叫张川的大学教授打电话。当你拨通电话你却说找王川教授。出现这样的错误，有可能是你的同学没说清楚，也有可能是你没听清楚，又或者是你的记忆力有问题。如果你想正确记住，就让对方重复一遍，再用笔写下来。

再比如，在银行，你要办理转账业务，银行大厅的工作人员给你拿来一张纸，并指出你要在哪些表格里填写一下内容。当工作人员离开，你就弄不清楚要填写哪些表格。这个问题或许不是记忆力的问题，也许当时你根本没看清楚其指的地方。下次你就应该注意对方指出的地方，做一下标记。

要想保持身心健康，体育锻炼就是一种很好的方法。锻炼身体有助于保持健康的血糖水平，还能促使大脑释放化学物质，这种化学物质有利于刺激记忆功能，使其处于兴奋状态。适当的锻炼还能帮助我们消除紧张，增强体质，改善大脑皮层神经的强度，提高大脑皮层的分析和综合能力，最终增强记忆效果，提高学习效率。

保持心情舒畅和适当的体育锻炼是保持身心健康的有效方法，也是增强记忆力的保证。身体健康时，各部分功能都处于相对平衡、代谢旺盛的状态，大脑能得到充足的氧气和营养，因而在这样良好的状态下，记忆东西相对容易。如果身体不健康，没有充沛的精力，就必然会使记忆力减退。

有人往往把学习和锻炼的时间对立起来，认为学习的时间很紧，没有时间进行锻炼，这是不正确的。拥有了健康的身体，才会体力旺盛、精神饱满，记忆效果才好。因此，身体的健康情况直接影响到记忆效果，为了提高记忆效果，就一定要注意身体锻炼，提高健康水平。

药物对记忆的伤害

不同的药物对记忆有不同的伤害。因为药物会伤害大脑的神经，使人的思考能力变慢，还会让人无法集中注意力，所以人会感觉到脑袋昏昏沉沉，要记住一些东西就变得很困难。虽然影响记忆的药物有很多，但是下面我们着重谈一下苯化重氮类药物和抗胆碱，这两种药物对记忆产生的影响。

一、苯化重氮类药物会对记忆产生一定的影响。

麻醉师们发现了苯化重氮类药物，是在20个世纪60年代，因为这类药物包括安定剂和大多数的安眠药。所以麻醉师们在做手术时用这种药物麻醉病人的神经，让病人暂时忘记疼痛。

一个被测试者使用了苯化重氮类药物，如果在这种情况下把他吵醒，他的行为是完全没有异常的，只是对正在发生的事情不记得了。再过一天，他发现自己对前一天发生过的所有事情都不记得了。类似于吃饭、坐车这样与自己密切相关的事情都忘记了。事实上，苯化重氮类药物会造成人出现几个小时的"近事遗忘症"。在药物的作用下，会把新的信息或刚发生的事情遗忘，想不起来。以前的记忆完全存在，注意力的集中能力也不会受到影响。

从一些接受麻醉患者的身上获取信息证明，麻醉期间也可以获得对信息的记忆。研究者做了一个实验：在给手术患者实施麻醉以前，先做一个测试，测试的内容是问患者一些奇怪的问题，要求患者回答。等麻醉之后再将问题的答案告诉其中一半的患者。手术结束后的一到两天再要求被试的患者说出这些问题的答案，结果发现听到答案的患者明显比没有听到答案的患者成绩高。此外，所有的患者都回忆不起来在手术过程中是否听到了什么。

苯化重氮类药物是焦虑症患者的镇静剂。焦虑是记忆障碍的根源所在，为了消除障碍，使用这种镇静剂就显得尤为重要。一个患有焦虑症或是抑郁症的人，当他长期服用苯化重氮类药物后，发现记忆力减退，他也会认为是长期服用这类药物导致记忆力不好。

二、抗胆碱的药物也会对记忆产生一定的影响。

抗胆碱的药物，从字面上能看出这类药包含了一些抑制乙酰胆碱功能的分子。乙酰胆碱在记忆的过程中是重要的神经传递者。抗胆碱的药效已经在实验中得到了证实，药物所包含的分子会造成几个小时的"近事遗忘"，回忆和再认的能力会受到影响，认知学习机能仍保持正常。

抗胆碱的药效在体弱病人的身上会产生更明显的效果。比如说，阿尔兹海默氏症和路易氏智这两种疾病，主要表现为大脑乙酰胆碱缺失，并伴有记忆障碍。这两种疾病早期的症状不是很明显，可是如果使用了抗胆碱类的药物，病情就会加重，严重的还会让病情变复杂。这也是为什么老年人应该慎用所有抗胆碱类药物的原因。

三、抽大麻也会使记忆力受到严重影响。

研究报告显示，经常抽大麻的人的记忆力很可能会遭受严重影响。抽大麻和直接吸食毒品的结果相似，只不过吸食的量会更大一些。为了研究方便，把吸食大麻的人分为长期吸食、短期吸食和偶尔吸食。

对这三种类型的吸食者，研究人员让他们做了简单的测试。在面对精确任务的时候，比如，记忆一组单词，偶尔吸食大麻的人平均可以记住16个单词中的13个，而那些长期吸食大麻的人平均只能记住8个。研究人员发现，长期吸食大麻的人，记忆力会出现严重的缺陷，大脑的功能也受到了严重的破坏，身体反应也较为迟缓。毫无疑问，大脑与记忆功能的退化程度与大麻吸食时间的长短有关。

总之，药物的影响导致记忆出现问题，这些问题都是短暂的。当人在服用某种药物时，日子久了身体已经适应了这种药物，记忆问题可能会自动消失。如果记忆问题没有消失，要找医生谈谈情况，询问一下医生能不能换其他药物。一直以来，对于药物影响记忆方面的研究并不是很多，与之相关的一些特点还没有获得比较一致的理论解释。

酒精对记忆的伤害

酒精对记忆有着强烈的影响，酒精为什么会影响记忆呢？因为酒精可以影响到大脑中称为谷氨酸的化学物质，谷氨酸这种化学物质会妨碍大脑形成新记忆。尤其酒精会损害人对记忆名字或电话号码这类事物的能力，另外，酒精还会造成诸如昨晚做了什么、发生过什么的记忆空洞。即使是喝一点点酒也会破坏你对小段信息形成记忆的能力。酒精还会降低我们的注意力、判断力，以及已经形成的记忆的再现能力。

一个人喝酒量的多少决定了对记忆力影响的大小。比如说，一晚上喝三瓶酒和三个晚上喝三瓶酒相比，一晚上喝三瓶酒对大脑的影响会大很多。过量的饮酒会增加我们体内的毒素，太多的毒素使我们的身体本身无法及时排出，就会导致饮酒过后剧烈的头痛，毒素还会刺激胃部，引起胃部的疾病。饮用大量的酒还会造成几个小时的记忆缺失，如果是经常性的狂饮酒，有可能会导致记忆力的彻底丧失。

长期饮酒会造成营养不良。在酒精中除了卡路里，根本没有营养成分。一些喝酒的人会出现只喝酒不怎么吃饭的情况，这样下去必然会导致营养降低。尤其是会造成维生素的缺失。维生素的缺失会引起什么样的记忆疾病呢？

例如，缺失维生素B_1。维生素B_1主要包含在动物内脏、谷物中。这种维生素会促进神经细胞和心脏细胞的新陈代谢。当维生素B_1缺少时，会造成在记忆循环中起中转作用的乳头状细胞出血坏死，导致严重的认知障碍、幻想症、多变的记忆缺失、完全知觉混乱，这些疾病一般情况下是永久性的。

因此，饮酒的人应该正确补充维生素，避免出现以上病症，加大维生素 B_1 的量是必不可少的。

很多人发现，随着年龄的增长，自己身体对酒精的承受能力也逐渐变差。以前能喝两瓶酒，现在酒量越来越小，喝半瓶都不行，还感觉到醉得很快，并且宿醉更厉害。在我们年龄增大，大脑也同我们一起老化的时候，如果还要大量地饮酒，这样对记忆的伤害更大。

酒精对男性和女性的影响。酒精对女性的影响比男性大，由于男性的体内的总含水量高，所以酒精能被稀释或是能更有效地从体内排出去。然而对于女性而言，酒精会以高浓度的形式，长时间储存在女性体内，这样就更容易伤害女性的记忆力。

我们每个人的身体素质不同、性别不同、年龄不同，所以说酒量也不同。在喝酒的问题上，一定要了解自己的酒量，这样才能更好地保护自己的大脑和记忆。最好不要在午饭时喝酒，喝了酒会影响下午的表现。如果在必要的场合，需要喝很多酒才能应付，那么在接下来的几天里就不要喝酒了。喝酒可以帮助人得到身体上的放松。在生活中，大多数人喜欢喝上一两口，尤其是人们过完了紧张忙碌的一天，当晚上回到家，休息吃饭的时候，就会打开一瓶酒喝起来，很可能喝的不止一两杯。

喝酒的时候到底喝多少才是适当的量呢？下面推荐喝酒时应该保持的量。

例如，一顿酒的标准或者一个单位指的是：一瓶啤酒、一小杯烈酒、一小杯红酒。男性，每星期不超过 15 个单位，每周最好有两天不饮酒，每天饮酒不要超过两个单位。女性，每星期不超过 10 个单位，每天最多不能超过两个单位，每周有两天的时间要滴酒不沾。怀孕期的女性不要喝酒。

切记不要每天都喝酒，如果你已经在喝酒了，就严格要求自己遵守上面的标准。总之，一定要控制饮酒的量，不要有经常喝多的习惯，经常喝多会对记忆的正常发挥产生消极的影响。

压力与记忆

"压力"这个词已经列入了我们的词汇表，并开始被频繁使用了。可以说生活中压力如影随形、无处不在，我们却很难躲避压力带来的影响。我们经常听到的有现代生活压力、职场压力、社会压力等形形色色的压力。压力有正面和负面之分，要想沉着地应对压力，则必须要认识和了解压力。

在有压力的时候，如果你可以很快地做出适当的反应，它只是你的身体在竭力适应一种新情况时发出的一种信号，这样的压力被称为是积极的压力，也可以说是一种正面的压力。这类压力充满了乐趣，让人感觉到很兴奋。短期压力在某种情况下会产生积极的影响，短期压力会使我们更有效地利用时间，比如，必须在一个小时里背完一篇稿子，那么在这一个小时里，就会给自己施加压力，保证背完稿子。

如果压力使人的新陈代谢减慢，具体表现为人处于疲惫的状态，身体抵抗力会随之下降，易感染疾病。这种现象如果反复出现的话，那么压力对人是有害的，也就是所谓负面的压力。长期压力产生的影响就很消极。在慢性刺激、疼痛或疾病下，比如，家庭矛盾、持续的身体或头脑疾病等，这些都可能会严重损害我们的大脑，削弱我们的学习和记忆能力。

事实上，压力是人的身体应对外界变化时所进行的自我调节，是身体适应变化的一种体现。人可以感觉到自己的身体对压力做出的反应，比如，人感觉到焦虑、疲惫、没有食欲、变得消极、睡眠被打乱、经常做让人提心吊胆的梦，还有就是不能集中注意力。在更严重的压力下，会引起过敏、消化不良、疼痛、皮肤病等，还有可能出现精神恍惚。以上这些都可以归结为是慢性疲劳综合征的表现。一些研究者认为，慢性疲劳综合征是在严重的压力下身体不适加剧，就好像系统瘫痪了一样，再也应付不了任何压力变化。

当人因时间紧迫而感到压力很大时，就会变得紧张而焦虑。人一旦变得焦虑，注意力和专注力就会受到影响，导致记忆力变差。比如，在压力之下，人们会出现怯场的反应。

怯场，通常是站在台上，面对大公众时出现的反应，但是这样局促不安的生理反应在台下也会出现。例如，在上台之前突然大脑一片空白；在没有准备的情况下，课堂上老师突然向你提问等。

怯场的反应，是人会突然感觉到大脑混乱，心脏跳动加快，血压升高，身体紧张发汗，不能集中注意力，全身都很不舒服。就像是处于危险中，身体会释放大量的压力荷尔蒙到血液中。

怯场还会导致不由自主的身体颤抖、说话结巴、暂时性遗忘等。遗忘的恐惧能够诱发足够的压力，从而导致记忆回路的瘫痪。但这只是暂时性的，你只需要重新开始，就可以重新启动整个记忆系统，你的记忆系统重新开始正常工作，你的怯场也会消失。要克服怯场的现象，还可以了解自己的生理变化，学习减轻紧张害怕的技巧，还有就是要提前做好心理准备。

面对压力时，要采取正确的做法。尽量避免产生一些不正确的缓减压力的方法，比如，酗酒、吸烟、暴饮暴食、不参加活动、睡得太多、回避问题等。这些方法不仅不正确，而且长期这样会带来很多危害。

正确的做法是要识别真正的压力源。思考一下是什么导致你的压力。

（1）是自己的生活方式？

（2）是自己所处的环境？

（3）是不是自己要做的事情太多了？

（4）是否有效的管理自己的时间？

（5）是否白天没有办法释放紧张的情绪？

（6）是不是对自己没信心？

针对这些问题用一些方法来缓解压力。

（1）为自己制订一个生活计划，适当地调整自己的生活方式。每天做一些能够给自己带来快乐或是比较享受的事情。

（2）控制环境。如果交通堵塞的状况让你焦虑，就试着绕道走不会堵车的线路。

（3）要学会说"不"，了解你的职责范围。在工作和生活中，要学会婉转拒绝超出自己责任和能力的事情。

（4）时间管理不善，会造成很大的压力。如果你的时间被工作全都占据，工作还是落后时，那么你就很难保持心情平静。但是，你提前计划并安排好要做的工作，在你可以承受的压力范围内完成，就不会让压力变大。

（5）练瑜伽，使自己的身体放松，或是深呼吸来缓解自己焦躁的情绪。

（6）一定要保持自信。相信自己能做好现在的事，相信自己能行，不断鼓励自己。

情绪以不同方式影响记忆

情绪是人们认知事件时产生的主观认知经验的通称，一般是人们的需要能否得到满足的相关的体验，比如欢乐、悲伤、恐惧、愤怒、满意或者不满意等。它是多种感觉、思想和行为综合产生的心理和生理状态，是普遍的和通俗的。情绪常和心情、性格、脾气、目的等因素互相作用，也受到荷尔蒙和神经递质影响。

情绪和记忆有着十分密切的关系，它的好坏对人的记忆有很大的影响作用，并且在特定的条件下，情绪的好坏对人们记忆的好坏起决定作用。情绪对记忆效果的影响是很多方面的，可能是直接的，也可能是间接的；可能是积极的，也可能是消极的。

情绪对记忆的直接影响表现在：在记忆过程中，一些些积极的情绪能直接提高人们的记忆效果和效率。心理学研究表明，人们非常偏好那些愉快的经验，一般能引起人们自己愉快情绪的事物会更容易被记住。这主要表现在两个方面，凡是能够对我们情绪产生强烈影响的事物，我们很容易记住，记得也比较牢固，甚至可能会记忆一生，比如说人们接到大学录取通知书，这就是一件让人愉快的事情，因此就更容易被人记住；凡是我们感兴趣的事物，就能够保存在我们的记忆中，比如说有人对各种车辆非常感兴趣，那么如果你问他有关车辆的知识则他大部分都能回答出来。因此在记忆的过程当中，我们应该认真体验记忆材料当中，那些带有感情色彩或容易激起人们情绪的事物，这能大大地提高我们的记忆效果。

情绪对记忆的间接影响表现在：充沛积极的情绪能提高人的体力和精力，促使人们能够为达到记忆的目标而努力。这种情况人们在生活中应该经常遇到。在学习上，人们高兴的时候，会感觉这个世界特别的美好，因此就会觉得应努力学习，为了未来而努力奋斗，这时候人们就会集中精神去努力学习；而当人们不高兴地时候，就感觉干什么都没意思，学习也没什么意思，学那么多的知识到头来都没什么用处，因此也不会去努力学习。

情绪对记忆的积极影响：是指在一定的情况下，有些时候情绪能够对人们的记忆活动起促进作用。比如在记忆活动中，当人们看到自己的进步时，就会感觉非常满意，并且充满希望，这种情况就能促进人们记忆效果的提高。因为愉快的情绪能够提高人身体的活力，使人体的各种生理机能全部活跃起来，使人们的精力和体力得到增强，提高人们生活的动力，使大脑达到最佳的状态。大脑的状态越好，大脑的工作效率和人们的记忆功能就越强大，人们的记忆力也就越高。

情绪对记忆的消极影响：是指在一定情况下，有些情绪会削弱人们的记忆活动，对记忆起到降低的作用。比如在身体很不舒服的情况下，很难指望人能记住一些复杂的东西，因为人的注意力都集中在自己不舒服的身体上。不愉快的情绪会对人造成很大的刺激，特别是生理上的，这就会影响到大脑的记忆功能。另外，人的一些不正常的情绪可能造成大脑皮层的不正常波动，也会影响人对记忆力的巩固。

总之，情绪对记忆的影响是十分严重的。因此，我们在记忆的时候，一定要排除不良情绪，保持好的情绪，并且不能让情绪产生严重的波动。

知识和目的对记忆的影响

知识和目的这两个主观因素也对记忆有深刻的影响。知识和目的都与记忆效果有着密切的关系。

先谈知识对记忆的影响。知识是记忆的基础，一个人的记忆力与知识经验有着密切关系。所以说，我们要不断扩大自己的知识面，将已有的知识系统化，为良好的记忆提供有利条件。

认识事物或观察事物，人都会受自己的知识经验和兴趣左右。比如，组织同学去公园游玩，女生就会对花草感兴趣，从而会刻意记住那些花草的名字。男生则被旁边停车位上的各种汽车吸引，他们会认识和记住各种汽车。这些类似的体验我们也有。

不同的知识经验对记忆的选择有很大的影响，丰富的知识经验的确对记忆的提高很有帮助。研究员曾做过这样的实验：实验材料是一张图画，里面分为三个部分，第一部分是五金店里的东西，第二部分是工厂里的东西，第三部分是城市修鞋的小商店的东西。被试者分别为五金店的店员、工人和修鞋的人。实验结果证明，店员记五金店里的东西最多；工人记工厂里的东西最多；修鞋的人记修鞋小店里的东西最多。这三种人对其他两类东西都记得很少。

丰富的知识经验有助于提高记忆的原因是什么呢？

1. 记忆就是在事物之间建立暂时的联系，知识丰富的人，就容易在知识之间建立起暂时联系。在已经建立的暂时联系的基础上，利用已有的知识经验去记忆新的知识，这样，记忆会保持得更长久，回忆起来也容易。例如，爱因斯坦记24361这个电话号码，他利用已有的数学知识进行记忆，他把这个电话号码联系为"两打和19的平方"，很容易就记住了。用这种方法记住后，也不会一下就忘掉。

2. 人们的知识经验对记忆影响，主要是依靠学习迁移的作用。学习迁移是一种学习对另一种学习的影响，它广泛地存在于技能、知识、行为规范的学习中。任何一种学习都会受到已有知识经验、技能、态度等影响，只要有学习，就有迁移。正是因为学习迁移的客观存在，所以巩固掌握了某种知识后，再去学习别的知识，就容易记住了。迁移是提高和深化学习的条件，学习与迁移不可分割。例如，掌握了数学的人，通常物理也学得很好。精通英语的人，法语也很容易学会。

3. 知识丰富的人，在记忆时会灵活使用各种方法建立联系，来帮助自己记忆。

接下来谈目的对记忆的影响。一个人的记忆效果与记忆目的有密切关系，而且记忆效果不仅取决于一般目的，还取决于具体的目的。

例如，实验者给两组被试者呈现一系列的图片，给第一组提出的具体测试目的是，要求按顺序记住每张图片，结果发现第一组被试者能回忆出 80% 的图片。没有给第二组提出具体要求，只要求尽可能多记，结果发现第二组被试者只能回忆出 35% 的图片。

在我们的学习中，应该为自己设定明确具体的记忆目的，以提高记忆效果。在教学过程中，老师也要对学生提出明确的要求，让学生了解记忆的具体目标，这样有助于提高学生的记忆。

记忆目的对记忆效果有直接影响，记忆目的越明确、越具体、记忆效果就会越好。我们会有这样的经历，当你漫无目的去读一篇文章，即使是读了好多篇，你对这篇文章也不会有太大印象。研究者做过这样的实验：实验材料是 15 张表情不同，颜色也不同的人物头像图片，把被试者分为两组。要求第一组记忆人物头像图片的表情，要求第二组记忆人物头像图片的颜色。实验结果是，第一组记忆图片的表情最多，很少记住图片的颜色；第二组记忆图片的颜色最多，很少记住人物的表情。

为什么有了明确的记忆目的就会提高记忆效果呢？

1.明确具体的目的，能使我们集中注意力，提高大脑皮层有关区域的兴奋度，在这个区域形成一个兴奋中心，在那里容易形成暂时的神经联系，还能使神经联系得以巩固，留下深刻的印象。

2.没有明确的记忆目的，注意力会随时分散或转移，大脑皮层就不会形成兴奋中心，在那里也不容易形成的暂时的神经联系，即便是建立起来，也会很快消失，留下的记忆印象就模糊。

现在，我们不仅要有良好的专业知识，还要不断使自己的知识更加丰富，除了学习本专业的知识外，自己还应当学一些其他方面的知识，在学习中不断丰富自己的头脑，积累知识。我们还要有长远学习目标，又要有短期的具体目标，要善于依据不同的学习内容，提出不同的记忆任务，从而提高记忆效果。

环境影响记忆

研究表明，人们在进行记忆活动时，周边环境的好与坏，会对记忆效果产生一定程度的影响。如果周边是一个良好适宜的环境，人们的记忆就很可能会得到加强；相反，如果周边环境非常糟糕，人们的记忆就会减弱，甚至可能完全无法进行正常的记忆活动。那么，外部环境究竟是通过什么样的方式，对人们的记忆产生影响的呢？

第一，外部环境主要通过影响人的情绪而影响记忆力。宽敞明亮的环境能够让人感到心情舒畅，有助于人们记忆；狭窄阴暗的环境则容易让人产生压抑和烦闷的情绪，也可能会使人产生沮丧的心理，这就不利于人们记忆；美丽幽静的环境容易让人心旷神怡，给人一种非常舒适的感觉，有助于人们记忆；喧嚣吵闹的环境容易让人感到内心不安稳、难受、坐立不安，不利于人们记忆。

第二，外部环境通过影响人的大脑而影响记忆力。如果外部环境是空气流通、光线充足，并且相对安静的情况，则有助于人们进行记忆活动。因为空气流通的环境，会让大脑有充足的氧气供应，使大脑长时间保持足够的精力，不容易感到疲劳；光线充足则能使大脑一直处于一个兴奋的状态，这种情况下，大脑对各种信息的编码、储存、提取等处理行为就会加快，信息在大脑中留下的痕迹也会加深，能够有效提高人们的记忆效率；相对安静的环境则能够避免大脑受到一些不必要的刺激的干扰，一些没有用的、不需要我们记忆的信息不会在这个时候突然输入到我们的大脑中。这样的环境，使大脑对信息的反射更容易，因此能够促进人们记忆，并且提高人们的记忆效果。

一个良好的、有助于人们记忆的环境，主要包含两个方面：一方面是这个环境要让人感觉到舒服、舒适；另一方面，应该是一个尽量不被外界干扰的环境。

实际上这两个方面很好理解。

第一，舒适、舒服的环境有助于记忆。在现实生活中，每个人都喜欢待在舒服、舒适的环境中。比如说坐飞机的时候，飞机上我们都知道，基本上会分为头等舱和经济舱两种不同的乘坐环境。一般来说，头等舱的价格会相对昂贵一些，但是由于机舱位置、服务标准、座椅尺寸和间距等的不同，人们乘坐头等舱时会相对舒服一些，并且头等舱的乘客一般都比较少；而经济舱在价格上会相对便宜一些，但是它的机舱位置、服务标准、座椅尺寸和间距等相对于头等舱也要差一些，同时乘客的人数也比较多，因此人们乘坐经济舱相比于乘坐头等舱在舒适感上面会有所差距，不如头等舱舒服。就是因为头等舱舒服，一般有条件、有实力的人，在坐飞机的时候都会选择坐头等舱。

这样的环境能够让人们的身体和心理都感觉到轻松，做什么事情都不觉得有难度，同时也会感觉到有足够的动力。当然，由于人与人之间的个人爱好、生活环境、生活水平、生活经历等的不同，每个人对于舒服的定义可能是不同的：经常挤火车的人可能感觉飞机的经济舱就非常舒服，一个总是坐飞机的人也可能会感觉火车的软卧也很不舒服。如果一个人坐在飞机的头等舱中感觉不舒服，那它就连火车的硬座都不如；如果一个人感觉坐在火车的硬座上非常舒服，那么硬座就相当于是这个人的头等舱。人们乘坐的究竟算不算头等舱，实际上是根据人们自身的感觉来决定的。俗话说"鞋合不合适只有脚知道"，人们对某些事物的感觉到底舒不舒服也只有自己知道。

第二，一个不被外界各种因素干扰的环境，有助于人们进行记忆活动。一般来说，人们在集中精力做一件事情的时候，如果突然间被某些意外因素所打扰，那么这件事情应该就不能再进行下去了。比如说一个公司的领导正在做一项关于公司的重要计划，这个时候他的电话突然响起来，本来他的计划正做到关键的部分，他并不想停下来，但是电话一直响个不停，于是他接了起来，原来是他的妈妈突然进了医院。放下电话之后他肯定就无法继续做计划了，因为他的妈妈进了医院，他必须要马上过去，所以计划必须停止。还有一种情况可能是他觉得计划比较重要，应该做完再去医院，但是估计他也不可能继续做计划了，因为一边做计划，他的大脑还会不断提醒着他的母亲进了医院这个信息，他根本就不可能安下心来再做计划。所以说，一个意外因素的干扰很可能会导致一件重要的事情无法完成。

我们都知道，记忆是一项复杂的脑力活动，它包括信息的输入、编码、储存、提取等过程，在这个过程中，人的注意力必须高度集中，才能取得最好的效果。一旦这个过程中受到干扰，那么很可能之前所付出的精力全部都被浪费，无法记住自己需要的信息。比如，你刚刚向别人问了一个重要的电话号码，正在大脑中不断重复，企图记住它，这个时候，突然有人叫你，而你回答了，并且和那个人交谈起来。等到交谈结束后，你还能够记得你之前要记忆的电话号码吗？答案肯定是不能。当人们在记忆某种信息的时候，最好的情况是在这个过程中不要有其他新的信息输入到大脑中。一旦有新的信息进入大脑，就会和正在记忆的信息发生冲突，产生抑制或影响，甚至有可能造成需要记忆的信息的丢失。

因此，人们在进行记忆活动的时候，必须保证自己不会受到任何意外因素的干扰，这样才能达到最有效率地记忆信息。当然，对于人们来说，每个人对于干扰的定义是不同的，有的人可能觉得别人很小声地放音乐就会对自己产生干扰，而有的人觉得只有别人碰到了他的身体才会对他产生干扰，因此，必须根据自己的实际情况去，去判断一个环境到底是不是适合自己的，并且不被干扰的记忆环境。

外部环境并不是一成不变的，人们可以根据自己的需要，对其进行一些改变，甚至是创造出一个自己喜欢的环境。在进行记忆活动的时候，如果外部环境不能满足人们的需要，这种情况下，我们应该怎么做呢？

第一，自觉去寻找有利于记忆的环境。人们周围的环境是各种各样的，也是在不断发生着变化的。但是，环境的变化并不是随着我们是否要进行信息的记忆而发生变化，它不是上课，老师说安静就必须安静，外部环境的变化是不以人的意志为转移的。因此，在我们进行记忆的时候，如果外部环境不满足我们记忆所需要的条件，就需要我们自己去寻找合适的环境。比如，喧闹的闹市不适合我们记忆，那我们就可以去图书馆等安静的地方。就像工作一样，这个世界上总会有适合你的工作，只要寻找，也肯定能找到最适合记忆的环境。当然，想要找到一个适合自己的记忆环境，一定要跟着自己的心走，按照自己内心中最真实的想法寻找，不要管别人的想法，只要你觉得环境舒适，哪怕别人都说不好，也不要受到干扰，记忆活动终究是你自己的事情

第二，要掌握抗干扰的能力。有些时候我们需要记忆信息，但是却没有一个合适的环境，由于客观原因的某些因素我们又不能换一个环境，这时候我们想要记忆，就必须要掌握抗干扰的能力，学会闹中取

静。很多时候,当我们静下心来做一件事情的时候,外部环境的因素其实并不能影响到我们,这样的经历肯定很多人都有,就像我们在看电视看得非常入迷的时候,外面不论怎么吵闹,都不会影响到我们。其实记忆也是一样,只要我们能静下心来去记忆信息,什么样的环境都没办法影响到我们。当然,在一个不适宜的环境中记忆是对人们意志力的一种考验,只要坚持不分心,坚持不受到任何干扰,进行记忆是完全没有任何问题的。

第三,要学会自己去创造最有利于记忆的环境。我们每个人都有能够利用特定环境的刺激,引起特定反应的条件反射的规律,创造出一种环境,使大脑一接受这种信息就自动进行记忆活动。也就是说,每个人都有最适合自己的记忆环境,这种环境通常都需要我们自己去创造。比如说我们正在看书,但是书桌上的一盆花却严重影响着我们,这时候我们就可以把这盆花转移到一个我们看不到的地方去,这样我们就不会再受到干扰,这就是自己创造环境。当然,如果你觉得天气很热会影响你的记忆,那么你就可以在进行记忆活动之前把空调打开,保证不会受到炎热天气的影响;如果你认为饥饿会对你的记忆产生干扰,那么你就可以在进行记忆活动之前吃一些东西,保证自己在记忆活动中不受到干扰。另外,关闭电脑、关闭门窗、关闭手机等,都能够尽量避免人们受到意外因素的干扰。人们也只有找到这样没有干扰的环境,才能让自己的记忆活动变得有效率。实际上,有利于记忆的环境的创造是很简单的,只要让自己的记忆环境变得安静,并且处在一个光线充足的环境中,让娱乐物品远离人们最容易看到的地方,这样的环境就可以。

注意力分散,当然记不住

如果你没有经常将注意力集中在某物的习惯,那么集中注意力就会更加困难。注意力缺乏的最普遍的原因之一就是缺乏兴趣。在日常生活中,我们很容易记住感兴趣的东西,由于兴趣会引起我们高度的注意力。

缺少注意力是我们忘记事情的主要原因,对待分心的唯一方法就是对能使你和你的目标分析的事物保持足够的清醒,并且不让这些事物有机可乘。

嘉利住的公寓搬来一位新邻居——塞缪尔。一天，他们在乘坐电梯时相遇了，新邻居亲切地向她打招呼，并做了自我介绍。嘉利也叫了他的名字并问好，交谈了一会儿后，嘉利就发现她已经记不起来这位新邻居的名字了。这个例子说明嘉利没有把塞缪尔的名字转化为能够回忆起来的长期记忆。这都是由于注意力不够而出现的一些状况。

心理学家用脑电图来研究注意，脑电图会记录大脑电脉冲的变化。人们看见什么或听到什么后，大脑会立刻把电脉冲的情况记录下来。我们通过对能正常进行注意信息加工的人，所做的成像和记录学到很多关于注意的知识。也通过不能正常进行注意信息加工的人，做的成像和记录中学习到一些知识。

如果大脑受伤会对注意有什么影响呢？一个典型的脑卒后视觉忽视综合征的人，因为他的右脑损伤比例较大，所以他无法对侧视的范围内物体做出反应。他确信自己抬起左手拍了下手，可事实上他并没有抬起左手，他抬不起左手不是因为身体残疾，而是他已经忘记了左手的存在，这就是视觉忽视综合征的主要特征。视觉忽视综合征不是身体缺陷的原因，也与感觉障碍、视觉刺激无关，而是反应失调、大脑紊乱引起的。

视觉忽视综合征患者很难将注意力集中到任何一件事情上。美国大约有4%～6%的儿童患有这样的注意缺陷障碍。这是由于注意控制不成熟或功能失调造成的。大多数情况，这样的不成熟会随着年龄的增长而有所改善，但是有近一半的人在长大后还会有问题。

有专家认为，注意缺陷之所以会出现，是由于控制和指示大脑的注意区域不成熟造成的。正电子发射断层显像研究表明，注意缺陷患者是前扣带皮层活动和左脑的活动减少，尤其是前扣带皮层活动的减少，而它与集中注意有一定联系。还有一个是与意识有关的前脑叶活动，另一个与思维、知觉有关的上听觉皮层活动，这两个部位的活动也随之减少了。这些活动的减少导致了注意缺陷障碍的症状。

为了使注意缺陷症状得到缓解，人们会服用一种哌甲酯的药，服用这种药后神经传递素会不断刺激患者的大脑皮层，让大脑集中注意。

环境不可能总让你轻易地保持高度集中的注意力，我们需要克服疲劳、紧张、糟糕的生活环境以及一些病痛，这些都可能成为注意力集中的障碍。我们不能充分利用注意力资源，主要是由于懒惰，懒惰会损害注意力能力，注意力很难被激发出来。

比如，你去厨房想取一个盘子，进了厨房后又忘记了要做什么。或许，在去厨房的路上，你想着有几盆植物该浇水了，这个想法就代替了去厨房拿盘子的想法。又比如，对收音机里的新闻总是比电视里的新闻记得要清楚，在收音机里新闻在短时间内播报，所听到的新闻内容，更加简洁明了。电视机里的新闻会播放图片，还有很多补充说明的内容，不容易被记忆，再加上电视新闻里的图片信息会分散人的注意力，从而干扰了人们对新闻主要内容的关注。

总之，无论是客观上的生理疾病，还是主观上的注意力分散，都能够使我们忘记一些事情。并不是说我们记不住事情，而是我们被无关紧要的东西影响了。因此，治疗注意缺陷疾病，平时集中注意力，屏蔽掉无关的事情，我们的记忆力就会有所提升。

影响记忆的其他因素

第一，诱导因素会对记忆产生影响。诱导就是劝诱、教导、引导，指的是用语言或者动作等行为引导人们做出某种行为或者说出某些事件。比如老师问学生一个问题，学生回答不出来，老师就会通过各种提示来引导学生说出正确的答案，这就是诱导的一种。

诱导对记忆的影响主要发生在某些事件的目击者身上，特别是一些重大、紧张的事件的目击者，像是车祸等。这类事件通常会对人们产生一些严重的刺激，使人们的情绪紧张，导致人们虽然目击了整个事件，却由于情绪的紧张，而不能对事件发生时的某些因素记忆清楚，这就需要目击者在他人的诱导之下回忆起整个事件。诱导经常是用一种疑问的方式进行，比如说在法庭上，律师们对某些事件向目击者和证人发出的问题就是在诱导证人。

诱导能够使人回忆起某些事件，但是这种回忆有时候并不一定是真实的，这主要在于诱导方式的不同。有这样一个实验，实验者给被测者放映了一段关于交通事故的短片，在看过短片之后，要求被测者描述自己观察到的场景，然后回答一些与短片中交通事故有关的问题。其中一个问题是关于汽车碰撞在一起的时候的速度的，但是对不同的被测者所询问的方式不同，有的是问"汽车在相接触时的速度是多少"，有的是问"汽车在相碰时的速度是多少"，有的是问"汽车在相撞时的速度是多少"，结果一个词语的不同导致了被测者的回忆出现了不同。如果是用较弱的词，得到的是一个较低的数字，可能是 50 千米每小时；如果是一个比较强烈的词，得到的就是一个比较高的数字，可能是 60 千米每小时；如果是一个非常猛烈的词，得到的就是一个非常高的数字，可能是 80 千米每小时。实验结果证明，用不同方式对人进行引导时，不同的人回忆出的情况是不同的。

第二，错误信息对记忆有影响。有时候，因为人对自己看到的事件记忆并不清晰，很可能会被一些错误的信息所误导，从而产生错误的回忆。就像在法庭上，律师为了得到有利于自己代理人的证词，经常会用一些错误的信息对证人发问，一旦证人出现情绪紧张等情况，就很有可能会上律师的当，从而给出错误的证词。在一个实验中，心理学家给被测者看了一段交通事故，并且让被测者记住自己所看的画面，然后给被测者出具一份关于这个交通事故的报告。在报告中，心理学家把事故中的一些信息用另外一些错误的信息进行了替换，比如说把让行的指示牌换成了禁止行驶的指示牌。但是，等被测者看完报告后，心理学家问被测者交通事故中到底是让行的指示牌还是禁止行驶的指示牌时，有一部分人会非常肯定地说是禁止行驶的指示牌，这部分被测者就是受到了错误信息的影响，产生了错误的回忆。

第三，权威或者专家的肯定效应对记忆有影响。在现实生活中，我们肯定遇到过这样的事情，当你做一件事情的时候，有人会规定你不能做某些行为，否则就会出现严重的问题。但是就算你没有做出违反规定的行为，如果出现了做出那些行为才会产生的问题，别人还是会说你没有按照他的规定去做。这时候你肯定会否认，但是在那个人坚定的说法下，你可能就慢慢会觉得自己就是因为没按照规定做，所以才出现问题。这就是权威肯定对记忆的影响。有一个实验充分说明了这个问题，在实验中，被测者要在实验者的监督下在电脑中输入一段话。事先被测者已经被告知不能触碰电脑键盘上的 CTRL 键，否则电脑就会死机。在实验中，被测者并没有碰 CTRL 键，但是电脑却突然死机了，于是实验者就指责被测者触碰了 CTRL 键。刚开始被测者会否认，但是实验者却坚持说自己看到被测者触碰 CTRL 键了。随后实验者制作了一分被测者触碰了 CTRL 键的坦白书要求被测者签字，结果很多被测者都签字了，并且有一些被测者还找一些理由来证明自己触碰了 CTRL 键。但是事实上，被测者根本就没有碰到 CTRL 键，他们只是被实验者所肯定的情况误导了。

第四，社会交往同样影响人的记忆。现实生活是人们记忆力的重要来源，在生活中，一件相当重要的事情就是进行社会交往。在社会交往中，人们有很多机会去和别人谈论自己现实生活中的某些事情，这样就会加强人们对自己所做的事情的记忆力。

有这样一个例子。有一个年龄很大的人，他患有一些严重的病症，并且他独自生活在一个陌生的地方，周围没有亲人和朋友。因为孤独，他经常感到不安和不舒服。他的邻居每次见到他的时候，都觉得他的记忆力变得越来越差，甚至像看医生这样重要的事情都会忘记。后来，医生给他配了家庭护士和健康助手，每周三次为他提供个人护理和服务。一段时间之后，他的邻居发现他居然在固定时间期待着护士和健康助手的到来，记忆力似乎比以前好了。后来经过交谈发现，和别人有了接触，进行了社会交往，他的记忆力确实得到了提高。

第八章

有益于记忆的生活方式

大脑所需的营养

个体在年龄、饮食、健康、营养状况等方面的差异给制定一个大众化的、有益于神经健康的建议带来了麻烦。在开始食用新补品之前一定要咨询有信誉的营养专家或有治疗经验的医生。

人体中所有已知的蛋白质都由 20 种氨基酸组成；其中的 12 种可以在体内生成，因此被称为"非必需氨基酸"。另外的 8 种，即必需氨基酸，则要从饮食（或营养补品）中获得。科学家发现，含有某些氨基酸的补品能增进精神警醒、缓解疲劳并提高大脑敏捷度。

苯基丙氨酸是一种重要的氨基酸，它为制造儿茶酚胺提供原材料。儿茶酚胺是一系列的神经递质，包括去甲肾上腺素、肾上腺素和多巴胺等。儿茶酚胺对精神警醒和精气神儿有促进作用，在传递神经冲动的过程中作用也很大。苯基丙氨酸能够消除精神抑郁（在 80% 的情况下），提高注意力、学习能力和记忆力，并能控制食欲。它通常含在鸡肉、牛肉、鱼类、蛋类和大豆中，摄取之后身体会产生更多的酪氨酸（对精神警醒有重要作用）、多巴胺（对治疗帕金森症有重要作用）以及去甲肾上腺素和肾上腺素（对学习和记忆有重要作用）。人到 45 岁后体内一种抑制去甲肾上腺素的酶会增多，所以随着年龄的增长要特别注意苯基丙氨酸及它的影响。

另一种被称为酪氨酸的氨基酸在医学上具有抗精神抑郁、提高记忆力和加强精神警醒的作用。酪氨酸通常含在鸡肝、干酪、鳄梨、香蕉、酵母、鱼类和肉类中。马萨诸塞州纳提克的美国陆军环境医学研究所于1988年宣称酪氨酸既是良好的兴奋剂，也是在压力下促进精神和身体表现的镇静剂，且没有不良反应。身体利用废弃的苯基丙氨酸（另一种氨基酸）就可以制造出酪氨酸，两种酸都产生影响情绪和学习能力的神经递质去甲肾上腺素。大多数的记忆力补品都包含活性的苯基丙氨酸、酪氨酸和谷氨酰胺。

身体内的生化过程产生了一种被称为谷氨酸的非必需氨基酸，它是大脑的燃料并控制着多余的氨物质。但是，关于谷氨酸最有趣的却是它是除葡萄糖外唯一作为大脑燃料的化合物。谷氨酸通常含在所有小麦和大豆中。人们早就知道，要想更好地记忆和学习，需要提高谷氨酸水平，但以前的问题是它无法以补充的形式被大脑吸收。可喜的是，研究人员已经发现谷氨酸的一种——谷氨酰胺能够穿越保护大脑的障碍，起到促进智力的作用。除了对记忆力有好处之外，谷氨酰胺还能加速溃疡的恢复，对酗酒、精神分裂、疲劳和嗜好甜食也有正面作用。

磷脂通常存在于脑细胞脂肪中，包括卵磷脂、磷脂酰丝氨酸、磷脂酰基乙醇胺和磷脂酰基肌醇。所有的磷脂都能提升细胞膜的流动性，这对细胞灵敏性、营养加工和信息转移十分必要。卵磷脂和磷脂酰丝氨酸对记忆力的作用通过帮助提高脑内乙酰胆碱数量、刺激大脑新陈代谢和细胞流动实现。

食用胆碱是神经递质的前身——乙酰胆碱，它对学习和记忆很重要。实验表明，胆碱可以提升人的记忆力、思考力、肌肉控制力和连续学习能力。心理专家说："我们的实验显示，让人摄入胆碱可以提升惊人的25%的记忆力和学习能力。"

胆碱通常含在富含卵磷脂的食物中，如蛋黄、三文鱼、小麦、大豆和瘦牛肉。

另外，临床心理学家、马里兰州贝塞达记忆评估学术会议研究员托马斯·科鲁克博士说，补充磷脂酰丝氨酸最多可能逆转12年的与年龄增长有关的脑力衰退。在他的研究中，每天服用100~300毫克磷脂酰丝氨酸的病人表现出了15%的学习能力和记忆力的提高。20世纪70年代的实验支持了科鲁克的发现。除此之外，磷脂酰丝氨酸还对帕金森症、阿尔茨海默氏病、癫痫和与老年脑力衰退有关的精神抑郁有治疗作用。X光检查和脑电图显示，磷脂酰丝氨酸刺激几乎所有大脑区域的新陈代谢。磷脂酰丝氨酸还可以保持细胞膜的灵活性，以应付因时间而硬化的细胞结构。

大脑所需的食物

大脑需要一些特殊的物质来保证其良好的运行，其中一部分来自食物。虽然没有关于记忆的神奇"食谱"，但一些简单的规则能够优化这个神奇的机器。

我们知道，有一些食物对记忆是有好处的，而不一定要求助于"库埃法"（一种积极的自我暗示法）或者药品。一些简单的规则可以优化大脑活动，使记忆保持如初。

我们需要做的是，给大脑不断供应能量，以便在记忆的同时保持警觉，并满足生物细胞和亚细胞膜的需求。在细胞中，亚细胞膜负责分离各个特殊区域，细胞核包含着遗传物质，线粒体确保能量的产生，神经末梢传递信息。大脑新陈代谢的特殊性需要某些绝对优先的物质，包括慢糖、维生素、有机物、必不可少的脂肪和脂肪酸等。

大脑所需能量的紊乱会引起记忆的扭曲，至少会降低我们的警觉性，因为无论白天还是黑夜大脑一直都需要能量，比如碳水化合物（一种特殊的糖）和氧化物。即使休息时，大脑也需要消耗摄入的食物能量和氧气的20%。在儿童体内，这个数据大概高一些，对于婴儿来说甚至可能高达60%。成人的大脑只占其体重的2%，按比例它比其他器官多消耗10倍的能量。因此，大脑的平衡和效率取决于人体所吸收的食物的质量。

低氧或缺少葡萄糖3分钟，将不可挽回地杀死神经细胞，这些物质的减少将妨碍大脑正常地运转。血糖过低只能用慢糖来预防，这种糖在机体中的分散是缓慢的，但却是有规律和有效的，可以从谷物、面条、大米、豆科植物、土豆等中摄取。

实际上，我们应该听从一些建议，在早餐时吃两块糖、一些果酱和面包。在一整天，如果把长棍面包（30～40厘米长）作为糖类的唯一来源，那么大脑需要不少于3/4的面包所含的能量。因此，分散很慢的糖类，尤其是面包里的糖，在每一餐都是必要的。

甚至在睡觉的时候，大脑需要的能量也毫不减少。在夜间，大脑组织将分类并储存在日间得到的信息。医学影像表明，白天学习期间所调动的大脑区域在夜间将再次被调动。

如果将大脑比作计算机，那么我们可以把这个程序描述为"记忆文档"，或者比作硬盘的"碎片整理"，即通过一个小程序把那些分散"写入"硬盘的数据按类型重组在一起。因此，睡眠不良会让白天的智力努力白费，而轻度睡眠将使其平庸。相反，如果睡眠良好，对已经学过东西的重组将在第二天运用得极为出色。

做梦期间，某些大脑区域会多消耗20%的葡萄糖，在做噩梦的时候则更多。这意味着晚餐不应该太少，至少应该包括一些含慢糖的食物。如果晚餐离睡觉的时间很长，一小撮的李子干可以在夜间维持葡萄糖在血液中的稳定含量。

神经元和其他脑细胞（为数更多），以及它们之间良好地运转需要竞争力和适应力强的组织结构。因此，我们"需要"脂肪，没有它，生命将不能继续。

维生素F是一种不饱和脂肪酸，包括亚油酸和α-亚油酸。细胞（包括神经元）膜周围都是由脂肪构造起来的，这些复杂惊人的组织构成了生命传递的中心，确保了细胞间生物电和化学信息的传递。因此，从逻辑上可以说，大脑是神奇的膜的聚集，是富含脂肪的器官，仅次于脂肪组织。

在大脑里脂肪提供的能量并不多，也不起保存能量的作用。然而，它直接参与复杂的组织结构的构造。所有的生命形式都由细胞构成，不同的细胞之间通过生物膜而定义和分类。这些膜是存在于液体间的油膜，以双层脂的形式存在。

先在动物身上，之后在婴儿身上进行的试验表明，缺乏一种属于ω-3族的脂肪酸——α-亚油酸，会破坏细胞膜的组织和功能，造成轻度大脑功能不良，感觉器官不敏感，还会影响某些脑组织，导致快乐感微量减少。随着年龄的增长，视觉和听觉能力的减弱会造成大脑处理感觉信息的性能降低，这与内耳和视网膜损害造成的影响是一样的。

ω-3的长碳链包含了EPA和DHA，EPA具有20个碳原子，是二十碳五烯酸的缩写；DHA，是二十二碳六烯酸的缩写，具有22个碳原子。EPA和DHA共同的名称是脑酸，因为它们是在大脑中被发现的。我们知道脂肪多的鱼，如三文鱼、金枪鱼、鲱鱼、沙丁鱼、鲭鱼、鳟鱼、火鱼等，一般都富含这些物质，如果这些鱼是快速饲养的，那么喂养鱼的饲料必须引起关注。

其实，养殖鱼类的营养价值完全根据它能提供的脂肪质量来分类。在某种情况下，野生鱼类含有的ω-3比同类的养殖鱼高40倍。这样的话，养殖鱼类的脂肪就不值得推荐了。

对肉类和奶制品，建议选用优质的（例如使用亚麻谷物得到的产品），而不是吃得多，因为它们同时会形成其他种类的脂肪，特别是饱和脂肪。

最好更多地食用菜籽油和野生肥鱼（或者正确饲养的鱼）。大多数的酸醋调味汁应该与菜籽油（或者核桃油）一起烹调，并用密封的瓶子来保护脂肪酸ω-3不被氧化。

医生建议一个星期至少吃两次高脂肪的鱼。

大脑是由细胞组成的一个神奇的机器。为了正常运转，细胞需要一些特殊的酶和蛋白质的帮助。神经元之间的传递物质其主要成分是氨基酸，因此氨基酸对人体来说是必不可少的。我们一般从食用性蛋白质中摄取所需的氨基酸，其中动物氨基酸的营养价值比较高，可以从肉类和鱼类中获得，蛋类和奶制品含量也较高。

酶和蛋白质要起作用必须依赖维生素和矿物质。让我们来看看主要的维生素和它们为大脑服务的特殊性能。

所有的维生素中，维生素B_1对大脑的作用最大，它使大脑能够利用葡萄糖作为能量来源。扁豆、火腿和动物肝脏富含维生素B_1，但这些食物中的维生素B_1对热、潮湿和酸性环境很敏感，烹调中维生素B_1的流失量则由食物本身和烹饪方式决定。

缺乏维生素 B_3 引起的疾病以前被命名为"测试的痛苦",表明了这种维生素在精神病学中的作用。动物的肝脏和肾脏、火鸡、三文鱼中都含有大量的维生素 B_3,这种维生素在热、潮湿的环境中稳定,且抗氧化。

缺乏维生素 B_1 和维生素 B_3 引起的反应,只有和维生素 B_2 一起应用才能达到合理的平衡,维生素 B_2 确保维生素 B_1 和 B_3 的协调利用。牛奶、蛋类、动物内脏都含有维生素 B_2,但在烹调中也会部分流失。

维生素 B_{12} 的缺乏会引发神经综合征。这种维生素在牡蛎、动物肝脏和肾脏、鲱鱼、蛋黄中能找到。

老年人缺乏维生素 B_9(叶酸)会导致智力活动和认知能力的下降,首先受到影响的是记忆力。因此,适当地食用菠菜、小扁豆、西兰花、蛋类是非常必要的。

维生素 C 大量出现在神经末梢中,它参与正常的神经信息传递,并对记忆非常有益。

维生素 E 在硒的帮助下能防止衰老,特别是脑部衰老。植物油中富含维生素 E,比如菜籽油,以及由向日葵、油葵花(一种含有大量油酸和维生素 E 的向日葵)、菜籽和葡萄籽合成的油。

另外,只有在饱含氧的情况下,大脑才能保证记忆功能的正常运转。然而,氧只能由红细胞携带到脑部,为实现这一运作过程需要足量的铁,而铁只能从食物中获取。

黑香肠、肉类、火腿和鱼所富含的铁能够在消化时被人体良好地吸收,而菠菜中的铁几乎是无用的,因为极少生物可利用到其中的铁。许多疲劳症状实际上是缺铁的表现。

锌参与味觉和嗅觉的感知功能,海鲜中锌的含量非常丰富,比如牡蛎、贻贝和某些鱼。碘的缺失会使人变成"克汀病患者"(呆小病患者),克汀病分为两种,一种是地方性克汀病,这是由于某一地区自然环境中缺乏微量元素碘,影响了人体甲状腺素的合成,从而引起"大粗脖";另一种是散发性克汀病,主要是由于先天性甲状腺功能发育不全所致。神经系统的正常运行则需要一定量的镁。

锻炼大脑和身体

我们不能回避这样一个事实——健康的改善会提高整体的身体状况，同时对记忆力和注意力有很大的好处，即，存下新的信息并学习的能力。最起码，如果我们更加熟知不同生活方式因素的影响，就能理解自己为什么会遇到问题并开始对它采取措施。因此，任何人要做的最重要的一件事，就是争取养成更加健康的生活习惯，并在成功时感到满足。

有证据证明，思维练习是保持大脑活跃和身体健康的根本。它有助于释放某些对免疫系统功能来说重要的化学物质，因而可以防止大脑的疾病和退化。

我们建议在生命的各个阶段锻炼自己的大脑。如果你的日常工作未能为你提供思维刺激，那么试试做思维游戏或做填字游戏，或者下棋、玩扑克牌。这些活动中有些还是非常增进友谊的，所以，它们还可以帮助你避免屈服于诸如寂寞、紧张，以及沮丧之类的问题。

要使记忆力良好地运作，就要使自己精神抖擞。你不可能在所有的时间都能有效思考。谨记，你的身体和思想是一致的。事实上，你对自己的思维一清二楚。你思维里没有存储的事物是永远都不会存在的，因为一旦你意识到某个事物，它就已经在你的思维中扎根了。你要照看好自己的身体，它非常重要。如果你希望自己的思维敏捷，下面的一些提示你一定要牢记在心。

锻炼有助于保持健康的血糖水平。它还能释放大脑中有助于刺激记忆功能兴奋的有利的化学物质。锻炼还能帮助我们抵抗紧张并保持健康，而所有这些都会带来更好的注意力和记忆。如果你属于喜欢进出健身房或者每周都游几次泳的人，那就没问题。然而，如果不是，则可以采用其他方法以保证得到经常性的身体锻炼：

（1）如果路途不远，与其驾车不如走着去。

（2）不要乘电梯，走走楼梯。

（3）上上舞蹈课或者瑜伽课。

（4）如果你是坐办公室的，午饭后出去走走，不要一直坐着不动。

（5）定期和朋友打打网球或慢跑。

你不需要整天待在健身房里，但是你一定要有充足的锻炼使自己的身体和思维运作有效。如果你讨厌剧烈运动，可以趁空气清新时遛狗等。为何不向前迈一步，尝试一下长时间的漫步或者游泳呢？不管长时还是短时的锻炼收效都颇大。

睡得好才能记得好

睡眠是人类必不可少的生理需要，睡眠和记忆力有着密切的关系，有效的睡眠可以使大脑得到充分的休息，有利于增强记忆力。相反，睡眠不足则会引起记忆力的下降，可是过度的睡眠也会影响记忆力，造成记忆力的混乱和下降。

睡眠质量差或是睡眠时间不足，会导致记忆能力变差。科学家发现，长期不规律或低质量的睡眠，不仅造成白天容易疲劳，而且还会造成记忆力的损伤。大脑生理学家研究表明，大脑在工作的时候需要某种含氧化合物，而这种含氧化合物只有在睡眠时才能大量制造，睡眠中制造的大量含氧化合物为觉醒时的思维与记忆提供了足够的物质基础。失眠破坏了大脑的正常休息，使大脑皮层的部分神经细胞过度疲劳，对记忆力伤害非常大，长期失眠还有可能引起神经衰弱。

因此，高质量的睡眠对于记忆的状态是很重要的。充足的睡眠与合理的作息时间是为高效的记忆、高效的学习做准备，也是保护大脑、促进记忆的比较合理的生活方式。

有科学家曾经用实验证明过睡眠对记忆的巩固作用。在实验中，让两组同学分别熟记一首诗，然后让第一组同学去睡觉，让第二组同学继续做自己想做的事情。测验结果发现第一组同学对诗句记，保持得比较好。这说明在睡眠中，记忆过程并没有停止，大脑会对刚接收的信息进行巩固。

有研究表明，深度睡眠和反相对睡眠也在一定程度上影响着记忆。研究人员曾经突然打扰深度睡眠的动物，之后，实验人员发现深度睡眠被打断，会影响动物快速识别熟悉物体的能力。由此证明打断深度睡眠对于动物的记忆和辨识能力的影响。"英国睡眠协会"前会长尼尔博士指出："白天我们的大脑会收集大量的信息，这些信息需要被整理和进行分类，而且其中有些信息我们需要牢牢地记住，并作为长期记忆进行保存。将这些信息整理、分类和牢记，都是大脑在夜晚睡眠的时间里进行的。所以中止深度睡眠会或多或少地影响我们的记忆力。"

根据大脑的电活动状态不同可分为两个睡眠阶段，慢相睡眠阶段是大脑电活动逐渐减缓，无眼球活动，肌肉紧张存在，但不广泛。反相睡眠阶段是大脑电活动接近于轻度慢相睡眠阶段，眼球活动迅速，身体紧张消除，极少的面部肌肉和手脚肌肉保持紧张，在睡眠的这个阶段最典型的表现是梦。

有人曾做过这样一个实验，通过在适当的时候把一个被试者叫醒，或者是通过某种抗抑郁药物来消除紧张因素，来避免让他进入反相睡眠阶段。发现被试者做这个实验做几个月或几年，对他的记忆都没有影响。然而，在动物身上做这个实验，就会发现不让动物进入反相睡眠阶段，动物的记忆力会减退。

反向睡眠可能对隐性记忆有影响，在回忆某个事物的时候，储存在显性记忆中的事物，在睡眠的第一个阶段之后就变得渐渐清晰。这时慢相睡眠占优势；当回忆与隐性记忆相关的信息时，在睡眠的第二个阶段时，反相睡眠占的比例更大。

保证良好的睡眠一定要有合理的作息安排，形成习惯。

首先，遵守睡眠时间和规律。良好的睡眠应遵循作息节律，每天按时睡觉，按时起床，保证睡眠的时间。长期形成的睡眠规律，不要随意改变。至于睡眠的时间因人而异，每个人都知道自己睡几个小时就会达到最佳睡眠的程度。

其次，建立起良好的睡眠模式，接下来就要抵制一些诱惑，避免影响正常的睡眠。例如，上网玩游戏、看电视连续剧等。

另外，午休也非常重要。经过一上午紧张的工作和学习，要是在中午休息时间里能睡 10~15 分钟，可以消除疲劳、恢复大脑兴奋、振奋精神。需要注意午睡时间不要太长，避免影响夜间的睡眠。

需要特别注意的是，我们要尽量避免在白天睡觉，避免在晚上喝酒和含有咖啡因的饮料。要注意睡前饮食。晚餐不要吃得过饱、过腻，也不要吸烟。这些东西会刺激大脑，让大脑处于兴奋状态，不利于睡眠。但也不能饿着肚子睡觉，这样血液中的养分太低，也会睡不着。

如果半个小时之内还没有睡着，那就起来做一些事情，让自己放松一下，等到感觉疲惫了再上床休息。

健康饮食

人们一直以来都在寻找发掘记忆潜能最好的方法，后来发现这种方法存在于食物当中，做到均衡饮食、摄取足够的营养对记忆非常好。基本上没有一本食谱是专门为了改善记忆力而写的，也不存在所谓的吃了对记忆力好的食物，记忆力就会变好，这是一种长期坚持的过程。一般来说，大脑为了正常有效地运行，需要丰富多样的食物来提供充足的营养。

合理的营养是增强记忆的物质基础。记忆是紧张的脑力劳动，需要消耗一些能量和蛋白质，同时记忆的形成也需要一定的物质结构基础。脂类、蛋白质、碳水化合物、矿物质、水和维生素等六中营养成分是大脑的必要营养素。对于大脑而言，这六种营养素是缺一不可的，只有保证了这六种营养素的均衡摄取，才能保证记忆力正常运转。

在你吃下食物后，有两种氨基酸会先后到达你的大脑。一种是来自碳水化合物的色氨酸，另外一种是来自蛋白质的酪氨酸。如果吃完饭后，你想让你的大脑依然保持清醒，那么最好是酪氨酸先到达；如果你打算饭后就睡觉，那最好是色氨酸到达。

一日三餐要确保蛋白质、脂肪和碳水化合物均衡、充足的摄取。

要摄取足够的蛋白质，每天至少吃一顿有肉类、鱼类或是蛋类的饭，大脑需要蛋白质来保持一个良好的状态。

蛋白质不会在我们需要的时候转变为葡萄糖，但它可以通过消化分解为组成神经递质的氨基酸分子，当然，不见得要吃下大量的蛋白质，也不见得蛋白质会让人变得更聪明，可是大脑缺少了蛋白质，它的功能必然会减弱。实验证明，蛋黄有助于增强记忆力，这是因为蛋黄中含有丰富的胆碱，当胆碱与大脑中的乙酸发生反应，生成乙酰胆碱。乙酰胆碱是神经系统中传递信息的化学物质。如果大脑中含有充足的乙酰胆碱，那么就可以改善神经细胞之间的信息传递，从而提高记忆。含有胆碱的食物有山药、茄子、番茄、花生、萝卜。

适量吃些具有碳水化合物的食物。在饮食中缺乏碳水化合物将导致全身无力，疲乏、血糖含量降低，产生头晕、心悸、脑功能障碍等。例如，吃一些面条、土豆和面包，这些食物可以使神经镇静下来。在饮食中碳水化合物过多的时候，碳水化合物将转化成脂肪贮存于体内，就会使人过于肥胖而导致各类疾病。

注意补充维生素 C。脑营养学家建议，人在疲劳的状态下，补充维生素 C 能够增强注意力。具体做法是，每个星期吃两次饱和脂肪含量高的鱼。当然不是说，吃鱼就会使我们有的记忆力变好。最起码吃鱼会为我们的大脑补充营养，对记忆力有一定的好处。

少吃高脂肪的食物。它为脑细胞提供了许多天然原料。一般脂肪的新陈代谢在身体里会经历一个漫长的功能过程，这个过程所需要的时间远远多于其他营养物质。为了完成这个过程，血液会从其他器官流入胃中，这个时候的脑部血流量会减少。这就说明，为什么吃完高脂肪的食物后注意力就会减退、思考能力就会减慢。低脂肪的食物容易消化，也能保持动脉的健康，还可以使头脑更加清醒、注意力更加集中。

除了上述常见的一些营养成分之外，糖和咖啡因对记忆也有影响。

葡萄糖会产生刺激大脑的交流和蛋白质的生产的化学能量。英国科学家让学生在下午的时候喝高葡萄糖，研究了喝完之后的效果，发现学生们的注意力有了很大的提升。不过，有些个案表明，儿童由于高糖饮食引起过度兴奋和学习能力下降。我们的身体也需要血糖来提供能量。如果是低血糖，学习和做事表现都不太好。

人们一直研究咖啡因的影响。一项研究发现，一杯咖啡中所含的咖啡因足够影响对学知识的回忆能力脑。然而另外一项研究发现咖啡因在许多指标上都可以促进大脑的表现。这就是咖啡矛盾的地方，它既可以刺激大脑，同时又可以减少大脑内血液的流动。但咖啡因的确可以使人的精神迅速振奋并持续六小时之多。当然任何事情都要有度。咖啡因会对一些人产生副作用，在饮用咖啡后会出现神经过敏、多汗、头痛、失眠等症状，一定要停止饮用。

我们平时需要均衡摄入各种营养素，特别注意维护体内的酸碱平衡，只有这样才能使我们的大脑处于清醒活跃的状态，最大限度地提高记忆。一般我们吃的主食米和面属于酸性食物，在副食中鸡蛋、紫菜、肉类、虾、啤酒、白糖等都属于酸性食物。碱性食物如蔬菜、水果、豆类、海藻类、咖啡、牛奶、茶等。此外，还应该注意克服偏食、吃得过饱等不良饮食习惯，最终达到改善脑功能、从根本上提高记忆力的目的。

提高注意力

人们想要记住任何东西，都需要对这个东西有适当的关注。集中注意力，能够使我们有更多的时间对信息进行处理，有效地加深我们对于记忆材料内容的理解，找到记忆材料的重点，这样就能加强我们大脑对于记忆材料信息的编码，增强记忆力。大多数情况下，人们记忆力差的原因都是没有投入足够的注意力。因此，提高记忆力能够更好地帮助人们进行记忆。

那么，应该如何提高自身的注意力呢？

第一，掌握注意力的主动权。注意力的主人归根结底还是人们自身，它是以人的意志为转移的。人们重视的时候，人的注意力就会集中；人们不重视的时候，人的注意力就会分散。人们想要提高自己的注意力，就一定要明白这个道理，知道自己是注意力的主人，学会调节自身的注意力，该集中的时候集中，该分散的时候要分散，该转移的时候也要转移。

很多时候我们并不能控制我们的注意力，比如说走在大街上看见一件热闹的事情，我们或许就会不自觉地停下脚步去观看，但是事实上这件事情和我们并没有关系，原则上这个时候我们应该把自己的注意力迅速转移，去做自己的事情，可是我们却不能控制自己的注意力。

很多人都觉得自己不能控制住自己的注意力，不能保证在该集中的时候集中、该转移的时候转移，也不能够合理地分配注意力。实际上注意力的集中和转移之间并没有矛盾，只有注意力能够主动灵活地转移时，注意力的集中才有意义；也只有当注意力转移之后能够迅速集中起来，这种转移才变得有意义。注意力的集中和分配之间也没有任何矛盾，它们是对立统一的，只有善于分配注意力的人，才能做到把注意力高度集中起来；只有善于集中注意力的人，才能对注意力进行合理的分配。因此，我们一定要学会做注意力的主人，只有控制好自己的注意力，才能真正提高记忆力。

第二，保持好奇心。通常情况下，人们对各种信息好奇心的不同决定着人们对自身注意力的分配。我们可以回想一下，在这么多年上学的经历中，肯定遇到了各种各样的老师。很多时候，老师讲课方式的不同会影响我们学习知识的程度。比如说有些老师是以讲故事的方式来讲课的，这种情况下我们听课的效果会好一些。因为老师讲的故事能够勾起我们足够的好奇心，集中精力听老师讲课，当老师把知识穿插在故事中讲述出来的时候，我们就能在注意力集中的情况下记住这些知识。有的老师的讲课方式就是照着书上的内容直接念出来，在这种时候，我们学习知识的效果就不是很好，因为老师讲的东西都在书上面写着，我们已经看过了，即使老师讲出来对我们也没有任何吸引力，不能勾起我们的好奇心，这样我们的注意力就会分散，就不能记住老师讲述的一些知识。因此，对各种信息保持足够的好奇心，促使自己集中注意力，能够有效地提高自身的记忆能力。

第三，养成良好的习惯。俗话说熟能生巧，做任何事情都是如此。就像吃饭一样，小的时候我们需要父母喂，长大一点之后就开始学习自己吃，但是有时候还是需要父母的帮助，到现在吃饭对于我们来说完全不是问题，因为我们已经相当熟练了。如果我们能够养成在任何需要的时候都集中自己的注意力，不分心，也不去干别的事情，久而久之，我们就一定能够养成在需要的时候集中注意力的习惯。

第四，保持良好的生活习惯，如合理的休息和睡眠、适当地身体锻炼等。很多时候，我们之所以不能集中自己的注意力，都是由于身体的原因造成的。比如说身体的虚弱造成的疾病、休息时间少而引起的大脑和身体疲劳等，就像我们一夜不睡觉第二天做什么事情都没有办法集中一样，这些生理因素对注意力的影响是非常严重的。因此，人们平时一定要有一个良好的生活习惯，到什么时间做什么事，该睡觉就睡觉、该锻炼就锻炼，这样才能避免我们的注意力因为身体的原因而出现问题。

有自信心才能有好记忆

一个正确的态度，对人们提高记忆力有很大的帮助。确切地说，正确的态度就是要有足够的自信心，只要自己相信自己能记住，那就一定能记住。事实证明，凡是对自己的记忆充满信心的人，记忆力都非常好。

自信心是进行记忆活动最重要的心理准备之一。很多人总是认为自己的记忆力不好，其实并不是记忆本身的原因，而是人缺乏自信心。大多数时候，我们都满足于自己的心理预言，认为自己只能够达到自己认为的水平，事实上，只要有自信心，我们的记忆能力是无限的。

心理学研究表明过，在进行记忆活动的时候，在有信心的情况下比没有信心的情况下记忆得更好。为什么有自信心能提高记忆效果而没有自信心却会影响记忆效果呢？

人们自身的态度对记忆力有很大的影响。心理学研究表明，在有信心的情况下记忆，要比没有信心的情况下记忆会更好。对记忆有自信，认为自己一定能记住，能极大地调动大脑神经细胞的积极性，使大脑神经细胞充分活跃起来，从而在大脑皮层当中产生一个很强的兴奋重心，同时抑制其他无关记忆的部位，使整个大脑神经细胞都为记忆信息这一个活动进行运动，这样就能够使大脑对记忆信息留下最深刻的印象，从而提高人的记忆。而缺乏自信，会对大脑内部的神经细胞产生一种抑制作用，影响大脑对信息的接受、加工、储存和提取，降低大脑的工作能力，从而使得人的记忆力降低，并且需要用到的信息一也不能够从大脑中提取出来。当一个人缺乏自信心的时候，总是会觉得自己什么事情都做不好。

没有自信心会造成一种恶性循环，缺乏自信心会影响人的记忆效果，而记忆效果不好又会使人的自信心越来越差。这种恶性的循环，对记忆效果的影响将更大。当一个人总是缺乏自信心暗示自己的记忆力不行时，人的记忆效果就会越来越差，本来能够记住的东西，也会变得记不住。

事实上，根本就没有必要对自己的记忆力缺乏信心，研究表明，人的大脑有90%的能力处在未开发的阶段，我们可以放心地去记忆，不用担心大脑中没有地方存放。所以，我们用无比强大的自信，放心大胆地去记忆任何信息。

缺乏自信心是一种心理问题，想要改变这种情况并不是一朝一夕就能完成的，也不是说自己认为自己有自信了，自己就能够拥有自信。自信心需要一定的方法来培养。

第一，要进行有效的心理调节，抛弃自己心里面认为自己记性不好、记不住等想法和观念，去掉这种和记忆活动事实不符合的自卑感。要坚信自己的记忆力和所有人都是一样的，别人能记住的东西，自己也能够记住。同时要经常暗示自己和说服自己，把自信心深深地印在自己的脑海中。

第二，要按照一定的方法和策略进行记忆活动，而不是盲目地记忆，多积累一些成功记忆的经验，自信心自然就能得到提高。综合运用各种记忆方法和策略，扬长避短，找到最适合自己的记忆方法进行记忆，使自己能够记忆的东西越来越多，用这种事实来增强自身的自信心。这样，在我们的记忆能力得到增强之后，我们的自信心也逐渐增加，随着自信心的增加我们记忆的东西也越来越多，形成一个良性的循环，逐渐就能改变我们的记忆能力，提升记忆质量，使记忆得到最大限度地提高。

在现实生活中，我们经常会发现一些很特别的事情。比如说在一些比赛中需要运动员选择号码的时候，有些人会要求一些特定的号码，因为他们认为那是自己的幸运号码，穿这个号码会给自己带来好运，并且会让自己感觉更有力量；还有一些人会在特定的日子穿上特定的衣服，比如说有人每次考试的时候，都会穿上固定搭配的衣服，因为这是他的幸运装束，能让他考出更好地考试成绩。

然而，事实上幸运物品并不能够给人们带来自身实力上的提升。那么为什么会有很多人觉得使用了自己的幸运物品之后，自己的能力得到了提升呢？这主要是受到了心理因素的影响。

每个人都有一定的能力，但是当真正有机会展现自己的能力的时候，很多人并不能全部展示出来，这种情况很多时候因为心理紧张或者是缺乏自信所造成的。

当人们心理紧张的时候，可能会产生一种短暂的遗忘现象，主要是因为这个时候大脑的精力全部集中在自己紧张的情绪上，从而使大脑不能对储存在记忆系统中的信息进行正常提取，导致很多人已经记忆的信息不能帮助自己，影响自己的能力。很多人在高考的时候取得的成绩，没有平时模拟考试的成绩好，其中题目的原因只是一方面，大多数其实是由于人们在参加高考的时候过于紧张所造成的。

当人们的幸运物品放在自己身边的时候会有不一样的结果：首先，它会让人在精神上得到安慰，让人感到安心和放心，觉得既然幸运物品伴随着自己，自己一定会非常幸运，做什么事情都不会出现问题，这样就一定不会出现紧张的情况；另外，当幸运物品在人身边的时候，人会觉得有幸运物品的帮助，自己做什么事情都会获得成功，这样就增加了人的自信心，也就增加了进行各种活动成功的概率。

第九章

记忆力是可以培养的

强烈刺激会留下深刻记忆

人的记忆是由外界输入到人脑当中的信息构成的。外界信息进入大脑的途径是人的感官，人的感官主要有5种，分别是视觉、听觉、嗅觉、味觉、触觉。当然，人们通过感官接收到的信息，必须要进入到大脑之后才会形成记忆，没有大脑，感官自身并没有什么特别的意义。感官只是单纯的途径，光线、震动、气味等物理刺激通过感官之后只会形成神经冲动，这些神经冲动需要在大脑当中进行解释和分析之后才会让我们真正感觉到我们生存的这个世界中的各种形状、颜色、声音和感情等。

感官为什么能够接收到外界的信息呢？人体的内部中心有一个巨大的神经系统，人的身体中的各个部位都有这个神经系统的分支结构。正是因为这种分支结构的存在，人们才能通过自己的5种感官来不断捕捉外界的各种信息。

感觉信息进入到大脑中，会在大脑深处进行分析，然后这些信息之间会建立一定的联系，再与其他的信息相比较，最后才会形成记忆。我们的感官并不是什么信息都会接受，基本上都是我们注意到的信息或者是和我们有关系的信息，这也是我们现在还能正常生活的原因。如果我们的感官什么样的信息都接受，那我们的大脑早晚都会被环绕在我们周围的各种图像、气味、声音和其他感觉塞满。

虽然人的各种感官都是相同的，但是因为人与人之间有很多地方都是不同的，各种感官信息在进入到不同人的大脑之后，会被人们涂上各种不同的色彩，这使得很多人对于同一个事件往往会有不同的解释方法。

通过人的感官进入到人的大脑当中的信息，不一定都会形成记忆，即便是形成记忆也不一定是深刻的记忆，这是因为大脑需要对感官信息进行过滤，选择最需要的信息进行记忆，至于一些无意义的信息则会被排除。或许我们不一定能够判断出哪些感官信息最终会形成记忆，但是一般来说，感官经过强烈的刺激之后所储存在大脑当中的信息，一定会形成记忆。比如说我们的身体某个部位受了很严重的外伤，这就是我们切身感受到的信息，而且会对我们造成很大的刺激，那这件事我们可能一辈子都忘不了。就像很多人都能知道自己身上留下的疤痕是由于什么原因所造成的，即使已经过去了很多年。

很多大型的事件，即使已经过去了很长时间，却依然能给人们留下深刻的印象，比如说奥运会开幕、载人航天飞船上天、火山爆发和地震等，现在想了解这些事件发生的时间等信息，可能随便问一个人都能得到正确答案。相信大部分人的身上都发生过这样的现象，这种现象叫作闪光灯泡记忆，也叫闪光灯效应，是指人们对震撼事件留下深刻记忆的现象。

人的大脑皮层由旧皮层和新皮层组成，旧皮层需要担负维持生命不可或缺的机能的作用，比如说睡眠，而新皮层则要担负着一些意识活动，比如理性思考等。闪光灯效应的发生是因为有些信息突破了新皮层，到达了旧皮层，与睡眠等人的生命本能连接在一起，也成了一种人的本能，因此在一般以及消失之后，这些记忆仍然能留在人的大脑当中。

由于闪光灯记忆能长久保留，因此在现实生活中，一旦有需要我们长期记忆的信息，我们就可以把这些信息和一些震撼人的事件联系起来，这样一些重要的信息我们就能够长期记忆。

视觉记忆

视觉在记忆的过程中扮演着重要的角色。视觉就是观看，观看是人们在日常生活中使用频率最高的一种大脑活动，人们对很多事物的第一印象都是通过用眼睛看才得到的，比如说一朵花很美丽、一座楼很高、一个人长得很好、天是蓝的等，观看主要用到的感觉器官是眼睛。视觉信息是我们在观看一个事物之后所得到的信息，比如事物的形状、颜色等。视觉记忆是大脑按照双重编码的原则处理词语、图案、照片或真实的事物之后所形成的记忆，它的形成是眼睛和大脑共同作用的结果。

在视觉记忆的形成过程中，眼睛会对外界的光波做出反应，形成视觉信息，并把这些视觉信息翻译成神经信号传递给大脑，大脑则对这些信息进行解释，最后形成颜色、形状、材料、运动方式等记忆。视觉神经是联系眼睛和大脑的纽带，正是它把眼睛看到的信息传递给大脑的，其中眼睛右半部分接收到的信息会被传递给大脑的左半球，眼睛左半部分接收到的信息会被传递给大脑的右半球。这些视觉信息最后会进入到大脑当中的枕叶部分，也就是大脑最后部的视觉皮层，最后进入视觉皮层的信息会再次变成实际的物体，最后形成记忆。

在日常生活中，视觉记忆最主要表现在人们对于图像的记忆方面，比如记忆一个人的面孔、记忆建筑物的样子或一个美丽的风景等。这是因为视觉信息都是以图像的方式进入到大脑中的，最后形成记忆时图像又被还原成真实的模样。

在现实中，视觉记忆的应用范围非常广，很多人都需要依靠视觉记忆的帮助才能更好地进行自己的工作，比如说出租车司机，他们就需要用视觉记忆记住自己所在的城市的所有的道路，这样才能熟悉线路，保证自己的工作顺利进行。

在现实生活中，有时候视觉传递给我们的信息并不一定是正确的，这是因为有时候我们所知道的和期望的事会对我们产生误导，这种情况叫作视觉错觉。可能每个人都出现过视觉错觉的情况，比如说一个正在向前飞速行驶当中的汽车，它的轮子也应该是向前运动着的，但是很多时候我们在观察时感觉轮子在向后转动，这就是一种视觉错觉；再比如，有时候两条同样长度的平行线放在一起，我们可能会觉得一条比另外一条长，这也是一种视觉错觉。很多人可能会觉得出现视觉错觉是一个严重的问题，其实并不是这样。视觉错觉并不是一种病，一方面是因为受到外部环境或者心理状态的影响而产生的一些假象，另一方面可能是由于对参照物的选择错误，这种问题只要认真观察就一定能够解决。

视觉出现问题的现象在现实中很常见，基本上都是完全看不见或者是因为某些疾病导致的部分看不见或看不清。但是有一种情况却非常特别，那就是面孔失忆症。在这种情况下，人的视觉其实并没有出现问题，但是却失去了辨认熟悉面孔的能力。或许人们能够没有任何困难地回想起熟悉的人的所有信息，或者通过声音、走路方式、体态、胡子等某些特征来辨认出熟悉的人，但是在看到熟悉的人的面孔的时候，就怎么都想不起来。这种情况其实是由于大脑的右半球损伤所造成的，大脑的右半球储存着面部辨认的记忆单位，这个部位受到损伤，导致了记忆单位的丢失，所以才造成了这种罕见的病症。

训练眼睛

视觉记忆的重点在于对眼睛的使用上，视觉信息最终能否被大脑记忆和回忆，主要还在于视觉信息能否清晰明确地烙印在人们的潜意识中。视觉信息的来源是人们用眼睛看见的东西，因此，人们想要让视觉信息最终形成深刻的记忆，就必须努力训练自己的眼睛，让眼睛看到的东西更清晰、明确，能在脑海中留下更深刻的印象。

平时人们说的训练眼睛，主要是为了防止眼睛的疲劳而导致的视力下降或者是视力出现疾病，主要就是用科学的方法去看东西。但是，这里所说的训练眼睛是为了让眼睛看到的信息能够给人留下更深刻的印象，重点其实并不是在人们的眼睛上，而是在于人们的注意力上。人们平时看到并且能记忆下来的东西，大多数都是人们看的次数非常多或者是我们非常感兴趣，也就是人们投入的注意力更多的东西。因此大脑能否唤醒和回忆储存在记忆中的视觉印象，主要在于人们在用眼睛看东西的时候是否投入了足够的注意力。

　　一位叫乌丹的法国魔术师通过一个简单的办法培养了自己的视觉记忆能力，大大提高了自己的视觉感知能力和记忆的能力：他先是观察了巴黎商店橱窗中的物品数量，并且在快速走过时看一眼，随后记住它们。在这个过程中，他只是用眼睛看，而并没有用笔记或者其他的辅助方法记忆。开始的时候，他只能记住几件物品，而随着时间的推移，他能记住的东西越来越多。也就是说在经过训练之后，他的视觉感知能力和记忆物品的能力都得到了提高。当然，乌丹在训练中有一个重要原则，他的所有注意力全部都集中在自己要观察的商品上。这说明人们在看物品的时候，只要把注意力和自己的意愿全都集中在自己要看的物品上，努力观察它们普通或者特殊的地方，就一定能在大脑中形成清晰的视觉记忆。

　　用集中注意力的方式来训练眼睛和视觉感知能力，在现实生活中并不少见。

　　印度就有一种这样的方法。在训练孩子的游戏中，人们会把一些小的物品拿给孩子看，要求孩子集中注意力观察这些小物品，随后把物品撤走，并要求孩子把自己见到的物品名称写下来。随着孩子看到的物品越来越多，孩子们看到并且记忆下来的物品也越来越多。这证明，集中注意力观察物品确实能提高人的视觉感知和记忆能力。

　　其实在很多国家很多地方都有这样的游戏：比如有一堆扑克牌按照一定的顺序排列，在人们观察一段时间之后，把这对扑克牌的顺序打乱，要求人们按照原来的顺序重新排列扑克牌；再比如说，让人们到一个房间内，要求人们在短时间内记住房间内的物品以及摆放地点、颜色等。这些游戏考察的都是人的视觉记忆，长期训练也都能提高人的视觉记忆能力。

　　这种训练方式有一定的原则，人们会发现，可能在最开始训练的时候能记住的东西非常少，而随着时间的推移，能记住的东西会越来越多，也就是说这是一个循序渐进的过程，必须要长期、持久训练才能够达到提高记忆力的目的。

听觉记忆

听觉记忆就是人们耳朵听到的信息被大脑编码和储存之后形成的记忆。听觉在我们的记忆系统中具有重要的作用，听觉是最重要的感官。很多动物交流和生存都是依靠听觉来完成的。比如说海豚在水中生存需要听觉，蝙蝠的飞行也是依靠听觉，它们会通过自身发出声波遇到物体反射回来的信息在大脑中形成的图像，来判断外部环境。

听觉信息是以声音的方式传递到大脑当中的。声音是我们对由震动引起的波动效果的感知，也就是说声音是由声波的形式传递到耳朵中的。声波是由各种分子的交替和扩张引起的，包括空气分子、水分子和固体分子等。声波传递到人的耳朵中形成声音之后进入到人的大脑当中，大脑对声音进行编码和储存，最后形成了听觉记忆。

形成听觉记忆最重要的感官是耳朵，耳朵是由外耳、中耳和内耳组成的。

外耳是耳朵的可见部分，是由耳郭和耳道组成的。耳郭就是我们平时看到的人的耳朵，位于人头部的两边，它是一块巨大的软组织。耳道是连接外耳和中耳的通道，也是声音行走的通道，它非常短小，其中充满了蜡状物。

中耳是由耳鼓和一个充满空气的，包括锥骨、砧骨和镫骨三块小骨的狭窄的腔组成。锥骨连接着耳鼓和砧骨，砧骨连接着锥骨和镫骨，而镫骨则连接着砧骨和内耳。

内耳是耳朵最重要的组成部分，它包括耳蜗、基底膜和毛细胞的结构。耳蜗是一个蜗牛壳一样的充满流质的结构，它向里连接着基底膜，基底膜往里面则是接收声音的毛细胞。

在声音的传输过程中，因为空气等分子的搅动形成的音波会先被外耳接收，通过耳道传到中耳的耳鼓，使耳鼓发生震动。这种震动会引起中耳中的三块小骨发生震动，随后传入内耳，引发基底膜的震动，促进毛细胞的运动。毛细胞的运动会激起神经细胞活动，神经细胞再通过脉冲信号把声音通过听觉神经传递到大脑中。

在现实生活中，我们的耳朵每时每刻都会接收到许多声音信息，很多时候我们需要记忆的声音信息都会和无用的信息一起进入到我们的耳朵当中，导致我们很难确定声音的来源，这就需要我们判断声音的来源方向，方便我们继续接收有用的声音信息。判断声音信息来源方向的方法主要有三种：一种是时间的差异，先后传入耳朵的声音在声波上的振动程度是不同的；一种是强度差异，强度不同的声音信息的振动幅度也是不同的；还有一种是耳朵被声波冲击时所发生的变形。

听觉和语言有着很密切的关系，这主要是因为声音的关系。我们的听觉听到的是声音，而用语言说出来的也是声音。之所以会这样，是因为我们对声音的意义有广泛的共识。声音信息在经过耳朵传递到大脑当中后，大脑会对声音进行分析和处理，最终使我们能够掌握声音并且发出声音。可以说，语言的最初来源就是我们听觉系统听到的声音。

训练耳朵

听觉是接收外界信息最高的感觉渠道之一，很多时候一些重要信息都是通过听觉渠道进入到我们的记忆中的，比如，广播中说的一些重要新闻和事件、老师讲的一些小知识等。

很多人都有这样的经历，在和别人谈话的时候，别人说了一些重要的信息，但是在谈话之后却发现这些重要的信息并没有记住，于是就会抱怨自己的耳朵不好使，当时怎么没听清，这也就是说我们听到的信息并没有形成听觉记忆。但是，我们不能记住听到的重要信息真的是耳朵出现问题了吗？耳朵不出问题我们就能记住所有听到的信息吗？

每天通过耳朵输入到我们大脑当中的信息是非常多的，虽然不能够全部记住，但是毕竟能记住一部分，这就说明我们的耳朵并没有出现问题。如果是因为耳朵出现问题而记不住信息，那应该是所有的信息都记不住。事实上我们听到的信息和看到的信息是一样的，最终信息都会被输入到大脑当中，由大脑进行记忆。这说明听到的信息最终没有形成记忆并不是耳朵的问题，而是大脑的问题。正如大脑在看而不是眼睛在看一样，也是大脑在听而不是耳朵在听。所有的声音都到达了耳朵，只不过有一些最终没有在大脑中登记，所以才没有形成记忆。

听觉信息最后能否成为记忆力，起重要作用的仍然是人们的兴趣和注意力。

事实上，如果我们能表现出高度的兴趣和注意力，哪怕是最微弱的声音，我们的大脑也会听到。当然，如果是我们不感兴趣和没有注意到的东西，再大的声音大脑也不会听到。比如，很多人每天都定闹钟，闹钟响人能够听见，但是一些其他的声音，比如汽车噪音等就不一定能够听见，这就是注意力的问题，闹钟以外的其他声音并不能够引起人们大脑的关注。

很多人不能记住他们所听到的内容，根本原因就在于他们没有注意去听。比如说老师讲的一些知识，有些我们能记住，因为这些是我们感兴趣的，或者是我们集中注意力听的；有些则不能记住，是因为我们当时根本就没注意听，或者根本不感兴趣；相信这样的事情大多数人都遇到过。

我们训练耳朵，主要的目的是为了让听觉信息成为记忆力。但是科学研究证明，很多听觉信息不能成为记忆力是因为我们的大脑听觉感官缺乏训练。因此，为了获得更好地听觉，为了能对听到的声音进行记忆，就必须对大脑中的听觉感官进行练习、训练和培养。

训练耳朵的方法其实也很简单，和训练眼睛一样，在听任何信息的时候都要集中自己的注意力，或者是让自己对听到的信息产生兴趣，长期坚持，循序渐进，最终一定能提高大脑中的听觉感官能力。

嗅觉、味觉和触觉记忆

嗅觉是最强的记忆功能，我们能通过一些气味回想起以前的一些事，比如说草莓的味道能让我们想起夏天，一些香味能让我们想起香水或者是妈妈做的饭菜等，大多数人都会对某些气味有特殊的联想。

嗅觉并不能帮助我们建立正确的记忆，也不能帮助我们存储信息，它很难和事实发生联系，只和我们自己的情感有关，它可能帮助人们记忆一些地方，一些让人开心、难过、愤怒的事情。当然，嗅觉记忆也并不是完全没有任何意义，人们可以把一些特殊的气味和一些记忆方式结合在一起，这样对人们的记忆能起到增强的作用。

嗅觉记忆有几个重要的特征：第一是持久性，因为在很多年后我们仍然能够描绘出最初闻到某些气味时的感觉；第二是幸福的基调，因为嗅觉记忆能和各种情景之间相互联系；第三是联觉的特质，因为嗅觉记忆能让各种感觉之间相互连接。

气味可以称得上是记忆的要塞，因为它保持的时间是相当长久的。我们在长大之后看见了某种东西，比如说香水，我们就一定能够回忆出第一次用这种东西时的气味。

大多数人的嗅觉记忆都是幸福的，它能够唤醒一些人们曾经垂涎欲滴的生活事件。比如说一些好闻的气味，能让人想起快乐的假期、大自然、和一些人一起吃饭等。有时候一些难闻的气味也能够和幸福快乐的事件联系在一起，比如说粪坑的臭味可能会让人们想起干农活的快乐时光。这是因为嗅觉信息的处理是由多个大脑区域参与的，导致我们闻到的气味最后会和各种信息结合在一起，形成特有的感情记忆，而不是纯粹的嗅觉的记忆。

使我们能闻到气味的器官是鼻子，确切地说是嗅觉上皮细胞，嗅觉上皮细胞上面的纤毛能够对鼻腔中黏液的分子进行反应，形成神经冲动，传递到大脑中的嗅球上，因此人们才能闻到气味。

大家都知道，包括人在内的很多动物鼻孔都是朝下的，这一方面是因为热的物体散发出的气味是向上的，鼻孔朝下就能轻松捕捉到气味；另一方面是因为能够防止天空中落下的物体、如雨水等阻塞鼻腔。

嗅觉和人的情绪有很大的关系，对于一种气味，我们喜欢就是喜欢，不喜欢就是不喜欢，没有任何道理可言。

和嗅觉关系最密切的是味觉，它们一方面能够防止我们自己毒死自己，另一方面则会吸引我们进食。

味觉来源于对味道敏感的细胞周围的化学物质，也就是味蕾周围的化学物质。溶解的化学物质通过味蕾上的圆形小孔到达味觉细胞，最终形成味觉。味觉细胞有一定的生命周期，并且死亡后无法再生，因此在现实生活中我们需要用各种调料来弥补味觉细胞的损失。

在品尝食物的过程中，虽然我们品尝的主要是食物的味道，但是在其中发挥重要作用的确是嗅觉，嗅觉的反应比味蕾更重要。比如说在我们紧紧捏住自己鼻子的时候，咬一口苹果和咬一口梨并没有差别，我们根本不能分辨出两者味道上的差别。

影响味觉的因素除了嗅觉之外还有食物的温度和质地，比如说米饭，吃凉饭和吃热饭的感觉肯定是不一样的。味道的偏好也影响着人们的味觉，比如一个人特别不喜欢某种味道，那么这种味道即使是出现在他最喜欢吃的食物中，他依然不喜欢。有时候经验也能决定味道的好坏，比如说在一些特定的文化当中，某些让人难以下咽的食物就被认为是美味的。

触碰是一种非常重要的感觉。在日常生活中，我们总是习惯用触觉去感受其他的东西，以便我们更接近我们触碰的东西，并且建立起一个真实的感觉。触觉在人们的生活中有重要的作用。它能够让人们了解某些事物，避开某些对我们有伤害的事情等。

人们感知触觉主要通过自己的皮肤，触觉感知体系也称为皮肤感知，其中包含着各种各样的接收器，我们身体皮肤触碰到的信息就会通过这些接收器告诉我们。这些接收器之所以能对我们触碰到的信息做出反应，是因为它们包含着一千多万个神经细胞，这些细胞中有丰富的神经末梢并且接近人的皮肤表面。接收器最敏感的部位位于人的脸部和手部，这可能是因为这两个部位是我们平常总是裸露在外面的部位，人的大部分触觉信息都是通过脸部和双手传递的。接收器主要对三种感觉最为敏感，分别是压力、温度和疼痛。

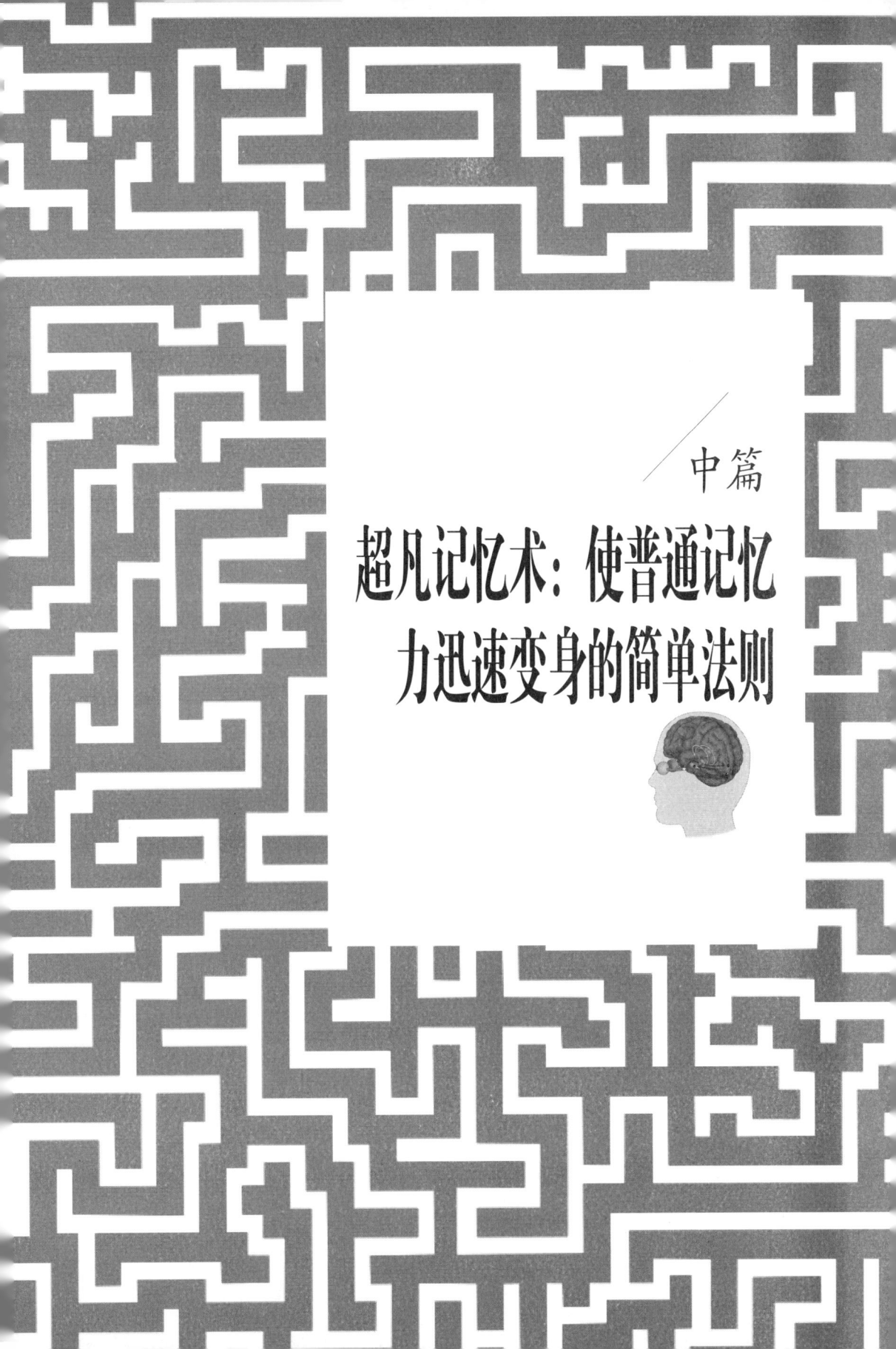

中篇

超凡记忆术：使普通记忆力迅速变身的简单法则

第一章

记忆术概述

提高记忆的途径——记忆术

人之所以异于万物,就在于人有思考的能力。人在思考的时候,常会将过去的经验、知识,以及储存在脑海里的各种印象提取出来,这种活动,就是记忆。

记忆对于一个人来说,具有重要的作用。记忆力的好坏,往往是事业、学业是否成功的关键,它是人们进行一切心理活动的基础,基本上人们做什么事情都离不开记忆的帮助。现在却有很多人认为,一个人的记忆是天生的,生下来的时候记忆是什么样,长大后的记忆就是什么样,没有办法改变,因此才产生了人与人之间的差别,也是造成一些人不及另外的一些人有能力的原因。但是从很多的科学研究成果以及一些不争的事实上来看,这种看法实际上是一种错误的观点,人的记忆力其实并不是天生的。

记忆力的强弱并非天生的。记忆力和其他的一些大脑官能和生理功能一样,它会因为长久的荒废而萎缩,也能够因为得到一些适当合理的练习和使用而得到强化。对记忆力的练习和使用需要一定的方法,盲目的、不按照特定原则和规律去进行,必然没有办法提高记忆力。最好的训练记忆力的方法,就是记忆术。

关于这一点,前人早就提出来过。权威的记忆研究专家凯就曾经说过:"人类的记忆力是可以无限被提高的,这一点毋庸置疑;但是究竟要怎么样去提高,如何实现,现在仍然是个谜。"从这里就可以看出来,其实人类一直都没有停止关于提高记忆力的方法的探索。古希腊的思想家亚里士多德也曾说过:"记忆为智慧之母。"他曾为他的学生亚历山大大帝的记忆力下过一番功夫,因而帮助他开创了历史上第一个横跨欧、亚、非的大帝国。

训练提高记忆力的方法主要有两种,一种是自然方法,一种是人工方法。所谓的自然方法,实际上就是一种在遵循心理学的原理下,去提高记忆力的方法,而人工方法就是一种和心理学的法则相反的方法。大家都知道,人无论是做什么事情,都要遵循一定的规律和法则,提高记忆力也是一样的,也要遵循一定的法则。因而从这两种方法上来看,明显是自然方法大大好于人工方法,因为它是遵循了心理学的规律的,事实上记忆本身就属于是一种心理学上的原理。

对于这一点,也有很多人都证实了。美国学者、作家和哲学家诺亚·波特就说过:"自然记忆相对于人工记忆来说更依赖于和感官与思维之间的关系。人们对于许多事物的印象会随着时间和空间的转换而消退,眼睛和耳朵能够通过食物这个较为明显的关联无意间记住它们。有意识记忆的基础是无意识记忆。人工记忆是对自然记忆的补充,在这个过程中,所有被记忆的对象都会自动排列,组成一个全新的关系体系,帮助我们进行记忆,不让我们产生任何其他的兴趣。这显然会减少他们本应有的兴趣和关注。"格兰维尔也曾经说过:"大多数提高记忆力的方法都是有缺陷的:当利用它们来对某些特定的事物留下印象的时候,他们并没有变成记忆。"这里说的意思其实是用人工方法提高的记忆,根本就不能够算作真正的记忆。福勒也说过:"记忆的艺术也许会破坏自然的记忆,这就像是眼镜会破坏眼睛的美感一样。"这里说的记忆的艺术其实指的也是人工提高记忆力的方法。虽然这些人的说法并不相同,所持的观点也并不是完全一致的,但是有一点却是一样的,那就是他们都支持用自然方法提高记忆力,而排斥人工的方法。所以,综合来看,想要提高记忆力,就必须遵循心理学的规律,坚持自然方法来进行。

提高记忆力的自然方法是以法国哲学家和文学家赫尔维修斯提出的

一种观点作为基础的，他认为记忆力的增强首先要依赖于人们平时对它的使用，其次是要依赖于人们对于被记忆对象的关注程度，还有就是人们的各种想法在大脑中的排列次序。

第一点是多用、多练、多重复。其实不论是做什么事情，多用、多练、多重复都是有好处的，正所谓熟能生巧。就像是我们平常的时候坐在电脑面前打字一样，经常进行打字的人一定会比偶尔才打字的人，打字的速度要快得多，这其实就是一个熟能生巧的过程，熟练了，速度自然就快了。有一部电视剧，里面有一个镜头说的是特种兵练习持狙击枪的姿势，那个教官的一句话让人记忆深刻，他说这个姿势想要达到完美的程度必须要经过成千上万次的练习，因为这样就会在人体的肌肉上形成一种肌肉记忆，之后在下次在拿起狙击枪的时候后就会不自觉地用到这样的一个姿势，这其实就是多用、多练、多重复的结果。记忆力和这些东西都是一样的，前面我们说过，它长久荒废就会萎缩，合理利用和练习就能够强化。

想要让自己的记忆力得到提高，就必须要按照科学的方法不断进行练习，提高记忆力是没有捷径的。哈勒克曾经说过："记忆力需要合理的方法和持久的练习才能得到提升，对大脑的培养是没有捷径可以走的。只要是遵照心理学的原则进行，那所走的已经是最短的道路了。记忆力的进步是需要循序渐进的。"所以，一定要在平常的时候多练习和使用自己的记忆力，这样才能够让记忆力得到提高。

第二点是对注意力和兴趣的培养。哈勒克说："朦胧的感知大多是来自于模糊的记忆，如果是感知确切的，那么就一定是清晰的记忆。"在心理学上，着重强调对注意力和专注能力的培养，因为这是培养良好记忆力的先决条件，只有在注意力上面没有缺陷，那么在记忆力上才没有缺陷。举个例子来说，在你面前放两样东西，一样是你喜欢的，一样是你不喜欢的，对于你喜欢的东西你肯定很感兴趣，也肯定着重观察这个东西，那么到最后你肯定是记住了喜欢的东西，而忘记了不喜欢的东西。有人把这个原因归结于记忆力不好，说自己的记忆当中已经装不下东西了。那么如果在你的面前在放一个你很喜欢的东西呢？最后的结果是你还能够记住，这就说明记忆中装不下东西了这个观点是不成立的，归根到底还是自己到底感不感兴趣。因此，想要提高自己的记忆力，就一定要培养良好的注意力。

第三点就是注重关联关系。哈勒克认为："当事物之间存在着某些关联的时候，它们就会更容易被记住。"其实这一点在现实生活中我们就经常用到，比如说很多人在最初学习英语的时候，因为怕记不住英文单词的读音，所以经常会用和英文单词读音相同的汉字来标注，方便自己记忆，其实这就是通过汉字的读音和英文单词读音之间的联系关系，来加强自己的记忆。这就证明了通过事物之间的联系关系来进行记忆，是可以加强一个人的记忆力的。

实际上，对于上面提到的这些提高人类记忆力的方法，我们可以用一个词语来概括，那就是记忆术。当然，一切的理论还是需要付诸实践才是有意义的，所以想要提高自己的记忆力就一定要把记忆术全部都应用到实践当中，这样就一定能够提高自己的记忆力。

记忆术的发展

记忆术并不是现代才产生的，它由来已久，目前已知最早的记忆术甚至可以追溯到古希腊时期，至今已经2000多年。早在公元前400年前，古希腊的一位负责撰写条约的抄写员，就极力推荐有助于记忆的3条原则，分别是重复、集中注意力、和已经知道的知识建立联系。从这3条原则来看，这和我们之前所说的记忆术是一样的，也就是说记忆术在那个时候就已经出现了。记忆术从诞生开始，就起着十分重要的作用，对西方文化艺术方面的作品和行为，产生了深远的影响。

记忆术最早出现的时候，主要是为人们的日常生活服务的。随着时间的推移和记忆术应用的范围逐渐增大，渐渐地产生了两种主要的记忆方法，一种是组合记忆法，另外一种是地点与图像记忆法。

组合记忆法指的是通过组合加工的方式，把自己的一些想法或者是词语固定在脑海中，从而达到强化自身的记忆的目的。我们都知道，一些演说家、政治家、律师，在演讲的时候可以脱稿很长时间，并且不会中断，不会忘记自己的观点，这就是因为他们能够把一些自己熟悉的和经常用到的词语以及观点固定在了自己的脑海中，使自己对想要讲的内容记忆深刻。

组合记忆法最常用的是记忆自己的观点、一些词汇、文学作品和诗歌等，通过组合记忆法的熟练应用，人们甚至能够倒背出一些文学作品、诗歌和演讲稿等。

地点记忆法指的是在脑海中创建一条路线，随后在这个路线上放置一些我们需要记忆的材料和信息、思想和词语等相关的心理图像。这种方法是由希腊诗人西蒙尼·德·瑟奥斯提出的。记忆路线并不是凭空形成的，它需要根据现实中的某些元素进行创建，比如一些重要的地点和建筑物等。

基督教兴起之后，记忆术走进宗教领域。公元1世纪，记忆术开始被用于基督教的精神救赎。

记忆术在基督教内部是修道士们最先使用的。修道士的主要职责是记忆祷告和经文。修道士们在记忆祷告和经文的时候，有时候并不能把精神全都集中在上帝身上，由于精神的游离，很可能会使思想转移到日常的生活和活动上。因此修道士们就利用记忆术来集中自己的思想，阻止精神的无休止的游离，避免自身思想的转移。同时，记忆术当中的心理图像能够让修道士们更容易记住《圣经》中一些难以记忆的部分，更容易让人掌握基督教的教义。

记忆术在基督教的艺术发展中也占有重要的地位，心理成像法是基督教艺术的灵感的来源。创作基督教艺术的艺术家们通常会先在脑海中构建出自己的作品的主要内容，随后才开始创作自己的作品。

在中世纪，有一种书籍能帮助人们记忆，这种书籍被称为记忆书。记忆书是指在中世纪一些作家的手记或者是章节中，第一个字都要用色彩或者图案进行装饰和点缀，这些装饰和点缀都能起到概括和暗示读者文章的主要内容，引导读者背诵，帮助读者记忆文章的主要内容。同时，在书籍内部书页的周围，很多地方都描绘上一些隐喻的插图，这同样有助于人们记忆。

记忆术在发展的过程中也曾经出现过倒退。在中世纪末开始一直到印刷术出现之前，越来越多的人开始用手抄本和书籍来进行学习，而抵制背诵和口头记忆的形式，甚至有人公开标榜自己对记忆术的怀疑。他们鼓励用学习、秩序和应用来代替地点记忆法和图像记忆法，禁止人们使用记忆术。最严重的时候，记忆术甚至变成了为了既得知识而进行的机械性再生产，与推理和想象完全对立。这种行为一直到19世纪才被彻底改变，记忆术重新被人们学习和应用，可惜依然不被重视。

从简单窍门到具体策略

记忆术的发展历史体现了它的重要作用，那么在日常的生活当中，人们到底应该怎样去使用记忆术来提高自身的记忆力呢？随着记忆术的不断发展，人们逐渐掌握了保持记忆的简单窍门和记忆的具体策略。

记忆力不是肌肉，肌肉能够通过人们每天努力锻炼来保持住一个理想的形态，但是记忆力不行，有很多原因会导致记忆力的下降，比如说人类的自然衰老。相信很多人都经历过这样的事情，随着自己年龄的越来越大，许多以前记住的事情逐渐都忘记了，并且记忆某些东西时所用的时间和精力，也大大增加了，这都是因为人的记忆力衰退了。记忆力衰退对人们的生活影响很大，因此人们必然会想一些办法来阻止或减缓自身记忆力衰退的这个过程，这就需要用到一些简单的窍门。

第一，保证自己能够从各种活动中获得乐趣。记忆是一个复杂的过程，在这个过程当中需要各种记忆形式之间的合作，而这种合作也会因为不同的行为而不断发生改变。有人认为，只要不断重复同一件事情，那就一定能够一次比一次做得好、一次比一次记忆得深刻。确实是这样，不断重复本来就是提高记忆力的一种手段，但是一个人的精力毕竟是有限的，人们需要记忆的东西却不是只有一件，当一个人在重复记忆一个方面的事情的时候，就很可能忽略其他方面事情的记忆。这样的事情现实中就有很多：一个球迷可能对自己喜欢的球队的历史、球员、战术等如数家珍，但是却可能记不住古代的一些历史事件；一个数学大师可能了解所有数学方程式的解析方式，却很可能记不住自己家人的生日。这些实际上都是因为他们把精力投入到了对一种事情的反复记忆上，忽略了对其他应该记忆的事情的结果。这种情况归根结底是因为人们所得到的乐趣不同所造成的。人们能够重复去做、去记忆某些事情，是因为人们从这些事情当中找到了自己的乐趣，有了乐趣自然就有兴趣记忆，也自然能够记得住。

第二，要对事物和活动保持强烈的动机。一般来说，人们总是对和自己有关系的事情记忆得好，而一些关系不大的事情记忆就要差一些，这是因为和自己的事情关系到自己的学习、生活等各个方面，人们有足够的动机去记忆。而其他的事情对于人们来说是无关紧要的，没什么影响的事情，人们自然也就失去了记忆的动机。比如说为了应对考试，一些人会在考试之前拼命去看书、去记忆书本上面的知识，并且有时候能记住很多东西，效果很好，其实这就是因为把应对考试作为动机的原因。

简单的窍门只能帮助人们保持自己的记忆力，要想真正记忆更多的东西，就一定要有一个更具体的策略，具体来讲就是要遵循量体裁衣的策略。

第一，要根据具体的情况来确定具体的记忆策略。想要记忆变得有效率，并且提高自己的记忆力，就一定要使用恰当的策略。比如，现代科技这样的发达，我们想要记住一个人的生日，其实完全可以不用考脑袋去死记硬背，而是用自己的手机或者是电脑去记录，设置一个提醒，时间到了我们自然就能够收到提醒，这其实也是一种帮助我们记忆的方式。虽然说用脑袋去仔细记我们也能记住，但是很难保证不会因为什么原因而忘记，比如说工作和学习的忙碌等，既然有更简单有效的方法，我们当然要选择。

第二，要选择最适合自己的记忆方式。每个人的风格都是不同的，人的记忆最终的目的还是为自己的学习、工作和生活服务，那么为了更方便为自己服务，就必须要选择最适合自己的策略。首先要符合自己的性格，就比如学习外语，一个性格开朗的人可能会通过不断和外国人进行对话来进行学习，在不停改正错误的同时进行记忆，而一个内向的人则可能会选择通过书本上的内容和老师教的知识来学习和记忆，最后才会去实践。其次要符合自己的年龄，比如说要想让一个什么都不懂的孩子去记住一句非常难理解的话，那就必须要靠死记硬背才可以，而要是让一个有知识有文化的人去记这句话，就可以有很多方法，比如用笔记或者是用其他的一些工具帮助记忆。还有就是要符合自己某些特殊的情况，比如说要记某些东西的颜色，如果是一个色盲，那么只能是别人告诉他之后让他去背下来然后记住，而如果是一个正常人，那方法就有很多种了。如果有人非要去选择不适合自己的记忆办法，或许最后也能够记住，但是花费的时间和精力等一定增加了很多，到最后事倍功半，只能是给自己增加烦恼。

记忆术的应用也是有一定的策略的，比如说在学习的时候，想要背诵一首古诗，就可以采用多练、多重复的方法，而如果是想要记忆历史上的某些事件，就可以通过几个事件相互之间的联系来记忆。在生活中也是一样，就像是设置某些密码，人们在设置密码的时候基本上都会选择一些和自己有一定关系的数据，这样能够方便自己通过某些东西来记住密码，一些对于自身毫无意义的数据罗列很少出现在人们的密码当中，因为人们不可能总是重复写和念自己的密码，这不方便记忆。很多时候选择了错误的记忆术之后，都会有一种得不偿失的感觉，比如说要记住一个结构组合非常复杂的汉字，一种方法是不断在通过用笔去写，死记硬背；还有一种方法就是把这个汉字拆分成几个简单的汉字，记一下它们的组合方式，这种方法相对于第一种方式无疑简单得多。

记忆策略的主要原则

每个人都要选择最适合自己的记忆策略，由于各种原因的影响，这个选择的范围是狭窄的。但是，输入到人脑当中的信息是不计其数的，种类也是各种各样的，这意味着人们必须要用有限的方法对多种多样的信息进行选择和筛选，达到对信息进行最佳的处理。因此，人们在处理和记忆信息的时候就要坚持几点主要的原则。

第一，要把输入到人脑中的信息有效地组织起来。各种信息在输入到人脑中的时候，是没有顺序和规律的，而是各种不同的信息掺杂在一起，同时输入到人脑中，这就给人们的记忆带来了麻烦。因此，想要把这些信息全都清楚地记住，就必须要把信息重新有效地组织起来，最重要的就是建立一定的联系，这样才能方便人们记忆。

　　首先，要做好事先的计划。无论做什么事情都需要有一个清晰的计划，比如打一场战争，在开始之前一定要先计划好怎么打、用多少部队打、在哪里打、要取得什么样的战果等，记忆也是一样的，一定要事先知道输入到人脑中的信息，哪些是需要记忆的，哪些是无意义、不需要记忆的。这就是说人们一定要有目的地去记忆，这样才能让记忆变得更有效率，也更准确。另外，事先做计划还有一个重要的目的就是对信息进行分类，这本身就是记忆过程中需要遵循的一条原则。任何东西在分类之后都能体现出"方便"这个词，就比如商店会把相同种类的商品放在一起，方便顾客进行挑选，教科书也是把同一学科的知识放在一本书当中方便学生学习，而不是把各个学科的知识穿插放在同一本书当中，信息分类之后能够方便人们记忆。把信息分类，简单点说就是把同一种类的信息放在一起进行记忆，就是在信息之间建立等级联系，或者将它们集中到同一类别的知识条目当中，计划好各种信息应该选择什么样的记忆方式，这样就能够准确有效地记忆各种信息。

　　其次，要对信息进行重新地组合。很多信息在输入到人脑中的时候是没有任何顺序的，可能没头没尾，也可能杂乱无章，这就给人们的记忆带来了很大的困难。因此，想要记住这些信息，就必须把这些信息全部拆分开，改变原来的排列顺序，重新进行排列组合，建立出一个总体的连贯性，这样就能够方便人们记忆。比如在买东西的时候，要根据商店放置商品的位置来做计划，这样就能够避免在具体买的时候来回走重复的道路。在记忆的时候适当缩减信息的数量，也是一种对信息重新组合的方法。很多时候信息组合的结构都是复杂的，有时候甚至是重复的，这种情况下，就可以通过减少某种信息的数量，组成更简单的信息结构来记忆。比如说记忆一组很长的数字，就可以把这些数字分隔开来，几个数字一组分别记忆，这样远比所有数字一起记忆简单得多，就像我们记手机号码，通常都会分三组进行记忆，就是这个道理。

　　再次，要把新输入的信息和自己已经掌握的信息建立一定的联系。很多的信息之间都存在着千丝万缕的联系，把那些有联系的信息放在一起，就会方便我们记忆。特别是如果能够把新输入到人脑中的信息和自己本身所记忆的有关系的信息联系在一起，就更能够方便我们去记忆。比如说我们遇到了一个新鲜的事物，这个事物是我们不认识的，但是却和我们之前认识的某种事物十分相似，这样我们就可以判断出这两种事物是属于同一个种类，从而能够让我们对这个新的事物有一个深刻的印象。

第二，要学会联想。把将要记住的东西和已知的东西之间建立联系的过程就是联想。联想的重点其实就是发挥想象力，这是一种主动的行为，需要我们在进行记忆活动的时候主动去激发。这种联想的方式是有一定的好处的，很多的时候输入到人脑中的信息并不一定会和我们已知的记忆有关系，这种情况下就使得人们必须死记硬背去记忆。但是如果我们能通过联想的方式，把事物和已知的记忆建立起一定的逻辑关系，那就会方便人们记忆。比如说人们看到了一个非常凶猛的野兽，可能会不自觉就和老虎联系起来，这样就能够加强人们对于这种猛兽的记忆，可能下次再见到老虎的时候，就自然而然地想起这种猛兽，这就是一种联想的方式。

第三，要会构建心理图像。心理图像法是最有效的记忆方法之一，心理图像就是对具体视觉感知进行想象后的综合图像，它能使人们记住较为复杂的信息，也适用于变化多端的情况，在日常生活中，它有助于人们想起丢失的物品的过程，或者是出门需要到达的目的地的最短路线。举个例子来说，我们在丢了东西之后，肯定不会漫无目的地去寻找，而是先要在脑海里回想起我们之前在哪里见到了这件东西，之后又干什么了、什么时候发现东西不见了，这样先在大脑中确定出一个大致的范围之后才去寻找，这就是心理图像法。

第四，要多加练习。合理的记忆策略确实能改善人们的记忆，但是如果不能对各种记忆策略熟练使用，也不能在合理的时机采用合适的记忆策略，那么再高明的记忆策略也没有任何用处。因此，一定要多加练习，把在任何情况下都能采取合适的记忆策略，锻炼成我们的习惯性动作，只有这样，所有的记忆策略才是有效的。

记忆术在教育中的作用

在学校里，我们要完成多种学习目标，要解决多项议程，这常常都需要与自己的时间竞赛。首先，有一些是你希望学到的知识，因为你对它们好奇，并且认为学习这个科目很有意义；其次，有一些是你的老师希望传授给你的课程；再次，有一些是社会体制要求你掌握的知识，还有一些是父母期望你学习的课程。另外，一个学生必须知道他将会被测试哪方面的知识或技能。一些测试是衡量你的知识水平，另外一些测试很可能是检测你的技能水平。有些课程可能会让你进行个案分析，其他的课程则需要你知道一些公式。有的测验可以使你提高即兴思考的能力和提升创造力，有的测试则可以指导你学习的方向。无论这些课程目标和检测方法多么不同——无论是一篇短文考试、多项选择、数学等式、口语表达，或是个案研究，它们在某一些方面都是相同的，即每一种考察方法都需要知识，而这些知识的学习都需要依靠你的记忆力。

为了确保你可以获得必备的知识，无论课程任务是什么，心理专家们建议你能够利用所有的记忆工具。就像没有仅用一种工具（如锯）就可以盖房子一样，也不可能仅使用一种记忆方法（如联系法）就可以满足你所有的记忆要求。当你可以很熟练地运用本书所概述的所有记忆策略，你的记忆力"工具箱"就可以帮助你完成繁重的学习任务。

记忆策略的学习绝对不会取代教育本身的地位，它仅仅是学习的一个辅助方法。就像计算机一样，记忆术的学习只是提供一种方法，可以使你更快掌握知识。一旦学生们能够有效地使用记忆方法，那么就可以把他们的学习时间最大化。美国教育部1989年出版的《什么在起作用》总结说："记忆术可以帮助学生更快地记忆更多的信息，而且对这些信息的记忆可以保持很长的时间。"

新泽西州的参议员比尔·布拉德利曾是美国参议院中最智慧、最善于思考的参议员之一，他非常赞成美国教育部做出的这份总结报告。这位普林斯顿大学的毕业生也是一名记忆力方面的专家。这绝不仅仅是巧合。布拉德利的记忆技巧使得他只花很少的时间来完成学校的任务，然后利用更多的剩余时间追求他个人的目标。

学习中的成功编码策略

用积极的信念为自己打气。相信你可以掌握新事物，提醒自己可以做得到。如果你碰到了挫折，一定不要为此就放弃自己制定任何远大的目标，或是对于自己的能力做出轻率的判断。你可以做一些积极的体育运动，或是改变一下学习的进度。当然，也可以给你自己一些坚定的信心，比如，对自己说，"掌握事物很容易""我一定会成功""我有很强的记忆力"，等等。

你要非常清楚学校的时间和你学习的时间。每天要有6～8小时充足的睡眠时间。吃一份高蛋白含量的早餐。如果你有咖啡、可可，或是茶等饮品，那就要限制咖啡因的饮用量或是喝脱脂咖啡因的咖啡。过多的咖啡因会降低你的注意力，导致你犯一些错误。理想的学习状态是警觉而不是兴奋。

你要确定你想要学习什么和为什么学习。回顾一下总体的任务，制订一份计划。写出你的周目标、月目标，或是学期目标。把这些目标分成几个可以衡量的步骤、检测点，或者是你能够经常回顾的目标。如果你制定的目标既可以包括你要学习的内容，也包括你希望学习的知识，这两者之间如果能够达成平衡，那么这就是理想的目标了。这些目标越有竞争力越好。

当你学习时，应用之前介绍过的记忆策略。编码记忆是很简单的。思考一下你正在学习的新内容是如何与你已经知道的内容相互联系的。当然，编码记忆也可以稍复杂些，比如，要把你的学习内容与地点或是身体部位联系起来记忆（位置法）。

你的记忆力有赖于其所必需的营养。在学习时，要确保你的大脑能够通过健康的饮食（如新鲜的水果、蔬菜、全部的谷类食品等）来获得足够的营养物质。你也可以考虑其他的食品来补充营养，以提高你的认知力，增加活力。

我们知道对大部分材料的记忆顺序是开头、结尾，然后是中间部分。也就是说，在每一个学习阶段，学习内容的开头和结尾部分与中间部分相比，都会更容易被记忆。根据这个原则，你可以有意识地更加注意中间部分的信息，从而抵消中间障碍信息对记忆的不利影响。因为你会很自然地记住材料的开头和结尾，那么对中间部分稍加注意，就可以支撑这个记忆的薄弱环节了。

对材料的积极思考能够加深对内容的理解。这样的话，我们就可以问自己一些问题，然后把这些设想形成一个清晰的重点：我们昨天学习的内容和它有什么关联？我们还将要学习什么？为什么学这个而不学那个？或是，这个内容意味着什么？这种问询过程对于编码记忆和增强记忆是至关重要的。在班级里提问题，两个人互相检查。如果可能的话，在形成错误的印象之前，立刻做出反馈。

成功学习中的增强记忆策略

研究表明，在逻辑测试和解决问题的测试中，那些睡眠充足但是很少做梦的人与睡眠充足且经常做梦的人相比，他们的测试结果很糟糕。这表明不只是睡眠对于记忆过程很重要，做梦对于记忆过程的作用也是非常大的。实际上，如果你白天学习的内容越多，那么你晚上做梦的时间很可能就越长。做梦状态和快速眼动睡眠时间用去了整个睡眠多于25%的时间，这对于人们保持记忆力是至关重要的。刚刚入睡时，快速眼动睡眠用去了我们睡眠时间的一小部分。快到凌晨的时候，我们大部分的睡眠时间都是在做梦。这表明睡眠过程的最后几个小时对于学习的巩固可能是至关重要的。如果你的工作或是学校要求你不得不每天五点钟起床的话，那么这对你的记忆力将会产生消极的影响。

大脑的结构决定它不能永不停息地学习，它需要休息。基于大脑机械理论，大脑左右半球之间每隔90分钟左右就剧烈的脑力活动要交替消耗能量。这种身体节奏或头脑节奏被称为昼夜周期大脑的睡眠状态（一个昼夜不停连续运转的周或者沉想状态期）。在这种周期的作用下，当深深的幻想和左脑处于功能运行高效期时，睡意更多的与左脑有关的任务（如睡眠连续学习、理解语言、计算和判断）就会很容易进行。同样，当右脑处在功能运行高效期时，更多的与右脑相关的任务（如富有想象力的学习、空间记忆、辨认面容、想象影像和重新构建歌曲）也会很容易进行。学习过程需要有间歇来处理材料内容。在这段时期里，大脑分析学习内容，并且把它们传送给内部大脑组织，这个过程对于记忆的连通性和恢复记忆也是必要的。你难道不认为进行完1万米的长跑后需要休息吗？由于学习是一个生物过程，它会改变大脑的结构（建立新的突触间隙连接，增强原有结构的运转效力），因此，睡眠对于大脑保持最佳运行状态是非常重要的。如果你非常了解你自己大脑的昼夜运作节奏，你就能够在大脑功能运行能量最旺盛的时期最佳地完成你的学习任务，而当大脑处于低效率运行期时，就可以休息放松。

脑细胞与新内容之间的联系可以通过重复这个过程得到加强。为了保证这种强大的联系，新内容应该在学完之后的10分钟内复习一遍，48小时内再重复一遍，如果可能的话，7天之后再把它重复一遍。如果你不复习那些学过的内容，也许你会在某个时间惊奇地发现，突然间你把它们全部都忘记了，尽管你清楚地记得你学习过那些内容。复习新内容的时候，你可以和其他同学或者其他小组的同学组成一个学习小组，重新读读笔记，或者重读每一页的开始段落和结尾段落。设计一个纵横字谜也是一种很有意思很有创造性的复习方法。还有一些方法，比如可以看一段有关这个学科的录像，或者利用新概念新内容编一曲说唱乐等。

尽可能使用一些有难度的版本或者外部的记忆工具，复制你的记忆。尤其是在你压力很大的时期，当你一度要反复修改很多杂乱的事情的时候，养成随身携带日程表或者个人记事本的习惯，并且要非常狂热地喜欢在上面记录一些内容。设计一个软件（如果你使用计算机），一个整理好的资料系统，里面包括你每天的目标，有的时候一些事情也可以引发你的记忆。没有一个人的记忆力是最好最完美的。我们承受的压力越大，信息就越可能没有获得编码记忆而被流失掉。制作你个人的记忆系统复件，就像制作一个计算机的记忆系统复件，可以帮助你记忆或者搞清楚一些问题。

人是习惯的奴隶，所以我们能做的最聪明的事情，就是好好利用这种趋向。每天都要留出练习、叙述和复习的时间。有一种趋势很明显，就是你每天短时间的学习（间隔学习）要比你长时间内填鸭式的学习效果好得多。如果完成一个 3 小时的任务，你要问自己："我要如何花费最少的功夫，如何最大限度地利用我的脑子来完成这项任务？"把这项任务分成 45 分钟的学习阶段，用 4 天多的时间完成它，这样你的大脑就可以有个"休息期"，而大脑正好需要用这个"休息期"来巩固你已经学过的知识。当然使用这个方法首先要求你要有很强的自制力，但是一旦建立起你自己的常规，那么就可以明显地看到这种学习方式的优势，而且这种学习也是在无意识地进行。

第二章
超凡记忆力背后的诀窍

记忆没有绝对的法则

从众是一种普遍的心理。在日常的生活和学习中，很多人在做事情时都会出现从众的行为，主要表现为由于受到外界人群行为的影响，从而在自己的知觉、判断和认识上表现出符合公众舆论或者多数人的行为方式。在心理上表现为"大多数人认为正确的事情，那就是正确的；只要跟着大多数人走，自己就不会犯错误"。

实际上，这种从众行为还有另外一种叫法，那就是"羊群法则"，也叫羊群效应。大众的思想和行为会影响到个人的思想和行为，就像所有人去某个地方都选择一条路走，那这条路就是最正确的道路。

在现实中，羊群法则的应用数不胜数。比如现在进行的各种各样的选举、选秀实际上都是羊群法则的应用。比如说在选举中，基本上最后一步不是投票表决就是举手表决，最后的结果怎么决定，当然是少数服从多数，人少的服从人多的；再比如在各种选秀中，大多数冠军都是由观众投票或者评委投票选出来的，这样最后比的就是谁的人气高，支持谁的人数多谁就是冠军，这还是少数服从多数的方式。

很多时候做一件事情，别人会问我们为什么这么做，我们会回答"别人都是这么做的"，由此可见，羊群法则是多么的深入人心。或许在一些情况下羊群法则是正确的选择，但是在很多时候，人们却并不能根据羊群法则进行盲目的选择，特别是在记忆活动当中，更加不能随意坚持羊群法则。

每个人都有不同的性格特征、兴趣爱好、能力和习惯，每个人也都有自己擅长的记忆方法和习惯。有些人觉得死记硬背的方式最好、最简单，不需要费尽心力去做一些别的事情，直接记忆就可以；有的人则喜欢用联想的方式进行记忆，因为他们的头脑灵活，任何事情都能联想到其他的东西上去；还有的人可能就喜欢用问问题的方式去记忆，不论碰到什么东西，都把其变成问题并回答出来记忆，等等。或许在记忆某些东西的时候，人们习惯使用的方法不一定是最好的，但是因为是适合自己的方法，所以也不见得比使用最好的方法记忆效果差、效率低。

在这样的情况下，还因为受到羊群法则的影响，不坚持自己习惯的方式，对一件需要记忆的东西，别人用什么记忆的方式，你也去用那样的方式，不管那种方式究竟是不是自己擅长的，显然对自己记忆那件东西没有任何作用，甚至可能会导致"记忆效率不但没有提高，反而还降低了"这样的问题产生，到那时就悔之晚矣。

因此，为了让自己的记忆活动变得更有效率、效果更好，也为了自己能够记忆更多的东西，就一定不能盲目从众。我们不需要知道别人用的记忆方法是不是最好的，只需要坚持自己习惯的记忆方法和方式，知道用这样的方法进行记忆活动对自己最有利，这样就能够把不利于记忆活动的因素排除，使记忆活动达到最佳的效果。

实际上，在记忆活动中也没有什么具体的法则可以坚持，任何事物的记忆都不止一种单一的方法，任何人能记住某些事情，也不一定是因为使用了大多数人的记忆方法，而是使用了自己最习惯的方法和方式。

因此，有些时候，必须要"以自我为中心"，特别是像记忆活动这种不需要和别人发生任何关系的事情，我们只需要照顾自己就可以了，所以只要坚持我们自己擅长的记忆方法和方式，就完全能快速达成自己的目的，我们也能进行最有效的记忆活动。

找到适合自己的记忆方法

人们在日常的学习和生活中,想要培养和提高自己的记忆力,就必须运用一定的记忆方法。但是,提高记忆的方法有很多种,不仅包括思维型记忆方法、对象性记忆方法、时间性记忆方法、感官性记忆方法等特殊方法,还包括联想、组块和媒介等一般的记忆方法,并不是说想要提高记忆力就要把所有的记忆方法全部用上,而是要有选择性的运用。

第一是要灵活运用各种不同的记忆方法。各种不同的记忆方法对于记忆各种信息有不同的效果的,因此想要提高和培养自身的记忆能力,就必须要根据记忆材料的不同来选择记忆方法。掌握灵活运用的原则,有时候有些记忆材料是需要多种方法的共同运用才能记忆住,这时候就必须做好选择,把最适合的方法结合到一起进行记忆。

第二是要选择最适合自己的记忆方法。记忆方法和人的容貌是一样的,每个人都有自己的容貌,人与人的容貌是千差万别的;每个人也都有最适合自己的记忆方法。有些人可能会在清晨的时候记忆效果最好;有些人可能在夜深人静的时候记忆效果最好;有些人可能习惯在安静的环境下进行记忆;有些人可能习惯于一边写一边记;有些人可能要一些辅助策略才能更好地记忆。因此,要想使自己的记忆效率更高、记忆更持久和牢固,找到一个适合自己的记忆方法至关重要。

一个记忆方法到底适不适合自己,并不是自己说合适就是合适的,而是要根据一定的原则来进行判断。

第一,根据记忆的材料和种类判断。记忆的材料和种类是多种多样的,有些是直观的,有些是抽象的,有些是文字材料,有些是影像材料,有些是有意义的材料,有些是无意义的材料。人们究竟对那种材料的记忆效果最好是因人而异的。一般来说,成年人对文字材料记忆效果好,而儿童对直观的材料记忆效果好,有意义的材料也比无意义的材料更容易记忆,不容易被遗忘。因此,人们不能总是选择单一的材料进行记忆,否则会由于特定区域的工作时间长,产生大脑抑制,使人变得疲劳,记忆效果也变差。当然,这也要根据个人的特点去选择和总结。

第二，根据时间判断。每个人都有自己最佳的记忆时间，这个时间需要自己去探索和发现。摸索出自己的最佳记忆时间之后，利用这段时间选择有效的记忆方法进行记忆，就能够有效地提高自己的记忆力。

第三，要根据记忆材料的数量判断。很多时候，记忆材料的数量越多，人们遗忘的就会越多，所以人们一次记忆材料的数量不宜过多。虽然人的记忆力在理论上是无限的，但是每个人在同一时间记忆材料的数量是有限的，人们必须找准自己在同一时间能够记忆的信息数量，随后根据自己能记忆的信息数量选择最适合自己的记忆方法。

记忆体操增训法

人们天生的记忆潜力是不能被改变的，但是采用科学的记忆方法提高记忆效果却完全能够实现。事实证明，人们的记忆力是完全能够被训练的。人们可以通过训练学会运用科学的记忆策略和方法，弥补人们天生的记忆力上的缺陷，大大提高记忆效率和改善记忆效果。

提高记忆力的一个重要的训练方法是体操增训法。

人们可以通过锻炼来提高身体的能力，记忆也一样，人们可以通过做记忆体操的方法，使记忆力得到训练和提高。

大脑包括左半球和右半球两个部分，分别管理着人的运动和感觉系统。其中左脑半球支配身体右侧的感觉和运动，而右脑半球管理着身体左侧的感觉和运动。科学研究证明，左脑半球主要负责抽象思维的运动，主要包括语言、逻辑、数学、分析判断和其他科学活动；右脑半球主要负责形象思维活动，主要包括空间关系、艺术和直觉活动等。由于大部分人的主要活动都依靠右侧身体部分，因此人的左脑半球很容易发生疲劳，而我们则可以通过增强左侧身体的体操运动，增加右脑半球对左脑半球的平衡和协调作用，减轻左脑半球的负担，改善我们的记忆能力。

这种单侧体操的训练主要有五个要领；每个训练要领都要重复做八次。

要领一：1.全神贯注地站立并且左手紧紧握着拳头；

　　　　2. 左手腕用力，同时弯曲手臂，慢慢举到臂直；

　　　　3. 收回弯曲上举的手臂，回到原来的姿势。

要领二：1. 仰卧在平地上；

　　　　2. 左腿伸直并向上抬起；

　　　　3. 将抬起的腿倒向左侧，但是注意不能接触地面；

　　　　4. 将腿慢慢收回，回到原来的位置。

要领三：1. 直立并且左臂向左侧平举；

　　　　2. 将左臂上举，但是注意头部不能移动；

　　　　3. 以相反的顺序回到原来的姿势。

要领四：1. 身体直立向左侧倒；

　　　　2. 以左手和右脚为支撑，左臂伸直，身体保持倾斜着的直线；

　　　　3. 弯曲左侧膝盖起身，回到原来的姿势。

要领五：1. 俯卧；

　　　　2. 跷起脚尖，像做俯卧撑一样用脚腕和脚尖支撑身体；

　　　　3. 弯曲手臂，同时将左腿高抬，右臂不能用力；

　　　　4. 慢慢重复屈伸手臂两次。

　　当然，想要增强右脑的平衡作用，不能单靠记忆体操训练法进行训练，平时注意尽可能多用左侧肢体进行活动也很重要，比如用左手吃饭、用左手写字等。

　　或许这并不能算作是名副其实的记忆体操，因为这只是一般的肢体训练。还有一种通过穴位按摩的方法来进行的真正的记忆体操，即记忆保健操：首先要在头部找到天柱和风池两个穴位，然后双手交叉，用拇指的指腹按住这两个穴位，然后在压住5秒钟之后突然加大力量，随后移开手指。重复5～10次就能够让大脑产生清醒的感觉。再加上大脑顶部正中的百会穴的按摩，效果会更好。

集中注意力很重要

　　记忆力和注意力有着很密切的关系，人们集中注意力观察的事物或行为，能够在大脑中留下深刻的印象，注意力越集中，印象就越深刻，对事物或行为的记忆就越好。相反，很多时候我们不能记住听到或者看到的东西，就是因为注意力不够集中。因此，想要提高自身的记忆力必须从提高注意力开始。

一般来说，想要让自己的注意力得到提高应该做到以下几点。

第一，选择环境。环境对注意力能否提高有十分重要的影响：一方面，人只有在安静的环境下才能集中自己的注意力，做到专心致志；另一方面，一个固定安静的环境，会使人在同样的条件下更容易产生集中注意力的条件反射。这种情况相信大多数人都体会过，就像在班级内背诵一首古诗一样，老师在的时候背诵明显比老师不在的时候背诵得要快，因为老师在的时候班级是安静的，而老师不在的时候班级确是乱哄哄的。

第二，排除分心。人们在进行记忆活动的时候，经常会被别人打扰，而大多数人在被打扰过之后都会不记得之前记忆的东西了。只是因为在人们被打扰之后，为了应付打扰自己的人而分心了，注意力从被记忆的信息上面转移到了打扰自己的人身上，从而产生注意力的分散，导致其他的信息对之前正在记忆，但是还没有记忆清楚的信息产生了冲击，最终造成了信息的遗忘。因此，想要集中注意力就绝对不能分心。

第三，精力充沛。保持精力充沛是为了避免和减轻大脑的疲劳。当人们长时间集中注意力的时候，很容易造成大脑的疲劳。这种情况下，不论怎么样努力，都无法集中注意力，很难看得进去任何东西。比如一个人头一天晚上没有休息好，即使他在第二天能强打着精神，集中自己的注意力在电脑上写东西，等到最后检查的时候也会发现，错别字非常多，这说明他在打字的时候注意力并没有真正的集中，而无法集中的原因就是大脑疲劳。

第四，目的明确。一个明确的目的能让人在更短的时间内做完更多的工作，这种情况的产生和人的心理因素有很大关系。当你有明确的目的进行记忆时，比如说老师要求你在一天之内背完一篇文章，要是背不下来就要找你家长，这时候你一定会产生紧迫的心理，因为你不想找家长，所以就会从心里面强迫自己集中注意力在文章上。

第五，要有知识基础。无论做什么事情，基础都是最重要的，就像盖房子，如果你不事先打好地基，又怎么能盖出来坚固的房子呢？很多记忆材料并不简单，里面可能包含很多复杂和丰富的知识，对于这样的记忆材料，没有一定知识基础的人，根本就看不懂。就像你看一本书，如果以你的知识水平根本就看不懂，你还可能集中注意力在这本书上面吗？所以，知识基础很重要。

第六，增加眼前兴趣。我们可以回忆一下，这么多年经历过的事情，记忆最清楚的一定是自己感兴趣的事情。一般来说，人们感兴趣的事情，就会不自觉地多看两眼，如果是特别感兴趣的事情，甚至可能会停下来观看。就像看热闹一样，如果是两个人对骂，你可能看一下就走了，因为你对这个不是很感兴趣，如果是几个人打群架，你可能就会多看一会，因为对这个你很感兴趣。也就是说，人们越是感兴趣的东西，注意力投入的程度就会越高，注意力就越集中。

这六点因素和人能否集中注意力的关系非常密切，但并不是说我们知道了这六点因素，就一定能够集中自己的注意力，理论和实践是有很大差距的。就像在足球的世界中，很多人都把贝克汉姆踢任意球的方式研究得特别透彻，但是真正能够踢出"圆月弯刀"的人却没有几个。所以，想要真正知道如何集中自己的注意力，就必须多进行和注意力有关的训练。

训练1：

你的桌子上肯定摆着很多件物品，比如说电脑、杯子、书、笔等。你可以选择一件物品，在两分钟之内对其进行追踪思考，即思考和这件物品有关的一切内容。比如思考杯子，你可以想到各种各样的杯子，想到杯子都能做什么，想到杯子是如何制造出来的，用什么材料制造出来的等。要注意，这个时候必须集中注意力，不能去思考和别的物品有关的内容。在集中思考两分钟之后，立即把注意力转移到第二件物品上进行思考。你会发现，在开始进行这样的训练时，并不能在两分钟之后迅速转移自己的注意力，但是如果能够每天坚持训练10分钟，并且坚持训练两周的时间，这种情况就会得到改变，你转移注意力的速度会得到提高。

训练2：

"头脑抽屉"训练。设想出3个自己要做的事情，比如什么时间学习、什么时间出去游玩、什么时间去工作等，同样对每件事情分别进行思考，同时保证思考一件事情时集中注意力，不能被另外两件事情干扰。在规定时间思考了一件事情之后，要迅速转到对第二件事情的思考。刚开始的时候可以把思考每件事情的时间定在 1 分钟，随着训练的深入时间也要逐渐增加，但是最好不要超过 3 分钟，否则这种训练会失去效果。

训练 3：

选择一个安静的地方，比如说家里，舒舒服服地躺下，全身放松。闭上眼睛，选择一个你熟悉的简单物体，仔细想象几分钟。这种做法刚开始可能会很困难，因为和这件物体有关的东西总是会出现在大脑中，这就说明你的注意力还并没有集中在这件物品本身上面。坚持训练下去，这种情况会得到改变。

训练 4：

把一个能够发出声音的设备的音量调小，达到你刚好能清楚的地步。随后，仔细听这个设备发出的声音中所包含的内容，坚持 3 分钟。实际上，这种训练方法在很多地方都可以进行，比如说在嘈杂的环境下认真看书，或者在噪音很大的环境下仔细听其他两个人之间的对话等。

训练 5：

高声朗读一篇文章，并且用录音机录下来。随后开始播放，但是要把声音调节到刚好能让人听清楚的程度。播放的时候并不是把所有内容一次性放出来，先播放两三句话，随后关闭录音机，小声默念听到的内容，随后再听两三句，再默念内容。每次训练五六分钟，坚持下去就能逐渐提高自己的注意力。

训练 6：

选择一张图画，仔细盯住几分钟，一直到看过整张画为止。随后闭上眼睛，回忆图画中的内容，要保证自己回忆的内容尽量完整。随后，睁开眼睛，重新看一遍原来的图画，如果发现自己回忆得并不完整，那就重新进行回忆。长时间进行训练，不仅能够集中注意力，还能够提高注意范围的广度。

训练 7：

准备一块表。眼睛盯住上面的秒针，并且随着秒针移动，坚持 3 分钟。要注意，这 3 分钟时间内不能做其他的事情，也不能被其他的事情打断和破坏。

训练 8：

随便选择一个数字，不能太小，也不要太大，最好是三位数，选择好数字之后开始倒数，一直倒数到 0。但是要注意，不能够按照顺序倒数，每次倒数时中间要间隔 2～3 个数字。如果倒数的中途出现错误，那么必须从头开始，重新进行倒数。长时间训练下去，对于注意力不能集中的人有很大帮助。

训练 9：

同样选择一个三位数开始倒数，一直到 0 为止，中间同样间隔几个数字。要求：倒数的时候必须发出声音；每次出现错误之后并不从头重新开始，但是要把出错的那个数字重新读出来。这种方法同样能训练人们集中注意力，一旦注意力不集中，很可能就会不知道自己到底是哪个数字出现了错误，那么就功亏一篑了。

训练 10：

7 分钟之内在一张纸上写出 1～300 这一系列数字，要求不能出现错误。刚开始的时候，可能会出现写不完或者是书写错误的情况。但是长期训练下去，总会达成目标的。一旦目标达成，注意力就得到了很大的提高。

训练 11：

白日做梦，努力思考。这种方法就是通过自己的努力思考把两件不相干的事情联系起来。比如说你看一本并不感兴趣的书的时候突然想起了自己以前学习跳舞的时候的场景。实际上这是通过一个思考的过程才得到的，书中有一部分写的两头公牛斗殴的情景，这使你想到了 NBA 的芝加哥公牛队。想到公牛队，自然就会想起 NBA 最伟大的球星迈克尔·乔丹。由于出现了迈克尔，所以可以想到迈克尔·杰克逊。迈克尔·杰克逊最擅长的就是唱歌和跳舞，最后联想到了自己小时候学习跳舞的场景。这种思考和注意力的关系非常密切，如果不集中注意力，中间的一些过程可能根本就想不起来。所以，长期进行这样的训练，同样有助于人们注意力的集中。

训练12：

可以经常到一些有噪音和干扰的环境中去学习。要注意控制情绪，不能随意发火；把注意力都集中在学习的内容上。

训练13：

设定一个由200个数字组成的数字表，数字可以重复，位数不能太多和太少，五位数左右最好。随后用两分钟的时间仔细观察图表，在图表中找出某一数字出现多少次。注意：图表是可能由200个五位数组成的，但是我们要寻找的这个数字并不一定是五位数，可以是两位数、三位数、四位数等；如果图表中的一个数字包含了我们要寻找的数字两次，那也要算这个数字出现两次，比如说我们要寻找38这个数字，数字表中有一个数是38380，那么这就算38出现了两次。长期训练，注意力会逐渐提高。

充分发挥想象力

想象力是记忆的来源，发挥想象力进行联想，也是人们记忆某些东西时的重要方法。想象力的发挥主要是根据空间或时间上的相近事物，在人们的经验中形成的联想来进行的，另外还可以通过利用同音、近音、同义、近义等语言上的特点来进行。

发挥想象力进行联想主要应用于两种情况。

第一种，被记忆的信息没有什么实际内容，同时也没有实际意义，既谈不上理解也不能引起人们的兴趣，比如说电话号码、一些难读的音译地名等。一般来说，人们对于这样的信息，都会选择死记硬背的方式，比如说别人在电话中告诉你一个电话号码之后，你肯定是用在大脑中重复好几遍的方法进行记忆的。这个时候可以发挥一下想象力，通过联想的方式来记忆。

第二种，由很多孤立材料组成的复杂记忆材料，并且记忆材料之间联系很少，甚至根本没有联系。对于这样的材料，联想更是最好的记忆办法。比如说记忆下面这些词语：

电脑、杯子、烟盒、手表、手机

打火机、钥匙、剃须刀、背包、胶带

衣服、鱼缸、椅子、皮箱、门

灯泡、枕头、纸、裤子、笔记本

如果让人按顺序记忆，就会发现在记住一个词语的同时，可能就把刚才记住的另一个词语忘记了，效率非常低，严重浪费人的时间和精力。但是如果用联想的方式把这些词语连接成一个故事就不同了，我们可以通过这个故事把所有词语都轻松记住。比如可以这样进行联想：

有一台电脑，它的键盘是由无数的杯子组成的；杯子里面装了很多根烟，因为它根本就是一个烟盒；从烟盒里面拿出烟却不能抽，因为这些烟全都是手表；把手表的表链打开，却变成了一部手机；手机的屏幕亮着，突然一个打火机从里面跳了出来；打火机居然打开了锁着的门；门被打开之后，发现钥匙就挂在门上；把钥匙拿下来之后，突然变成了剃须刀；剃须刀掉进了背包里；背包被胶带封住了口子；胶带上面挂着衣服；衣服下面放着鱼缸；鱼缸摆放在椅子上；椅子下面放着一个皮箱；皮箱上的轮子居然发光，因为它是灯泡；灯泡的光照在了枕头上面；枕头上放着一张纸、纸上画着一条裤子；裤子兜里揣着一个笔记本。

可能很多人对上面进行的联想嗤之以鼻，因为它显得特别假，特别不真实，不符合实际情况。可是这些并不是我们应该重点关注的问题，我们只需要知道，这种方法比按顺序死记硬背的方式更简单，并且节省了很多时间和精力。

这其实也是通过联想进行记忆这种方式的特点，它并不要求人们进行的联想必须要符合实际情况和逻辑关系，荒谬的、不符合实际情况和逻辑关系的联想万全可以被接受，当然前提是必须能帮助人们把信息记忆清楚。

联想的运用和自己的想象力有密切的联系，想象力丰富，进行联想的速度就会变快，人的记忆速度也会随之加快，记忆效率就会得到提高；如果想象力很贫乏，很可能会造成人们在对一些信息进行联想时，速度非常慢，这样就会严重影响记忆速度和记忆效率，如果联想的速度比死记硬背的速度还慢的话，用联想的方式进行记忆就没有任何意义了。

当然，即使你的想象力不够丰富也不用担心，因为想象力可以通过一定的训练得到提高。

训练1：

选择一些毫无关系的实物词语，发挥想象力，把它们联想在一起。

比如这样两组词语：

（1）电脑、茶杯、苹果、飞机、衣服、手表、钢笔、港币、毛巾、花盆

（2）矿泉水、电线、楼房、白纸、空调、轮船、橘子、灯泡、香烟、裤子

充分发挥你的想象力，对这两组词语进行联想，每组词语可以多进行一些不同的联想，长期训练，想象力就能得到提高。

训练2：

选择一些毫无关系的抽象词语，发挥想象力，把它们联想在一起。

比如可以是这两组词语：

（1）素质、共和、哲学、全面、民主、路线、习惯、政策、伟大、满意

（2）情绪、明亮、方针、结构、卫生、梦想、难过、理论、渴望、中国梦

同样需要坚持对这两组词语进行不同的联想，这样才能够提高你的想象力。

训练3：

选择几个毫无关系的词语组成一个词组，总共准备10个词组，在两分钟时间内用联想的方法进行记忆。

可以对下面这10个词组进行记忆：

电脑——窗帘　茶杯——灯泡　森林——月亮　火车——鸡毛　鸡蛋——钱

白纸——白菜　花盆——轮胎　玻璃——麻雀　馒头——老虎　啤酒——表

训练4：

把自己感兴趣、比较了解或者是积累了很多知识的题目写到一张白

纸上，随后发挥想象，把自己知道的、和这个题目有关的知识都写在纸上。比如说你写的是秦朝，就可以联想出车同轨、书同文、焚书坑儒、陈胜吴广起义、秦始皇、兵马俑等。再比如说写足球，就可以联想出足球的发展、世界杯、金球奖、皇家马德里、罗纳尔多、广州恒大，等等。

训练5：

自由想象力训练。首先选择一个词语，随后通过这个词语联想出10种事物，随后把这10种事物连到一起。例如，由"足球"这个词可以想出世界杯、外星人、电影、朱茵、《光辉岁月》、革命、大米、长江、移民。把这些事物连贯起来就是：足球领域最重要的比赛就是世界杯；由世界杯想到的是，现在在世界杯中进球最多的是外星人罗纳尔多；由外星人想到了和外星人有关的电影；由电影想到著名的电影演员朱茵；由朱茵想到了她的老公黄贯中，黄贯中所在的beyond乐队曾经有一首著名的歌曲叫作《光辉岁月》；由《光辉岁月》，想到了这首歌是为曼德拉写的，而曼德拉一生为黑人的革命做出了重大的贡献；由革命，想到在艰苦的革命时期，先辈们连大米都很难吃上一次；由大米想到，大米是通过种植水稻得来的，而中国最重要的水稻种植区是长江中下游地区；由长江想到了三峡工程，为了建成三峡工程，国家进行了百万人口的移民。

可以看见，人们在进行这种联想的时候能让想象力进行充分的发挥，对于训练想象力有很大的作用。请继续用儿童、火车、马、物理等词语进行联想。

训练6：

从剧本或诗歌中选择一些想象力丰富的句子或段落进行阅读。随后闭上眼睛进行联想，使你读到的句子或段落尽量形象化。比如说你阅读到的是"几匹蚂蚁大小的马匹替她拖着车子，越过酣睡的人们的鼻梁"，那么你的头脑中就必须形成"人们在睡觉时，蚂蚁大小的马匹拖着车子越过了人们的鼻梁"这样的景象。

善于主动观察

人们对一件事情或事物的记忆是否深刻，主要是看事情或事物给人留下的印象是否深刻，印象越深刻，记忆就越牢固。就像人们往地上钉木头桩子一样，钉的浅了，可能很容易就会倒掉，只有往深钉，木头桩子才会坚固。

很多事情之所以给人们留下深刻的印象，都是因为客观上的原因，就像你目睹了一个人用刀杀害另一个人的场面，这种事情留给你的印象当然很深刻。但是现实生活中的很多事情并不是这样的，它本身没有吸引人的地方，没有动人的场面，就是平平淡淡的样子，这样的事情本身并不会给人留下深刻的印象。可是很多时候这样的事情却要求我们记忆，那应该怎么办呢？在这种情况下，人们需要做的是从主观上获得强烈的印象，也就是要主动观察。比如说让你记忆一块没有任何特点的石头，由于它本身并不存在任何有别于别的石头的地方，所以并不会给你留下特别深刻的印象，这个时候你就只能仔细观察，通过记住这个石头的样子来记住石头。

人们常说"眼见并不一定为实"，也就是说有时候用眼睛观察到的并不一定是真实的。实践证明，这样的说法确实有一定的道理，因为很多时候人们经过仔细观察得到的结论和记忆，最后却发现是错误的。比如说你观察一个人很久，通过他的为人处事等行为最后得出结论，这是一个好人。但是一段时间之后，你却得知这个人因为犯了大罪而被抓起来了，这就否定了你之前观察所得到的结论。那么，观察出现错误这种情况到底是什么原因造成的呢？

第一，观察过程被自己的情绪支配。对于自己喜欢的、和自己兴趣爱好相一致的，就认真仔细地观察，必须要把所有事情都弄清楚；而对于自己不喜爱的，就弃置一旁或只是草草观察一下，根本不能得到全面的信息，因此也使得观察在很大程度上具有片面性。

第二，只对那些无关紧要的线索产生反应，结果把观察和思维引向了歧途。比如说让你仔细观察一件雕塑物品的各个方面，但是你却只顾观察雕塑的形象，而对雕塑其他方面的东西选择了忽视，导致自己观察之后完全没有得到有用的信息。

第三，很多时候对事物起主导和支配作用的是那些不被人注意的弱成分，而那些显露在外的显著的外部因素却没有任何意义。但是，能在第一时间吸引人的意识做出反应的恰恰就是这些外部因素。因此，一旦人们过多停留在对外部因素的观察上，就会被表象所迷惑，从而影响观察的正确性。

第四，人云亦云的从众心理以及受权威和现实结论的影响，使观察变得没有任何意义。这种现象非常普遍，比如说现在网络上对某些东西的评论，很多人根本就不仔细观察内容，上来就先看评论，如果评论不好，心里面就认定这个东西是不好的，甚至连观察都懒得观察。

第五，不能识别影响感知的全部因素。这也就是说很多东西虽然观察到了，但是自身却觉得这些东西没什么重要意义，所以自动忽略了，从而导致观察结果出现错误。

那么，想要得到正确的观察结果应该怎么做呢？

第一，要有明确的观察目的，即为什么观察、都要观察什么。人在进行观察的时候同样需要集中注意力，但是如果没有明确目的，注意力根本就不会集中。比如说去大街上看人，如果没有明确的目的，那最后得到的结果很可能就是"大街上人真多"；而如果有一个明确的目的，比如说去大街上看美女，那么最后可能就会得出"今天看到多少个美女""第几个最好看"这样的结论。从这里也可以看出，没有目的的观察几乎没有任何意义，有哪个正常人不知道大街上人很多这件事。

第二，观察之前要做好充足的准备，不仅需要明确的计划和步骤，同时也需要有一定的知识准备。观察伴随着思考，而思考就需要和其他的知识进行对比，以便做出正确的判断。当然周密的观察计划同样非常重要。事物并不是静止不定的，而是随着时间的流逝不断发生变化，这种变化会使我们观察的对象也随之变化。因此，为了防止由于事物的变化而导致人们观察时手忙脚乱，必须做一个周密的计划。

第三，观察要做到仔细、系统全面，一边观察一边思考，这样才有利于发现事物隐藏在深处的特点。电视里总是会播放一些警察破案的电视剧，经常看的人就会发现，没有哪个警察随便看一下案发现场就能够把案子破了，基本上都是警察在多次、仔细观察过案发现场之后，发现一些很细微的一点，从而慢慢才把整个案子破了。

第四，要让尽可能多的感觉器官参与到观察过程中，这样得到的观察结果才更精确。各种感觉器官接收信息后，对大脑刺激和储存的部位是不同的，也就是说不同感官接受同样的信息后所产生的印象也是不同的。所以，多种感官参与到观察过程中之后，得到的结果要比单一感官参与的观察过程要全面。

第五，在观察过程中，要勤于记录。记录一方面能避免人们对观察结果的遗忘，同时也有助于对观察结果做出必要的总结，同时也可以避免遗漏。在下次进行观察时，之前的记录还可以作为观察的基础。

当然，这只是观察的一般方法，或者是保证观察结果不出现错误的方法。那么，具体到某一件事物上，到底应该怎么样进行观察呢，或者说是按照什么样的顺序进行观察呢？

具体到某一事物上，到底应该怎么观察，并没有一个明确的方法，这主要是因为各种事物是不同的，没有哪一种具体的方法能够适用于所有的事物。就比如说，你观察一个建筑物和观察一个人的方法能一样吗？观察建筑物可能会观察一下它的占地面积，如果观察人的话也观察占地面积，对你认识这个人有什么帮助吗？当然，虽然并不存在一个能观察所有事物的具体方法，但是观察事物的大致顺序还是一样的：第一步，观察事物的全貌，得到一个总体的印象，并且找出总体特征；第二步，找出组成事物的各个部分之间的特征以及相互之间的关系；第三步，观察事物各个组成部分的重要细节。按照这样的顺序去观察事物，并且配以正确的观察方法，就基本上不会得到错误的观察结果。

当然，只掌握了正确的观察方法并不能立即提高自己的观察能力，在平时也要多注意对观察力的训练。

训练1：

有意识地培养自己的注意力。可以抓住生活中的一件事，比如说一名同学被老师罚站。事情发生之后，马上观看全班同学的各种反应：有一边看那个同学一边笑的，有严肃地看着那名同学的，有人趴在桌子上继续学习，一副事不关己的态度，有人趴在桌子上偷偷摸摸地笑，感觉很开心，还有人站起来打算帮那名同学说好话等等，随着时间的推移还要对事情的发展和结果进行仔细观察。这样慢慢养成对各种事情都能进行仔细观察的能力。

训练2：

选择一个目标，什么都可以。仔细观察几分钟，一段时间之后，在不参照原物的情况下画一张图。画好之后，把自己画的图和原物进行比较，找到画错的地方。随后不参照原物再画一次，把画错的地方修正过来。

训练3：

以运动的机器或变化着的事物为对象，按照步骤仔细进行观察。找出事物运动变化的原因。

训练4：

以静止的物体为对象，按照观察步骤仔细进行观察，找到它的各种特点，直到抓住自己的满意特征为止。

训练5：

扩大观察的范围，比如说一间教室。开始时观察你最熟悉的教室，随后观察你不是很熟悉的教室，最后是只看过一次的教室。每次观察之后都要尽量描述出观察的细节，越详细越好。

训练6：

随便找一幅图画，仔细观察其中的细节，几分钟之后，找别人帮忙对图画中有关的细节进行提问。问题可以是图画中有几个人、每个人穿什么颜色的衣服，等等。如果没有人帮忙，则可以凭借记忆把图画重新画出来，随后检查错误的地方。

训练7：

画一张某个地方的地图，在地图上标出一些自己熟悉或者不熟悉的地方。标注完之后，把自己画的地图和真实的地图进行比较，找出标错的地方。但是不进行改正，而是把如何改正记在自己的大脑中，随后重新画一张。注意：需要按照错误的多少来决定重复的次数。当这张地图没有问题之后，就开始扩大地图的范围，慢慢扩大到整个世界地图。

训练8：

自己估算一下从一个地方到另一个地方的距离，想一想自己需要多少步才能走完，随后走一次，看看自己走了多少步。如果估算得不对，下次要重新估算。当然，也可以估算一下楼房上窗户的数量、商店里货架上货物的数量等。这样能够训练人们估计距离和数量的能力。

训练9：

打开电视机，随便选择一个台，仔细听里面发出的声音。如果觉得声音很熟悉，那就辨别出这个说话的人，随后核对对错。如果只记得面孔但想不起名字，可以在结尾时仔细收听一次。这种训练要经常做，直到熟练为止。

训练10：

辨别声音。找一个比较嘈杂的地方，随后仔细听周围的各种声音，包括人的声音、动物的声音、机器的声音等，注意音调的高低和变化，模式和速度，设法辨别出各种声音。

训练11：

走在大街上，随便找一辆汽车，用两秒钟时间看完它的车牌号，随后闭上眼睛，对这个车牌号进行回忆。刚开始的时候可能由于时间原因回忆不出来，经过一段时间之后，这种事情就不再是问题了。

训练12：

回忆一个自己熟悉的人，然后回答问题。

（1）他的头发是什么颜色的，发型又是什么样的；

（2）他的脸型是什么样的，脸又是什么颜色的；

（3）眉毛是浓还是淡，是粗还是细，是什么形状的，有什么特点；

（4）眼睛的特点，是大还是小，是双眼皮还是单眼皮；

（5）鼻子是什么形状的，有什么特点；

（6）他的耳朵有什么特征；

（7）他的牙齿是什么情况；

（8）他的下巴是什么形状的，尖还是圆，或者有其他的特征。

回答之后，下次再见到他时，仔细观察和自己回忆的是否不同，看看你对他的观察仔细与否。

及早进行复习

记忆的遗忘规律表明，信息在输入到大脑中后就开始被遗忘。因此，为了防止一些重要信息的遗忘，必须对接收到的信息及早进行复习。信息在输入到大脑之后，会进入到短时记忆系统。短时记忆系统储存信息的时间很短，同时容量有限，其中的信息不能给人留下深刻的印象。因此，想要长期记忆一个信息，必须让这个信息从短时记忆系统过渡到长时记忆系统中。在信息过渡的过程中，最重要的手段就是复习。

人们总结出了几条增强记忆力的定律，而这几条定律都和复习有直接的关系。

第一，在进行记忆活动的时候，要反复对记忆的信息进行背诵，以便作自我检测。

第二，新的事物、人物、新字和观念等信息，在输入到大脑之后，要尽可能地反复温习和回想，让其深深地固定在脑海中。

第三，学习了一种新的事物之后，必须要经常背诵和温习。

第四，新的事物或新字，必须要有规律地反复使用，但是每次使用和上次使用要间隔一段时间，并且每次使用不能过多。

复习有两种方法，分别是集中法和分散法。

集中法是指在复习信息的时候，要一直坚持到把信息全部记住为止，中间不能休息，并且尽量保证自己不被别人打扰。

分散法是指在集中注意力复习信息一定的时间之后，休息一段时间，随后再复习一段时间，之后再休息一段时间。这样反复循环，一直到把所有信息记忆清楚。当然，每次休息的时间不能太长，要保证不能遗忘之前复习过的信息。另外，在休息时要尽量避免做那些和复习内容有关的事情或精神活动，最好是做一些轻松的运动，避免休息的效果变差。

从实际情况来看，分散复习要比集中复习效果好。集中复习虽然能让人在短时间内记住信息，但是在一定时间内输入到大脑中的信息过多，很容易造成大脑疲劳，会严重影响记忆效果。在这种情况下，即使把信息记住了，记忆的时间也不会很长。相反，分散复习就不会出现这样的问题。第一，分散复习能让大脑得到足够的休息，可以避免因为大脑疲劳而导致记忆力下降，同时也能保证人们在进行复习活动的时候，始终保持高度的注意力；第二，各种信息会在休息的时间重新进行整顿，从而方便与已有记忆的连接，让记忆变得更深刻；第三，由于复习是对同种信息的反复识记，因此很容易就会让人对信息失去兴趣，从而影响记忆效果和效率，但是，使用分散法复习时，大脑会得到一定的休息，而在休息之后人们会对同一件事物产生出新的兴趣，从而提高记忆效率。

当然，复习也需要进行训练。因为复习需要一定的方法，只有经常训练，才能熟练地运用各种复习方法。

训练1：

记忆速度的锻炼。利用录音机背诵课文：

第一步，选择一篇课文，在每句话中选择一两个准备发出声音的词语做上记号，避免遗忘，保证录音过程的顺利。随后默读课文，在碰到做了记号的词时发出声音，并且用录音机录下来。注意，录音的速度要和朗读的速度保持一致，即录音机一直开着，读课文时只需要到做了记号的词时再发出声音，其余的要默读。然后播放录音，同时背诵课文，用录音机录下的词作为提示，帮助自己在有限的时间内把课文顺利背诵出来。

第二步，在背诵课文时，会发现有一些地方很容易出错，将这些地方的正确词句录下来，随后在播放录音时小声背诵。但是并不是跟随录音机背诵，而是要在自己主动回忆的情况下背诵，不靠录音机的提示，也不能让自己的背诵速度慢于录音的播放速度。只有在背诵错误或者背不出来时，才能仔细倾听录音机发出的正确读音。

第三步，用录音机把课文完整录下来，随后开始背诵，在背诵的同时打开录音机。如果觉得这样做很有把握把课文全部背下来，那就在背诵开始两三秒之后再播放录音机。

训练2：

限时限量回忆训练。

要求把一定数量的记忆材料的内容在一定时间内回忆出来。比如在1分钟内回答出一个问题，在5分钟内回答出一本材料的要点，在半个小时内背诵出一篇课文等。

第一步，把一定数量的记忆材料内容，按照一定的逻辑顺序整理好，使回忆时不至于出现混乱，随后计算出回忆这些内容需要的大致时间。

第二步，用默诵或朗诵等方式，在规定时间内回忆材料内容。

第三步，以思维的方式在大脑内回忆，但是要减少回忆所用的时间。

使用这种方法训练要注意以下三点：

第一，如果没有在规定时间完成任务，不要紧张。可以适当休息一下，也可以做一些简单轻松的事情，让自己的心情平静下来，之后再继续训练。一定要注意，为了避免情况变得越来越糟，也不能赌气式地坚持训练。此外，在心里保持对训练的强烈动力，即要理解反应速度训练的意义，这会对训练本身产生良好的影响。要明白，如果我们的回忆速度提高，就会节省一些时间，那么就可以用节省下来的时间去做别的事情。同时，回忆速度的提高同时也伴随着学习效率的提高，这样就更有可能取得好成绩。

第二，回忆时间的设置很重要，不能把时间设置得太紧，如果太紧，很可能会造成多次都不能完成规定任务情况，就会产生"这件事很困难"的心理，从而失去信心；但是也不能太松，如果太松，规定的任务能够很轻松地完成，这样的训练就没有任何意义。在训练时，注意力必须高度集中，如果做不到，必须强迫自己集中注意力。一定要明白，如果自己的注意力分散，就会直接影响反应速度，因此必须避免这种情况的发生。

第三，这种训练方法不一定要专门找个时间进行，可以随时随地利用各种时间空隙，比如在车上、路上、吃饭前等，都可以做限时限量的回忆训练。这样既能够增强记忆，也可以锻炼自己在不利的情况下集中注意力。

运用一些辅助性的方法，或者对自己进行一些心理暗示，能够有效地加快训练过程。比如把训练过程和自己的长远目标结合起来，这样会使自己更容易对训练产生兴趣，训练也会越来越容易。还可以设定一个奖励或惩罚，比如说训练完成会得到什么好处、完不成会受到什么惩罚等。

第三章

评估你的记忆能力

记忆力好不好的标准是什么

衡量一个人记忆力是否良好,有一定的标准。这个标准就构成了记忆的品质,记忆品质良好的记忆应该具备质与量的保证。记忆的品质主要分为记忆的敏捷性、正确性、持久性和准备性。只有同时具备这四个品质的记忆,才是良好的记忆。

记忆的敏捷性是指一个人在识记材料时的速度,敏捷性主要表现在较短的时间内记住较多的东西。不同的人的记忆敏捷性存在很大的个体差异,记忆东西的时候,有的人可以做到过目不忘,有的人则需要很长时间才能记住。另外,记忆的敏捷性还和人的暂时神经联系形成的速度有关:暂时联系形成得快,记忆就敏捷;暂时联系形成得慢,记忆就迟钝。当然,衡量记忆的好坏不能仅仅凭敏捷性这一个品质,必须把敏捷性与其他的品质结合起来分析才有意义。

记忆的正确性是指对记忆的内容从识记、保持、提取到再现都准确无误,记忆的这一品质与暂时神经联系形成的正确程度有关。暂时神经联系越正确,记忆的准确性就越大。暂时神经联系越不正确,记忆的准确性就越差。如果一个人的记忆没有以正确性为前提,那么他在学习上所做的一切努力都将没有意义。为了保证记忆的正确性,必须在第一次记忆的时候,就要保证记忆的正确性。否则,以后就要花费很多时间去纠正这个错误。记忆的正确性是记忆最重要的品质，如果没有这一品质，其他品质就没有存在的意义。

记忆的持久性是指记忆内容保持时间的长短。能够把知识经验长期地保留在头脑中，甚至终生不忘，这就是记忆持久性最好的表现。记忆的这一品质，与大脑的暂时神经联系的牢固性有关。暂时神经联系形成得越牢固，记忆就会越长久。暂时神经联系形成得越不牢固，记忆就会越短暂。记忆的持久性一般要会从瞬时记忆开始到短期记忆再到长期记忆的发展过程。

例如，背一首诗，念了几遍以后，大致可以背下来，这是知识的瞬时记忆。当慢慢地背下来以后，知道这首诗里面讲的是什么内容，并把每一句的意思都分析明白，使记忆进一步加深，这就形成了短期记忆，这时已经具备了持久性。之后，反复巩固复习，在闲暇时候想起来就会背一遍，长此以往，就算过很长时间，也会记得这首诗，这样就形成了真正的持久性。

在记忆的持久性方面，每个人都不尽相同，有的人能把识记的东西长久地保持在头脑中，有的人则会很快地把识记的东西忘掉。有的人记得很快，保持的时间也相对比较长。有的人记得快，可是保持的时间短。在学习中，有了记忆的持久性，才会形成牢固地知识，记忆的持久性是记忆良好的一个重要的条件。

记忆的准备性是指能够根据自己的需要，对保持内容从记忆中迅速提取、灵活、准确应用的特征。记忆的这一品质，与大脑皮层神经过程的灵活性有关，由兴奋转入抑制或由抑制转入兴奋都比较容易、比较灵活，记忆的准备性的水平就高；反之，记忆的准备性的水平就低。在准备性方面，有的人能得心应手，随时提取知识加以应用。有的人虽然有丰富的知识，但是不能根据需要去随意提取应用，这就是缺乏记忆准备性的表现。

有了记忆的准备性，才会有智慧的灵活性，才能有随机应变的本领和能力。记忆的这一品质是上述三种品质的综合体现，而上述三种品质只有与记忆的准备性结合起来评价才有价值。因此，记忆的这四种品质是相互依存、缺一不可的关系。一个人记忆力的好坏，不能只看记忆的其中一个品质，必须要综合这四个品质去综合评价、综合考察。

如果想提高记忆，就要对自己的记忆品质做一个科学的检查，这样就知道自己的记忆处于一个什么样的水平，方便自己寻找合适的记忆方法。不要太担心测试的结果，大多数人在一开始测试的时候分数都很低，掌握一定的记忆方法后就能得到近乎完美的高分。

测测你自己的记忆力

测量记忆的方法有很多种，以下只列举出四种最基本、最常用的方法，即回忆法、再认法、节省法和重建法。

回忆法又称再现法，就是曾经识记过的某种材料，经过一段时间，让被试把所识记过的材料复述出来或以书面的形式写出来。然后把回忆结果与原材料进行比较，就可以推测出保持量的大小。如，考试时的问答题和填空题，就是用回忆法来测量对知识的保持量。此法还可以测量短时记忆。如，一个人说完一个电话号码，立刻就由另一个去复述，这就可以测出短时记忆的保持量。保持量的计算方法是以正确回忆的项目的百分数为指标来计算的，算式如下：

$$保持量 = \frac{正确回忆的测量项目}{原来识记的测量项目} \times 100\%$$

例如，我们一次记住了60个英语单词，一个星期后能正确回忆出30个，那么代入公式：

$$保持量 = \frac{30}{60} \times 100\% = 50\%$$

这样就知道记住的单词量为50%。

在具体运用上，回忆法可分为自由回忆和线索回忆两种。前者是对被试所要回忆的材料不给任何提示，只要求被试把识记过的材料说出来或写出来，后者是向被试提示一部分识记过的材料，然后被试以此为凭据，回忆出其余的材料。

再认法就是把识记过的材料和没有识记过的材料混在一起，要求被试把识记过的材料和没有识记过的材料区分开。一般情况下没有识记过

的新项目和识记过的旧项目数量相等,然后向被试一一呈现,由被试报告每个项目是否识记过。计算公式为:

$$保持量 = \frac{认对数 - 认错数}{呈现材料的总数} \times 100\%$$

例如,一共有60道题,答对了45道题,那么代入公式:

$$保持量 = \frac{45-15}{60} \times 100\% = 50\%$$

这样得出正确保持量为50%。

再认法和回忆法的保持量不同,再认法的保持量优于回忆法的保持量。这是由于完成水平的不同。这种不同主要表现在推测率的不同、依据信息的不同和操作过程的不同。

例如,让你回忆《水浒传》中一百单八将中绰号为"病关索"的姓名,恐怕你回答不出来。这样,在回忆测验中你的记忆成绩为0。但是,对于这一信息的再认测验,情况便不同了。例如,给出下列选择题:《水浒传》一百单八将中绰号为病关索的姓名是:A. 杨雄;B. 杨虎。这里,推测的正确率至少是50%。显然再认比回忆要容易。这就是推测率的不同。

依据的信息不同,要实现回忆,必须或多或少记住有关刺激的"整体"信息。

例如,要记住"病关索杨雄",只了解他是《水浒传》一百单八将之一还不够,还必须了解杨雄的为人,他在梁山泊中的作用,他的绰号的来历、意思等,即掌握整体信息。而再认则不同,只要有能够辨别目标刺激(即以前学过的待再认的刺激)和干扰刺激的信息就可以了。例如,上例中只要知道《水浒传》一百单八将中没有一个叫杨虎的,那就可以确定"病关索"一定是"杨雄"了。

回忆和再认的操作过程不同。回忆某个信息时必须在识记中进行搜索,然后再对信息加以确认。再认某个信息则不同,目标信息是直接呈现给被试,不用在记忆中搜索。因此,再认的成绩就优于回忆的成绩。

节省法又叫再学法,是要求被试在学习一种材料之后,经过一段时间再以同样的程序重新学习这一材料，以达到原先学习的程度为准。被试把原来熟记的材料不能准确无误地回忆出来时，就要重新学习原来识记过的材料。用原先学习所需要的时间（或次数），减去重新学习时所需要的时间（或次数），两者的差数就是重新学习时节省的数量，这个指标就是节省法测得的记忆保持量。其计算公式是：

$$保持量 = \frac{初学的次数或时间 - 再学的次数或时间}{初学的次数和时间} \times 100\%$$

例如，背乘法口诀，第一次背了 10 次就记住了，过了半个月，忘记了一部分。第二次重新背诵，这回可能只需要 6 次就达到以前的水平，比以前少背 4 次。代入公式：

$$保持量 = \frac{10-6}{10} \times 100\% = 40\%$$

即保持量为 40%，重学比初学节省了 40%。

重建法就是要求被试再现学习过的刺激次序。具体做法是，给被试按一定顺序呈现排列的若干刺激，呈现后把这些刺激打乱，放到被试面前并让其按原来次序重新建立起来。该方法除了适用于记忆文字材料外，还适用于记忆形状、颜色或其他非文字材料。

由于记忆不是以全或无的形式存在的，我们对某人或某事的记忆可能已不清楚了，但也没有完全遗忘，因而就需要用一些方法来测量记忆的保持量。

你对待生活的大体方式

本问卷由 20 个问题组成。请仔细阅读每个问题及其选项，然后选出最适合的答案。

⊙你认为自己是一个有条理性的人吗？
1. 完全不是　　2. 有一定的条理　　3. 非常有条理
⊙在你参加一个会议时，下列哪个答案最能说明你的状态？
1. 发现自己思绪漂移出去，想着其他事情
2. 只要主题有趣，就能很好地摄入信息

3. 总是能随时集中精神并记得住

⊙你乱放钥匙吗？

1. 经常会　　　2. 有时会　　　3. 从不

⊙你有时间安排表吗？

1. 没有　　　2. 试过，但发现难以随时更新　　　3. 有

⊙你是否每星期不止一次感到有些晕晕乎乎？

1. 是的　　　2. 有时　　　3. 没有

⊙你是否发现一直有太多的事情要做？

1. 是的，我不太擅长于熟练掌握事情

2. 我有时不得不加班加点以跟上进度

3. 不会，我基本上能掌控局势

⊙你是否感到难以记住密码？

1. 是的，我很难记住这些东西

2. 我偶尔会在想它们时碰上些问题——因为我对不同的东西设的密码不同

3. 不会，我用的密码不仅熟悉而且易记

⊙你是否有过走进一个房间却忘了为什么走进去的时候？

1. 经常　　　2. 有时　　　3. 从未有过

⊙你是否吃大量的新鲜蔬菜和水果？

1. 不　　　2. 尽量　　　3. 是的

⊙你能记得给人们发生日贺卡吗？

1. 不能，我记不住日子，所以不知道什么时候该送

2. 只记得同我关系密切的人

3. 是的，我有生日的清单

⊙你是否容易分心？

1. 是的，我发现难以让自己长时间地把注意力集中在某件事情上

2. 有时

3. 从不

⊙你认为新信息好记吗？

1. 不　　　2. 如果听得仔细的话　　　3. 是的

⊙你是否让你的思维保持活跃？
1. 并不完全如此　　　2. 尽量　　　3. 是的

⊙你是否乱涂乱画？
1. 经常　　　　2. 有时　　　　3. 从不

⊙你的家庭开支是否有条理？
1. 没有

2. 有一定的条理

3. 是的，我先会以一定的次序将它们排列，所以总能按时开支

⊙你多久做一次身体锻炼？
1. 从不，我讨厌做身体锻炼　　2. 有时　　3. 至少一周两次

⊙你丢过东西吗？
1. 经常　　　　2. 有时　　　　3. 从未

⊙当有人给你介绍新朋友时，你是否能记住他/她的名字？
1. 几乎不能　　2. 有时能　　　3. 每次都能

⊙你有没有做过白日梦？
1. 经常　　　　2. 有时　　　　3. 几乎从未

⊙你是否经常会为某些事情紧张？
1. 经常　　　　2. 有时　　　　3. 几乎从未

把你所选答案的序号加起来（序号即代表得分），看看你属于哪一类记忆个性。

得分

20～30分：最佳化程度差

你也许精神不太集中，感到自己的记忆力不是很好。你可能条理性较差。你似乎不太积极利用记忆策略或如列清单之类的帮助记忆的工具。你的生活方式可能也不是特别健康。

如果你属于这种个性类型，就要多下功夫学习提高注意力以及使用记忆策略，从而提高自己的日常记忆功能。专心致志是摄入信息并将其存储起来的基础。记忆策略或记忆帮助工具能帮助你更好地存储记忆信息。你可能还需要考虑改善你的生活习惯，因为健康对你的记忆力会产

生很大的影响。

31～45分：最佳化程度中

你的生活也许安排得还可以，但还可以有更好的记忆力。你也许相当有条理，但还有提升的空间。你试过以一种健康的生活方式生活，但并不十分成功——因为你感到自己太忙了。

你应变得更有条理，学会更有效地利用记忆策略，并学习新的策略，会极大地改善你的记忆和注意力。生活方式的改进也应该成为你总体提升计划的一部分。

46～60分：最佳化程度好

你的记忆力可能已经不错并能有效地利用记忆策略。你可能也正努力以一种健康的生活方式生活。因此，紧张程度相对较低。

提升的空间仍然存在——如果你对记忆是如何运作的了解得更多并学习了新的策略，你就可以进一步强化自己的记忆。

评估你的临时记忆

◎第1部分：评估你的数字记忆能力

叫一个朋友读出如下次序的数字，你的任务是以同样的次序复述这些数字。试试看你做得怎么样。

18　13　71　43　7　58　2　9　6　5　4　16　25　34　95　19　20

得分

少于5个＝差；5～9个＝中等；多于9个＝好。

◎第2部分：评估语言记忆的能力

看一下下列词汇并试着记住它们——不要把这些词汇写下来。你有1分钟的时间。

木偶　火车　上衣　毯子　汽车　足球　椅子　裤子　桌子
摩托车　谜语　沙发　帽子　玻璃球　直升机　袜子

现在把这些词语遮住，然后尽可能多地把这些词语写出来。

得分

少于 5 个 = 差；5 ~ 9 个 = 中等；多于 9 个 = 好。

你注意到这些词有什么特殊规律了吗？如果没有，再看一次。如果你看得仔细，你将会发现这些词可以被分成 5 个主要类别（玩具、交通工具、家具、服装）。增强记忆最简捷的方法之一是将有关项目按类别组合。这能降低记忆的负荷，从而使记忆更加容易。

⊙ 第 3 部分：记故事

阅读以下段落。不要记笔记，但在手边准备好纸和笔以备后用。

罗先生正走在去一家超市的路上，他要买早餐、一瓶啤酒、两斤鸡蛋，以及一些甜品。当他沿着人行道往回走时，看见一位女士被一块石头绊了一下，摔倒在地，撞到了头。他赶紧跑过去看她是否需要帮助，并看到她头上的伤口正在流血。他奔向附近最近的房子，敲开了门，告诉开门的女子发生了什么事情，并请她打电话叫人帮忙。15 分钟后，来了一辆救护车，把受伤的女士送进了医院。

现在，把这个段落盖起来，然后根据记忆尽可能地（尽可能按照原来的词句）写出这个故事。

得分

你能回忆起多少条信息？

少于 15= 差；16 ~ 25= 中等；超过 25= 好。

大多数人肯定能记住故事梗概，而且可能还能记住一些细节，然而要一字不差地写出这样一个故事则是一件很困难的事情。

我们大多数人在阅读书报时往往只记住大概意思而不是逐字逐句地通篇记忆。这是因为，虽然词句是重要的，但我们的记忆幅度是有限的；所以词句就成了故事的"路径"，因而我们记住的只是大概的意思。重要的是，词句所传递的是内容而不是词句本身。人类的记忆也更善于记住值得记忆的片段或那些同我们个人有牵连的东西。

⊙ 第5部分：识别记忆

看一下下面的这些词汇并记下哪些在前面的练习中出现过。不要翻回去看，你能认出哪些词语自己在前面看见过吗？

木偶　足球　垃圾箱　熨斗　汽车　帽子　轻型摩托车　火车　摩托车　房子　上衣　直升机　毯子　沙发　谜语　窗户

得分

翻回去对照一下，并计算你的得分。

认出少于 9 个 = 差；9 个 = 中等；10 个以上 = 好。

评估你的长期记忆

⊙ 第1部分：经历性记忆

这一类型的记忆往往有不同的种类。

试试看回答以下问题：

1. 你的祖母叫什么名字？

2. 你出生的地方是哪？

3. 你第一个喜爱的玩具是什么？

4. 你小时候最喜欢吃什么？

5. 你小学时的绰号叫什么？

6. 你的祖父是怎样维持生计的？

7. 形容你祖父的外貌。

8. 想一件你 5 岁前收到的礼物。

9. 想象一下你成长的房子，第一扇门是什么颜色？

10. 你小时候的邻居是谁？

11. 你能回忆起上小学第一天的情景吗？你穿什么衣服？

12. 你的第一位老师是谁？

13. 你小时候做得最顽皮的一件事是什么？

14. 你最早的记忆是什么？

15. 你 11 岁时的同桌是谁？

16. 哪位老师你非常不喜欢？

17. 你能否记起在学校用心学过的文章？
18. 第一个让你心动的人是谁？
19. 你第一个约会的人是谁？
20. 第一个伤你心的人是谁？
21. 11岁时，谁是你最好的朋友？
22. 你记忆最深的第一个假期是什么？
23. 你记忆中最早的节日是什么？
24. 描绘一件你喜欢的玩具。
25. 你什么时候学的自行车？
26. 谁教会你游泳的？
27. 你第一个真正的朋友是谁？
28. 你童年最喜欢的游戏是什么？
29. 你5岁时最喜爱的电视节目是什么？
30. 你的第一个纪录是什么？
31. 你在小学时最喜爱的体育运动是什么？
32. 你对较早之前的往事有没有一个深刻的记忆？
33. 有没有一种特殊的气味能使你生动地想起往事？
34. 你的第一只宠物叫什么名字？
35. 你给喜爱的玩具起了多少名字？
36. 你能不能详细地记起11岁前的考试片段？
37. 你5岁前最喜爱的歌曲是什么？
38. 你11岁之前是否有自己的朋友圈？列举两位朋友。
39. 你能否记得小时候幸运避免的一些事情？
40. 你童年时生的最严重的一场病是什么？
41. 你一生中最美好的回忆是什么？
42. 你有没有童年的挚友，阔别已久后再次见面？
43. 你是否记得高中学的一些数学公式？
44. 相对于最近发生的事，你是否更容易记得往事？
45. 你能否记得当你闻讯北京申奥成功时，你身处何地？

得分

30项以下＝差；30项＝中等；超过30项＝好。

大多数人在这个测试中都完成得很好，基本上能回答30多道题。一旦你开始回答这些问题，你就会促使自己回想更多的往事。这种回忆的感觉会持续很久。也许它还能促使你拿出一些旧照片或纪念品怀念，给老朋友打电话，或者找寻失去联系的朋友。一旦你的永久记忆受到激发，它将发挥巨大的功能。你会惊叹于你能回忆的所有细枝末节。

你可能会发现以上有些事情比其他的更容易记得。如果当时有重要事件发生或该事件对你有着不同寻常的意义，那么记起自己当时在哪儿或在干什么就容易得多。这是因为，我们没有必要记住我们生活中的每一个时刻。我们的记忆会自动地对信息进行筛选，于是我们就会忘记我们所没有必要知道的东西。

⊙第2部分：语义性记忆

你的常识怎么样？语义性记忆是我们自己对事实的个人记忆。试试看回答以下问题，并看一下你的知识怎么样。

1. 葡萄牙的首都是哪里？
2.《仲夏夜之梦》的作者是谁？
3. 青霉素是谁发明的？
4. "大陆漂移说"是谁提出的？
5. 离太阳最近的第五颗行星是哪一颗？
6. 曼德拉是在哪一年被释放的？
7. 俄国革命在哪一年？
8. 一支足球队有多少名运动员？
9. 圭亚那位于哪个洲？
10. 在身体的哪个部位可以找到角膜？
11. 到达北极圈的第一位探险者是谁？
12.《物种起源》的作者是谁？
13. 与南美洲接壤的是哪两个大洋？
14. 比利时的首都是哪里？
15. 静海在什么地方？

16. 第一次世界大战的起讫日期是什么？

17. 卷入水门事件丑闻的美国总统是哪一位？

18. 拿破仑最后被放逐到什么地方？

19. 色彩的三原色是什么颜色？

20. 《热情似火》的女主角是谁？

得分

少于10个＝差；11～15个＝中等；16～20个＝好。

答案

1. 里斯本　2. 莎士比亚　3. 弗莱明　4. 魏格纳　5. 木星

6. 1990年　7. 1917年　8. 11名　9. 南美洲　10. 眼睛

11. 罗伯特·爱得温·派瑞　12. 达尔文　13. 太平洋和大西洋

14. 布鲁塞尔　15. 月球　16. 1914～1918年　17. 尼克松

18. 圣赫勒拿岛　19. 红、黄、蓝　20. 玛莉莲·梦露

我们的语义性知识会随着许多不同的因素而变化，例如你来自何方、你的年龄、兴趣，以及其他。要扩展你在已经有所了解的方面的语义性知识是比较容易的，因为这些知识更有意义。

评估你的前瞻性记忆

我们大多数人过着繁忙的生活。以下哪件事情你会经常忘记？

⊙ 付账（或者是否已经付过账了）

1. 经常　2. 有时　　3. 从不

⊙ 计划好的约会时间

1. 经常　2. 有时　　3. 从不

⊙ 收看感兴趣的电视节目

1. 经常　2. 有时　　3. 从不

⊙ 下一周的计划

1. 经常　2. 有时　　3. 从不

⊙出去旅行前取消所订的报纸或杂志
1. 经常　　2. 有时　　　3. 从不
⊙出行前从自动柜员机中取钱
1. 经常　　2. 有时　　　3. 从不
⊙晚上睡觉前调好闹钟
1. 经常　　2. 有时　　　3. 从不
⊙吃药
1. 经常　　2. 有时　　　3. 从不
⊙给好朋友送生日卡
1. 经常　　2. 有时　　　3. 从不
⊙回电话
1. 经常　　2. 有时　　　3. 从不

得分
把你所选答案的序号加起来。
10～15=差；16～15=中等；26～30=好。

每个人都对不时会忘记做一些事情而感到内疚，而且这还令人非常沮丧。这种类型的记忆的好处是易于改善。只要稍微有点条理，再加上一些简单策略的帮助，就可以提高这方面的记忆。有时，生活似乎为许多小事所占据，有条理可以帮助清理你的思路，以便处理更为有趣的事情。

诠释你的强势和弱势

由于记忆的复杂性和多面性，因此，重要的是要去了解其他有关的思维功能与记忆之间的关系，以及它们为什么对记忆如此重要。虽然注意力集中是记忆的一个基本部分，但计划、组织，以及有效的学习这些过程也是记忆的基本部分。通过这些技能帮助你提高记忆，然而，首先你必须保证你对自己的能力有了彻底的了解。

你的总体表现如何呢？

将下面这张表格填一下就一目了然了。

测试类型	差	中	好
总体表现			
数字记忆			
语言记忆			
形象/立体记忆			
视觉识别记忆			
记故事			
识别记忆			
经历性记忆			
语义性记忆			
前瞻性记忆			

看一下你在各个不同练习中的得分情况，就会清晰地看出自己在哪些方面最强、哪些方面最弱。你的某些方面比其他方面强是很自然的，这是因为我们的记忆都有不同的强势和弱势。你可以做许多练习来进行改善，变得更有条理并使用不同的策略对你就有帮助。即使你在每个方面都得了高分，你的记忆仍然有可以提高的地方。

这种能力可以让我们识别是否知道或记得某事，因为我们知道自己的记忆中有这些信息。它还被称为后记忆。它帮助我们监控我们对信息的了解与否——记忆功能中让我们知道自己了解某事的哪个方面。完成以上的各项记忆测试将帮助你发现自己的强势和弱势，因而知道要集中注意哪些方面。你一旦开始对自己的强势和弱势有了足够的了解，就会知道它们如何可以在不同的情况下帮助影响和提高你的记忆。

你适合哪种记忆方法

我们有3种记忆方法——看、听和做。在这3种方法中，每个人都有自己偏好的一种，第二种就作为辅助方法，第三种方法使用起来可能会比较不舒服。一些人很幸运，他们能够同时对三种方法得心应手，也有一些人没那么幸运，他们不能使用其中一种或两种方法（比如，盲人就不能使用视觉这一方法）。下面的测试就将告诉你，你比较适合哪种记忆方法。

⊙在课堂上，你可以用很多方法来学习。你偏好哪一种？

1. 听老师讲

2. 从黑板上抄录笔记

3. 基于课堂上学到的知识，自己做一些练习

⊙看完电影之后，你对去看电影中的哪些事记得最清楚？

1. 电影中的对话

2. 电影的动作、情节

3. 你自己做的一些事：坐车到电影院、买票和食品

⊙你怎样学习修理漏气的自行车车胎？

1. 找一个朋友，让他描述如何修理车胎

2. 买成套的修理工具，自己阅读修理说明书

3. 自己摸索着怎么修理

⊙如果你想记住美国历届总统的名字，那么，你会：

1. 将名字都找个相关的事物来记

2. 看肖像记名字

3. 找一些关于他们的图片，然后贴上标签，放入相册

⊙如果你喜欢一首流行歌曲，你最喜欢干下面哪件事？

1. 学习歌词

2. 经常看歌曲录像

3. 试着模仿歌曲的舞蹈

⊙你从思维的角度看待东西的能力如何？

1. 很差　　2. 很好　　3. 相当好

⊙用手操作的练习，你做得如何？

1. 一般　　2. 很好　　3. 很差

⊙如果别人给你读了一则故事，你会：

1. 能够很详细地记录下来（一些片段还可以逐字记下）

2. 在脑中形成故事的一些片段

3. 很快就会忘记

⊙ 在你小的时候，你最喜欢做下面哪件事？

1. 阅读

2. 绘图和油画

3. 按形状分类游戏

⊙ 如果你搬到一个新的地方，你怎样去熟悉周围的交通路线？

1. 询问当地的人弄清方向

2. 买一张地图

3. 慢慢闲逛一直到你熟悉道路的分布

⊙ 下面你最擅长记住的是：

1. 别人告诉你的话

2. 看东西的方式

3. 自己做的事

⊙ 下面的哪个你能最形象地记住？

1. 在学校学到的诗歌

2. 母校的样子

3. 学习游泳的感觉

⊙ 当你做园艺的时候，你会：

1. 知道所有花草的名字

2. 记得植物的样子，但是会忘记它们的名字

3. 专注于浇水和修剪

⊙ 日常生活中，你会：

1. 每天都看报

2. 确保每天都看电视新闻

3. 不是每天阅读新闻，因为你有更实际的东西需要做

⊙ 想象一下，下面的哪项会让你觉得最悲痛？

1. 受损的听力

2. 受损的视力

3. 受损的行动能力

答案

听力偏好者

如果你的答案"1"占大多数,那么,你偏好听力这一记忆方法。你喜欢听声音,特别是语言,你能很容易接收它们所传达的信息。相比其他的一些学习方法,你更倾向于记住或理解用耳朵听到的信息。

视觉偏好者

如果你的答案"2"占大多数,那么,你偏好视觉这一记忆方法。你对视觉感观能力最强,通过视觉能够抓住很多信息。相对于其他的方法,你用视觉的方法能更好地理解以及记住信息。

实践偏好者

如果你的答案"3"占大多数,那么,你偏好实践这一记忆方法。你能从实践中学到最多,你戴起手套做5分钟的实践演练胜过你坐在教室里花几个小时来听讲。你会发现,你不仅仅在一个类型的题目中有很好的答案。其实,很少有人只局限在一种记忆方法上。当然,你可以结合三种记忆方法,因为这样能大大提高记忆效率。如果你发现你很不习惯使用一种记忆方法(比如视觉),可能是你还没找出不能使用这一方法的问题所在。你应该做个视力检查或配一副眼镜,你会发现世界焕然一新。

第四章

他们都拥有超凡记忆力

记忆的"超级高手"

记忆力具有巨大的可塑性，人的记忆力能够在记忆术的帮助下得到很大的提升。无数的历史已经证明，很多人的记忆力都是非常高的。

我们中国古代就有很多的神话传说故事，这些故事很多是在早先并没有记录的，但是仍然能够传到今天，现代的很多人都能够讲上一段，靠的就是人们的口口相传。在那些没有任何东西能记录这些故事的年代，人们却能做到口口相传，靠的是什么？就是人们自身的记忆。

利兰说过："现在的斯拉夫江湖艺人已经能够相当准确地记住大量的史诗，印第安的阿尔冈昆人也能一口气准确地复述出多个长篇故事和神话传说。"他们这些人不见得有自己的文字用于记录这些东西，全是凭借自身的记忆一代一代传下来的。其实很多的神话传说和一些教派的教义、圣书在最开始的时候都是凭借着人们的记忆流传下来的，比如说基督教的《圣经》，还有印度的圣书等，这种凭借记忆传播的方法持续了很多年。英国有一位90岁高龄的老太太，她的记忆力非常好，她能够背诵《圣经》当中的任何诗句，甚至是整个章节。当人们了解了原因之后才发现，她的这个能力并不是天生的，而是从年轻的时候开始，每天都会学一句《圣经》当中的诗句，并且经常练习，最后才在反复的练习中提高了自己的记忆力。

在历史上，有很多非常著名的人物，他们的记忆力都是非常强大的。

亚历山大之后伟大的皇帝米特里达特的记忆力就非常好，他能够把他浩大的军队中的战士的名字全部都叫出来，并且能够用二十二种语言和他们交谈。

古罗马著名的演说家昆图斯，能够在不做任何记录的情况下，记住所有对手的辩论语言。为了证明自己的记忆力，他还和别人打赌，把一场持续了一天的大型拍卖会中出售的物品名称、顺序、买家姓名和成交价格全部记住。

古罗马时代著名的哲学家塞内加的记忆力更好，他能够记住好几千人的名字，并且无论是怎样的顺序排列，他全都能倒背如流。比如他让好几百人分别给他念了一首诗，之后，他能够按照顺序，一点不差地复述出来，甚至就连颠倒顺序也没有任何问题。

据说当希伯来圣经的手稿被人摧毁以后，全部都是一个叫艾斯德拉斯的人，靠着自己的记忆一字一句地复述出来的，这才拯救了希伯来圣经。

一个叫作斯卡里格的人能够在三个星期内就记住完整的《伊利亚特》和《奥德赛》。帕斯卡尔能够复述完整的《圣经》，其中的任何一个段落、诗行或章节都能够随时随地地说出来。年迈的苏格兰老乞丐、"盲人阿利克"也可以背诵《诗经》当中的任何诗句，还有很多书籍和章节的文字。

俄国农民弗莎朵娃在十七岁的时候就能够背诵两万五千多首诗歌、民间音乐、传说、童话和战争故事。

还有一个更厉害的，叫克拉克的美国人，据说他记得美国第一次总统大选以来每个州的具体选票数目，以及世界上任何一个国家所有城镇的准确人口数量，包括变化前和变化后的。另外，他还能够从任何一个地方开始背诵莎士比亚的剧本，也能够背诵希腊语原始版本的《伊利亚特》。

在历史上与超强记忆力有关的事例，最著名的一件是关于英年早逝的基督教神童迈内可的事情。他是一个记忆力的天才，据说在他能够背诵整部《圣经》的时候，他只有四岁，同时，他还能背诵两百首颂歌、五千个拉丁单词和无数教会的历史、理论、教条和辩词等，各种神学著作也完全没有问题。理查德·波森能够记住荷马、莎士比亚等很多人的作品，无论是什么样的小说，他都能够在仔细阅读一遍之后记下来，甚至他还能完整地记住很多本英语评论月刊。佛罗伦萨的图书管理员玛格利亚贝奇，能把图书馆的所有藏书目录和书籍的摆放位置全都记住，并且能够背诵出五十万本各种语言和各类科目书籍的标题。

超级记忆高手，实际上就是拥有超强记忆力的人，他们可能存在于各行各业当中，而且并不一定是非常著名的人物，比如某种零件生产线上的工人，或许他只是一个普通人，但是却能够对生产线上生产的每一个零件都了如指掌。我们看电视都知道，演员们在演电影和电视的时候，有时候需要说很多话，但是他们却不能看稿子，只能用自己的记忆把自己的台词全部记住，背诵得滚瓜烂熟，他们也称得上是记忆高手，只不过是平时很少有人注意这方面的问题。

或许有一些人真的就是天生的记忆高手，但是在生活中我们就能发现，绝大多数人的记忆都不是天生的，有些人能够有超强记忆力的原因是自己后天坚持正确方法努力训练的结果。既然能够用科学方法和持久努力的练习训练出超级记忆力，那么，只要坚持下去，每个人都能够成为超级记忆高手。

"过耳不忘"的莫扎特

很多著名的音乐家都具有超凡的记忆力，比如勃拉姆斯不需要乐谱就能够演奏巴赫和贝多芬的全部曲子，莫里茨·罗森塔尔演奏肖邦的所有曲目也不需要曲谱。著名的音乐家莫扎特，同样拥有超凡的记忆力。

据说在1784年的一个晚间音乐会上，莫扎特亲自弹钢琴，和小提琴演奏家特里纳萨奇共同演奏，他们的演奏得到了奥地利皇帝的欣赏。演奏结束之后，奥地利皇帝要求看莫扎特演奏的钢琴曲谱，但是等他拿到手的时候，却发现只是一张白纸，就问莫扎特原因。原来，莫扎特和特里纳萨奇演奏的曲子，是莫扎特在音乐会的前一天晚上才创作完成的降B大调钢琴曲和小提琴奏鸣曲，因为时间紧，莫扎特就只写下了小提琴那部分的谱子，以便特里纳萨奇能早做准备，而钢琴那部分就只能凭借他自己的记忆去演奏。就算是这样，莫扎特在音乐会上的演奏依然非常成功。

莫扎特这种超强的记忆力，早在他14岁的时候就已经表现出来了。1769年，莫扎特和他的父亲从萨尔茨堡出发，经过了15个月的旅行之后，他们来到了意大利的罗马。莫扎特和他的父亲到达罗马的时候，正值复活节，教堂举行了很多的庆祝活动，于是他们也参加了西斯廷教堂举行地从星期三到星期五早上的圣礼拜庆祝。在庆祝的过程中，一直都有格雷戈里奥·阿列格里的《上帝怜我》伴随着。

《上帝怜我》是当时的一部非常神秘的音乐作品，它的旋律优美，但是没有任何的乐器伴奏，只是一部带有四声部重唱的五声部合唱歌曲。这首曲子被规定只能在西斯廷教堂和圣礼拜进行演唱，曲谱更是严禁外传，这方面的教规十分严厉。当时这首歌曲的谱子只有三份正式的复制本，并且都存放在一些地位很高的人手里，以及一些重要的地方。当时的奥地利皇帝，在得到一份复制品的时候，还曾经怀疑过谱子的真假，因为这件复制品在维也纳的演出的结果令人失望，由此可以看出这个歌曲的曲谱是多么的难。

莫扎特在参加圣礼拜庆祝的时候，也是第一次听到《上帝怜我》，他非常喜欢这个曲子，于是在回到自己住的地方之后，就凭借记忆将整部曲子都写了下来。随后，怕自己的记忆出错，莫扎他就到西斯廷教堂又听了一次这部曲子，并且把一些错误做了修改，最终复制出了完整的《上帝怜我》。

一部要靠教皇合唱团的歌唱技术才能够完美表达的歌曲，莫扎特只是听了两次就能够完整地记住这部曲子的谱子，可见莫扎特确实在小的时候就拥有了超凡的记忆力。

精通九国语言——辜鸿铭

古往今来，不乏记忆力超常者，辜鸿铭就是其中一位，他精通英语、德语、法语、希腊语、拉丁语、马来西亚语等9种语言，被国际社会誉为语言天才。作为天才的辜鸿铭不仅拥有过人的天赋，还拥有一套他自己独特的记忆方法。

辜鸿铭10岁时，他的义父——布朗在课余时间教他学德文，布朗告诉辜鸿铭，要想学好德语，就要和他一起熟背歌德的长诗《浮士德》。在接下来的日子里，两个人说说笑笑，一边表演一边朗诵，非常轻松有趣地背完了《浮士德》。虽然背完了，但是辜鸿铭完全不知道《浮士德》里讲的内容是什么意思，直到第二年布朗才开始给他讲解《浮士德》。慢慢地，辜鸿铭明白书里面的意思，也一直没有间断《浮士德》的背诵，到最后真可谓"倒背如流"了。从此，辜鸿铭开始了他的"背诵之路"。莎士比亚的37部作品，辜鸿铭不到一年的时间就能够全部背诵了。

1872年，辜鸿铭进入爱丁堡大学学习英国文学，同时辅修拉丁文和希腊文，他立志要把图书馆所收藏的有关希腊和拉丁文的文学、历史、哲学名著通读一遍。可是后来，由于辜鸿铭记忆力超乎常人，他原来计划的通读变成了背诵。

辜鸿铭是个记忆天才，他在少年时代所背诵的诗歌，终生不忘。现代著名女作家凌叔华，曾亲耳听过年过花甲的他背诵《失乐园》——弥尔顿的那首6100多行的无韵长诗，背完后居然一字没错。辜鸿铭的英文造诣"中国第一"，另外，他还即兴用德语做过充满激情的精彩演说，其他如法语、希腊语等，辜鸿铭使用起来也是游刃有余，就连拉丁语，使用起来也不在话下。

那么，这样的天才是怎样炼成的呢？仅仅是天赋异禀吗？

辜鸿铭学习语言的方法，以一个"背"字开始，从《浮士德》到莎士比亚的戏剧，再到后来卡莱尔的《法国革命》，他都能倒背如流。他晚年曾对人说："其实我读书时主要还是坚持'困兽而学之'的方法。久而久之不难掌握学习艺术，达到'不亦说乎'的境地。旁人只看见我学习得多，学习得快，他们不知道我是用眼泪换来的！有些人认为记忆好坏是天生的，不错，人的记忆力确实有优劣之分，但是认为记忆力不能增加是错误的。人心愈用而愈灵堂！"

中国大四学生成为世界级"记忆大师"

几年前，王峰还是武汉大学大四的学生，他只花了一年的时间，就从记忆力平平的一般人一跃成为世界记忆大师，这靠的肯定不仅仅是天赋，也是他平时刻苦训的结果。他曾经用这样一句话来鼓励所有同学："为使命而生，活着就能改变世界！我的成功你也可以复制！"

在刚踏入大学校门时，王峰也只是个普通的武大学生，他没有什么远大志向，在学校过着安稳、悠闲的大学生活。

在2009年的一天中午，王峰从食堂吃完饭返回宿舍的途中，无意间看到一个招牌，上面写着"大学生记忆协会"，他一直记忆力不好，于是就好奇地走了过去。这是他第一次接触记忆协会，在这里他认识了记忆道路上最重要的人，也就是他后来的老师袁文魁。王峰被这位老师和记忆术的魅力深深吸引，于是报名参加了记忆训练。经过一段时间的记忆训练之后，王峰的兴趣被激发出来，他觉得碌碌庸庸地过完四年大学生活，自己很不甘心，很想找到一个可以实现自我价值的舞台，使自己的人生变得色彩斑斓。

之后，王峰在武汉大学参加了每年的暑假集训。那一年七月份的武汉像火炉一样，异常炎热，在没有空调的教室里更是热得无法忍受。这种情况下，王峰他们还要每天集训大脑，必须从早到晚高度集中、高速运转五六个小时。虽然每天训练很辛苦，但是王峰感觉奇妙无比。

在集训班里，王峰的进步非常明显，进步的速度让老师都感到惊讶，他自己更是有点不敢相信。不到一个月，王峰就达到了大师三项中的一项标准——两分钟内记忆一副无规律扑克牌。

通过这项目标的完成，王峰和记忆术的结缘，他发现了自己的长处，找到了更多的自信，他有了自己追求的理想，那就是希望可以站在世界的赛场上，让世界知道中国的新生代力量是不容忽视的。在接触记忆术半年后，王峰参加了英国伦敦第18届世界脑力锦标赛。

去伦敦之前，王峰内心很矛盾，他很期待这次的比赛，同时压力也很大。为了这次比赛，王峰还接受了专门的训练，闭关训练的过程中，他感觉到了前所未有的孤独。那些参赛的选手大部分都有至少两年的比赛经验，而王峰自己只训练了短短的四个月，可想而知，他所承受的压力很大。

该来的总要来。2009年11月份，王峰来到了第18届伦敦世界脑力锦标赛的赛场上。在第一轮比赛快速记忆扑克牌的时候，第一次参加比赛的王峰显得异常谨慎，看了两遍牌才按下秒表。当时的世界冠军在第一轮以31秒55的成绩，遥遥领先于别人，人们都认为这次比赛世界冠军又会在这个单项中笑到最后。第二轮比赛结束后，记者都跑到了上届的世界冠军面前祝贺他。这时裁判却大声宣布："冠军是中国选手王峰！"他的成绩是31秒02，谁都没有想到这个19岁的中国小伙子取得了冠军。

这次比赛结束后，王峰在集训里每天都坚持训练6个小时。他明显感觉没有以前训练那么轻松，由于所有人都对他抱有很高的期望，所以他知道自己肩上担负着责任。

2010年，第19届世界脑力锦标赛在广州举行。在此次大赛中，在22个国家的148位记忆高手之间进行。比赛第一天，王峰在两个记忆项目上打破了世界纪录。比赛第二天，他的总成绩已经排在第一位，可是第三天，由于王峰在历史事件、记忆人名和图像记忆中表现一般，比赛排名发生了变化。最后一天，是比王峰最擅长的快速扑克牌记忆和听数记忆，他以24秒22准确记住了一副扑克牌，成功打破了世界纪录。最终他力压群雄稳拿第一。这次比赛中，他总共获得五项冠军，如愿以偿登上了总冠军的领奖台。他也是这个比赛举行19年以来首位获得世界脑力锦标赛冠军的中国人，被世界大脑基金会特别授予"2010年大脑年度人物"。

通过比赛王峰明白，想成为"记忆大师"，除了天资，还需要坚持到最后的决心。一般训练记忆术能坚持到最后的人很少，能去参加比赛的就更少了。每次比赛的经历都成了他人生中最宝贵的财富，让他有足够的自信心去迎接各种挑战。如今，王峰由记忆协会的学员变成了讲师，还和有着相同梦想的朋友们，成立了"友思教育机构"，着重宣传和培训大脑记忆法。

比尔·盖茨的记忆天赋

比尔·盖茨美国微软公司的董事长，连续13年蝉联世界首富，他从小不仅是一个记忆力惊人的小神童，而且在学校里学习也很出众。

比尔·盖茨小时候非常喜欢玩游戏，从棋类到拼图类游戏，所有的益智游戏他都爱玩。盖茨的外婆对他产生了重要的影响，总是让他玩各种游戏，如跳棋、桥牌等，有时间就给他讲故事。慢慢地，盖茨变成了一个爱好读书、兴趣广泛的孩子，优秀青年小说、数学和科学书籍都深深吸引着他。

盖茨一开始上的是公理会的教会学校，虽然他对宗教和《圣经》都不感兴趣，但是也会读一些。有一次，西雅图大学社区公理会教堂德高望重的牧师戴尔·泰勒向盖茨所在的班级宣布：谁要是背诵出《马太福音》5～7章的全部内容，就会被邀请去西雅图的"太空针"高塔餐厅，参加免费聚餐会。"太空针"高塔餐厅是西雅图最高级、最体面的地方，在这个餐厅会看到有头有脸的人物。说实话，想获得这次与泰勒牧师共进晚餐的机会很不容易。之所以不容易，是由于要背诵的这几章很长，还不连贯，背起来也不是朗朗上口。泰勒每年都会要求他的学生背诵这几章，这几乎都成了泰勒的习惯了，可是他从来都没有遇到过一个学生能一字不落地背出来。

令泰勒没有想到的是小盖茨做到了，只见他信心十足、抑扬顿挫地背了起来："虚心的人有福了！因为天国是他们的。哀恸的人有福了！因为他必得安慰。温和的人有福了！因为他们必承受地土。饥渴的人有福了！因为他们必得饱足。怜恤的人有福了！因为他们心蒙怜恤。清心的人有福了！因为他们必得见神。使人和睦的人有福了！因为他们必成为神的儿子……"就这样一口气背完了，中间没有一个地方卡住，也没有一处错误。当时的比尔盖茨只有11岁，小小年纪就拥有如此惊人的记忆力！

第五章

如何提高记忆力

主动编码和存储策略

无错误学习是一个需要理解的重要概念。有个秘密就是，如果你要求别人猜出答案，他们就更有可能记住。事实上，如果他们是在指导下得出正确的答案，记住的可能性还要大得多。

如果你问一个孩子："你能找到自己的足球吗？"他可能首先到床底下找，然后去客厅，再到楼梯下找，并且终于在那儿找到了。下一次，这个孩子的第一反应可能仍然是先到床底下找。

如果你换一种方式说"让我们找一下你的足球"，并且头或眼睛转向楼梯，孩子就更有可能做出正确的反应。

下面介绍几条总的原则。

第一，更少是为了更好。

第一条策略是问一下自己："这是不是我真的需要记住的？"虽然我们的大脑容量非常大，但你还是需要选择自己所需要记住的。试图记住太多新的东西可能导致干扰和负载过度，而这会让旧的信息更难以记起，要避免这个问题，就需要进行一定的筛选。

"我能现在就处理这个吗？"

你经常会有机会通过保证自己一接到任务就处理，从而减轻自己记忆系统的负担，因为这样你就不需要对它进一步加工。重要的是要考虑你如何能让自己免于深度加工信息，从而可以让记忆对付更为重要的信息。例如，你没有必要记住每个人的电话号码，只要记住那些你经常打的就够了。

第二，不要害怕提问。

要养成这样一个好习惯：尽量想办法向别人要信息，如他们的姓名，这让你无须加工这些信息而且它也不会让你感到难堪。例如，如果有个你只见过一次或两次的人对你说："啊，非常抱歉，我记不起你叫什么。"你会感到受侮辱吗？可能不会。如果他猜错了你的名字，你受到的侮辱可能更大。在你犯下令人尴尬的错误（而且有第二次还会犯错的风险）之前，让他确认自己的姓名可能会是一个好主意。

事实上，无错误学习指出，如果你去猜人名，那么当你第二次碰见同一个人时，你记得的可能是你猜错的名字而不是正确的。无错误学习通过对事物的确认而不是假设另外的情况，帮助你的记忆系统巩固正确的记忆。所以，不要去猜（即使机会是50%），出于你的礼节和记忆的考虑，还是再问一下比较好。

我们经常习惯用重复的形式——例如，通过一遍又一遍地反复阅读来学习，这种方式叫作死记硬背式学习。研究表明，这种方式并非真正有效。设想你正在复习，准备参加一场历史考试。就某一个主题，你就有许多的史实、日期和人名要了解。你翻看笔记、把关键的细节列出了一个清单，然后反复看了多遍。在考试中，你在回答论述题时十分得心应手，并且将你所记得的大约50%的史实、日期和人名尽可能地塞进答案中，可你还是只及格而已。

死记硬背式学习的缺点在于它只是一种浅显的加工形式。要记得更牢，就必须对信息进行更为深刻的学习，而且对信息编码的方式要让自己在很久以后仍然能有效地回忆起来。要做到这点，就需要在你的学习中增加意义，并使用额外的策略。

把信息分成小块有助于回忆，因为你通过对资料的组织帮助自己记忆。分块在记号码时非常管用。2064116890这个号码可以这样记：

20 6 4 1 1 6 8 9 0

这个信息共有10个部分，而这对于你的运作记忆来说太长。如果你将这个号码分成 3 个部分，就容易记了：

206-411-6890

你的记忆越有条理，就越容易学习和记忆。正像在一团糟的办公桌上或乱七八糟的房间里难以找到东西一样，如果你的记忆库条理性很差，就难以记住东西。长时记忆的结果非常明确，存储库虽多，但相互之间都有一定的联系。因此，有组织的信息便于记忆。

从某种程度上来说，我们的长时记忆库有点像一个档案柜或电脑里的档案，其中主要的文件夹被分成几个小文件夹：我的账目、我的文件、我的图片等。在这些非常笼统的文件夹里，存有一些小的文件夹。除了有主题以外，这些小的文件夹还有日期和时间的条理。这种组织信息的方法使得信息在你需要时易于再现。

注意力集中的威力

我们大多数人过着繁忙的生活，有太多事情要做。由于有太多的琐事，我们不能集中注意重要的事情。因此，分辨重要的细节、人名，以及其他重要的东西的能力对于有效地回忆信息至关重要。我们已经进化到拥有一个系统来帮助我们注意（或不注意）一些事情。

持续注意指的是我们在一段持续的时间内保持对某件事情注意的能力。动机和思维的激发程度是影响注意的关键因素。要使你的注意力保持足够长的时间，以便加工信息进入记忆（即对其进行编码），就必须留意自己的持续注意界面——20 分钟、40 分钟，也许再长一些，这取决于你正在加工的信息类型。

设想你正在电脑前工作，旁边的电视里的财经频道正在播出股票信息。屏幕上的东西太多了，所以无法全部留意——商务信息、好几组数据、主持人的声音。你对节目的注意可能只能让你知道，此时的股市情况尚还可以。

设想现在你突然听到了股市的某一个板块（时装行业）因为其中一家主要的时装公司破产而表现不佳。这引起了你的注意，因为你手中握有的一些股票是时尚在线时装公司的。于是你开始收看收听任何关于这只股票的消息。你的注意力很大程度上在关注这个节目,留意是否会提到时尚在线。节目播完后,你把注意力转回到工作上,对电视充耳不闻。

设想你最后打算在网上卖掉自己的时尚在线股票,但你的电脑出了故障。你正在听电脑服务部门的指导。你也许对这些指导听得非常专心,但如果你越来越焦急的话,就可能会警觉过度。你的思维就可能会因为刺激过度而过了最佳状态,而这些指导就在脑海中变得一团糟。事实上,你要担心的事情可能已经够多了,以至于运作记忆已经没有足够的空间来容纳这些指导了。

当我们抱怨自己的注意力无法集中时,这通常意味着由于各种各样内外部的事情使我们分心。学会管理自己的注意力将帮助你把注意力集中到自己所期望的方向。

第一,构建自己的发电站。

集中注意力是记忆的发电站。不管你学到了多少方法和技巧,你的记忆潜能都不会完全得到发挥,除非你学会了如何集中注意力。并不是每个人都能做到集中注意力,虽然它很重要,而且我们从小就要接受集中注意力的训练。我们在读书的时候,老师总会管束我们说:"注意力集中啦,孩子们!"我们做得好的时候,老师们也会说:"非常棒!"

第二,集中注意力练习。

当你集中注意力时,你还应该考虑别的什么事情呢?一则就是要组织好时间。要留出一定的时间来完成特殊的任务,不要占用这些时间。我们很容易开始一项任务,然而这项任务并不是我们的兴趣所在,因此我们便习惯性地开始走神想别的重要的事情。于是,想着来杯咖啡,然后去看看报纸有没有到,接听电话聊聊天。既然你已经拿着电话了,就会想着不妨给朋友打个电话,然后继续聊。如果你意识到了这些情形,那么你不需要定期进行注意力集中的训练,但是你要学会合理利用自己的时间,充分利用时间来完成任务。

当你制定时间表时,要时刻参照你一天的行程。不要因为别人的打扰而将复杂的工作分成好几次。你可以选择别的不易被打扰的时间(比如清晨),这些时间非常宝贵。

在工作进程中,如果发现事先安排的时间表不合适,那么你可以对它进行改动。这关系不大，重要的是你能够按照时间表的规定完成任务后，不会因为匆忙而心烦意乱。

你想把注意力保持在某件事情上，但除此之外的所有其他东西会通过引起你的兴趣与之争夺。有时，你可能需要有意识地在脑海中同时保留两件或更多事情，这被称为分散注意（或者如果只有两件就称作双重注意）。通常情况下，你会根据需要选择性地转移注意，即你会先注意更为重要的事情，同时把另一件事情保留在脑海中，然后在它变得更为重要时转而注意它。这是执行多重任务最基本的技能。

设想你在伏案工作。你想要做好一笔账，同时又想查一下某只股票现在的表现。因为听到股价开始上下波动的消息后，你正在考虑是否要将它出手。你所处的是一个敞开式的办公场所，当时里面一片嘈杂。这时，电话铃响了——一位客户想要查找一些信息。你一边和她交谈，一边再次查了一下所持股票的在线账户。通话结束后你回头继续工作。闻到调制咖啡的味道就做了个手势表示也想要一杯。有个同事问你是否打算参加办公室之间的足球挑战赛，你又查了一下股票。

在以上的案例中，你需要注意许多事情，但你仍能有效地进行处理。这是因为大脑天然的注意系统帮助你集中注意你当时所需要做的以及下一项工作。如果有太多的信息资料涌入，那么你就会一筹莫展，而且如果你同时做多项任务，就可能会出错。有些人擅长分散注意，因而能同时做多项任务；有的人则更加讲究次序，即更擅长一次做一件事情。如果你对正在做的几件事情非常熟悉，那么，分散注意也就相对容易一些。

记忆是信息被感知和编码的产物，"意义之后的努力"可以产生更好的记忆。所以，使信息有意义会通过加深信息轨迹使之比其他只有浅度记忆的对象更加明显，从而提高我们的记忆。加工的程度越深，我们就记得越牢。

所以，如果你需要记住某个讲座、书上、专题探讨会、演讲，或交谈中的信息，关键在于要确实地关注其意义所在。也就是说，你的记忆系统正在努力使得信息有意义。所以，如果你能有意识地这样做是对记忆有利的。问问题也有助于我们的理解。

使信息有意义的一种方法是由古希腊的哲学家苏格拉底发明的，并因此被称为苏格拉底法。它主要是询问一些你想要达到什么目标的问题。苏格拉底的问题往往是"我对此已经了解多少"和"我从中能学到什么"之类。换句话说，你正试图访问任何你已经为某个特殊类型的信息所写的剧本或计划，从而明白自己正在对它如何增补。

有一种记忆法可以帮助我们记住苏格拉底类型的问题从而提高我们的记忆力——预提阅总测，即

预览：粗粗看一下信息，了解它大体说什么。

提问：你希望通过看（或听）这个信息回答哪些问题？

阅读：看（或听）。

总结：什么是该条信息的概要？

测验：你找到所有问题的答案了吗？

用"预提阅总测"测试一下你收看的电视节目或阅读的报刊文章，看它对你是否有用。

就观点展开讨论对于你的记忆是非常有益的。通过这种方法，你可以描述你对某件事情的看法并得到别人的观点。你一旦真正理解了一个观点并能对它进行描述，那么今后记起它就容易得多，而且它还能自然地与你已经掌握的知识结合起来。如果你尚未完全掌握，或者知识中尚有缺口，那么它们就会在讨论之中显现出来并得到填补。

新的东西在我们学习之前，要记住它可能看上去是一件令人生畏的事情。然而，我们一旦开始学习，知识的建立就越来越容易，因为它变得更有意义并构成了一幅图画。我们叫某些人专家就是这个原因，他们在创建了原始知识基础之后，越过通常的边界，扩充了自己的知识。

设想你计划去某个国家度假，这个地方你从未去过。你对它有个特别的感知，也许是在新闻中看到那儿发生的一些事件或是学校时上的地理课。到了那儿以后，你参观博物馆并租了一辆车四处游荡。在这段时间里，你一直在建立一个叫作"××国"的记忆信息库。

由于你的知识，当你在新闻中看到有关这个国家的事情时，它们就更有意义，因此你会加以注意并收听。你理解其中的内容，而且容易将它们加入自己的知识并记住有关信息。

学习时的联系策略

有意地将你所想要记住的同自己所熟悉的结对，即创造一种联系，对你的记忆存储系统是有帮助的。有些联系易于建立，但大多数事物之间的联系并不是十分明显，因而你必须更有创意才能建立联系。好在只要你能练习建立联系，就会逐渐对此擅长，而且一段时间后将能不假思索地这样做。

第一，使用记忆帮助工具。

记忆帮助工具包括诗歌、有纪念意义的格言，以及其他可以用来唤醒记忆、帮助记忆的东西。你还可以自己编造一些来帮助自己记东西。

第二，形象化。

要学会将信息同可视的图像联系起来。困难的材料可以转换成图片或图表。具体的图像比抽象的观点、理念更令人难忘，图片为什么更令人难忘就是这个道理。用一下你的思维之眼。如果要记住有关其他人的信息，用形象化的策略就特别管用，因为我们对他人的了解是通过看他们获得的。

可视的图像对记住人名（尤其是外国人名）非常有帮助。你可能会注意到自己能记住更加具体和形象化的人名，然而，大多数名字要抽象得多，这就是我们为什么都不善于记住它们的原因。在这些情况下，试一下将名字同有意义的可视图像联系起来。

首先，想一下某人的名字是怎样写的。

然后，试着将这个名字同某个容易记住的可视附属品联系起来，例如，麦克尔对着麦克风唱歌。

将手头的事情想象成一所有许多房间的房子是一项有用的技巧。你有几个不同种类的信息要记，因而就把每种类型的信息放在不同的房间里。当你需要记起什么时，你的思维就会在房子里走动，顺路挑出信息。

许多人的方向感较差，但这很容易通过练习来提高。试一下以下几条以到达你的目的地：

仔细地看一下一张真正的地图以形成一幅形象化的地图，并使道路形象化。

当你在路上时，试着用思维之眼看地图。

如果道路错综复杂，在你上路之前就应在你的可视图像里加入有序的转向清单，那么在你去的时候就可以参照这个清单。

去了以后你还得回来。所以，在你去的时候，找一下路标（务必确保在你设计自己的路线时注意了关键的路标），这将有助于你回家。

脑海中的演练

还记得即使没有受到其他信息的干扰，信息也只能在你的运作记忆中停留最多 30～40 秒钟吗？运作记忆还有大约 7 个空间的极限。在自己的脑海中演练信息是有助于保持事物存在的一种方法。你要做的只是在头脑中反反复复地重复。在演练时，试着为信息加上意义，因为这可以使它更容易被深刻地记住。

如果你需要把信息保存更长时间，而并不仅仅是收到后写下来，在不断增大的间隔重复该数字（或清单）是一个非常有帮助的策略。它被称为扩大的演练。以 5 秒钟演练一次开始，然后 10 秒钟一次，20～40 秒钟，再是 60 秒钟，依此类推。这意味着你在不断加大的时间幅度中回忆着信息。

归类演练是另一个有助于你组织记忆的策略。设想你必须记住一份清单，上面是你要赶在圣诞节最后一秒钟去买的东西。

清单上写的是：贺卡、柑橘、围巾、啤酒、包装纸、红酒、笔、名画、袜子、磁带、牙膏、巧克力、开心果。

按以下重复这份清单将有助于你更好地记忆：

文具用品：贺卡、笔、包装纸、磁带

礼物：围巾、名画、袜子

饮料：啤酒、红酒

食品：巧克力、柑橘、开心果

日用品：牙膏

这种有效地突出和引出具体项目的方法正是所谓的归类演练。出现的意外是有时有些东西不能很好地归类，遇到这样的情况，你可以在归类中加上"其他"。

设想你现在迈着轻松的脚步去购物。在你脑海中也许有一套所需购买的东西（食品、日用品、工作所需物品）。在去商场之前，你可以按照要去哪一类的店铺来组织信息，然后设想将它们做进一步的分类：

超市	蔬菜：胡萝卜、蘑菇、菠菜
	家庭用品：洗涤剂、垃圾袋
	奶制品：牛奶、酸奶、奶油
	婴儿用品：棉花球、儿童霜
办公用品店	公司：电脑、磁盘、打印机墨盒、打印纸
	家用：台灯、铅笔、剪刀

如果你确实在自己出发之前将所需要买的东西按一定的次序理顺，就能记得更多自己所要的。画一张树状图是一个好的方法。把不同的店铺想象成树的枝杈，店铺里物品的种类就是分枝，而个别物品就是分枝上的树叶。

再现策略

如果你已经使用了策略进行编码和存储，那么你的记忆再现应该已经得到了提高。如果你仍有信息自己想访问却不能完全找到，那么，针对这个还有一些有用的策略。

用目录搜索可能是再现的有效线索。例如，你已经到了超市却忘了带写好的清单。当你在过道里走来走去时，看一下你在哪个区域——比如在食品区，思考一下自己在食品目录下可能需要的东西。

使用形象化搜索也许可以再现记忆，特别是针对你放错地方的东西，它包含按逻辑顺序在脑海中回顾自己的动作、活动，以及想法。例如，如果你找不到钱包，就想想你最后一次付钱是在什么地方。你把钱包放进自己口袋里了吗？查看口袋里有没有。如果没有，努力想一下从那以后是否用过钱包或者把它放在了别处。

实例：我把手机忘在哪儿了？

在走进这个房间之前，我在接待处签到。在此之前，我在车上。我把手机忘在接待处了吗？不会，否则他们会提醒我的。我把手机忘在车上了吗？我想不起是否将它带到了车上。嗯，上车之前我在哪儿呢？我在家里。我记得拿了电话，关上了门，然后将电话放进了口袋里并上了车，然后将它放在了仪表板杂物箱里。啊，对了，我把电话放在了仪表板杂物箱里了。

在脑海中将自己放回到你所处的前后联系中可以帮助你更好地回忆。例如，你是否记得两天前午饭吃的是什么？让思绪回到所说的那天。你在哪儿？在哪儿吃的午饭？和谁在一起？吃了什么？现在你也许记起来了。

再现策略有助于为了特殊的目的而加工信息。你可能只需要这个信息一会儿，但也许你会在下半辈子都需要它。重要的是根据你的记忆类型、需要加工的信息的种类，以及你的需要来选择对你有用的策略。

你可能需要花些时间才能习惯使用策略。在开始的时候，它甚至可能还会让你慢一拍，但它是有帮助的，而且很快它就会给你回报。

我们还能做其他什么事情来帮助自己记得更牢和更有效呢？有一个普遍的错误观点认为，如果你依赖于一个写下来的记忆系统，就不能提高自己的记忆力。而临床医学研究所揭示的真相恰恰与之相反。事实上，正是那些使用结构系统写下并组织信息的人比只是用主观策略（他们经常忘记使用的）的人在记忆技巧上显示出更大的提高。写下并思考信息的举动似乎比仅仅试图去记住它更能锻炼记忆系统。

时间管理

这是提高你的计划性和条理性并最终提高自己记忆表现的一个有效方法。许多人听说过这个观点，但它的真正含义是什么呢？答案是通过创建一个系统来有效地处理并享受工作和人生。我们每个人都有不同的做事方法、不同的义务等，但你仍然可以应用一些基本的原则：

（1）草拟一份人生计划。
（2）把事情做完。
（3）列出清单。
（4）学会说"不"。

第一，草拟一份人生计划。

人生计划的重要之处在于它不仅包括你的工作，还包括你的整个生活、人际关系、家庭、朋友、健康、日常琐事等——它们每一样都得编织进你的计划。草拟人生计划可以分两步走。

它能帮助你计算出：什么事你花的时间最多；什么是你喜欢做却没有做的；你有没有花足够的时间在家庭上；你访友的次数够不够；你有没有时间做日常琐事……

这样做可以让你有机会仔细地看一下你在工作、家庭和休闲之间的时间分配比例，并帮助你计划恢复平衡并同时掌控所有的事情。

在这个计划中可以使用电子管理器，因为它能让你一次性看到整个月。分配好工作时间后，试着给家庭、朋友、身体锻炼、特殊兴趣、特别项目、购买食物、付账单等安排成块的时间。确保你还留有一些空余的时间，因为你不想让生活太军事化管理，因而需要一些计划外的事情来调剂，如给自己的自由支配时间或者一时冲动外出旅行。也不要一周每个晚上都有安排，因为你会发现自己如果过度劳累，就会开始感觉有些失去控制，并会注意到短时记忆和任何复杂的事情变得完全不同。

第二，把事情做完。

有个好方法就是在估计某件工作需要多长时间时多估一点，以保证及时完成，即使是万一有不可预见的拖延，也能使紧张最小化。这甚至可能意味着能比预想的早回家，给自己的伴侣或家人一个惊喜。它会给你的老板或客户留下一个印象，因为他们感到可以信任你会高标准地准时完成任务。最重要的一点是，它能让你避免处于紧张状况之中，因而就能更加放松并发挥出非常好的功能。

第三，列出清单。

列清单对你有非常大的帮助。它是将你头脑中的想法取出来写在纸上，从而解放你的大脑的一个好方法。它能帮助你时时掌控局势，并在有关项目完成后进行核对。开发一个适合你自己的清单系统。你可以从以下几条做起：

⊙ 早晨的第一件事，写下你要做的每一件事情，无论大小。

⊙ 然后将这份清单进行分解。把当天必须做的最重要的事情用星号标出，或将它们按照重要性依次排列。现实一点，不要制定自己没有时间达到的目标。

⊙ 查对项目，因而能清楚当天还剩多少时间以及还有多少要做。如果你有条理就能做完每件事情。

如果有许多费脑费时的任务要完成，就把当天的时间分成几大块，然后按照既定时间进行。例如，用一天的第一个小时完成小的行政事务。这样，你的大脑就能解放出来，去一个一个地处理更为重要的任务。保持掌控就能更好地集中注意。

为了最大限度地利用时间，你应该尽量在一天当中注意力和精力最好的时候干最难的工作。

因此，在计划次序时尽量把低级的工作安排在一天当中你感到难以集中注意的时候去做。窍门是明确自己表现最好的那几个小时，并据此安排自己的工作。

第四，学会说"不"。

我们从不知道做什么能让那些工作极度无序的人说"不"——这很难做到。然而，管理其他人也是生活中最能造成混乱的因素之一，而有效的时间管理和处理技巧就取决于你学会了说"不"的技巧。好消息是你用得越多就越容易。

星期四的傍晚，你正打算回家。你事先已经对这一周进行了周密的计划，可以在下午5点离开，回家享受一下夏日之夜。你感觉到一切在掌握之中并且心情放松，正享受着工作与生活的乐趣。

有个同事打电话来，说她已经在下周一下午3：30安排了一个销售展示会，要求你参与会议准备。你十分尴尬，因为感到自己很难说"不"。

让我们看一下两种可能的结果。

（1）你说"好的"。这意味着你不得不重新调整周五的计划，因为你要为演示做准备。通知得这么晚，会议也不是很紧要，而且也可以安排别人，对此你感到有点懊恼。

你的计划受到了打搅并开始感到紧张，因此回到家时心情不快。因为你并不想参加会议，所以对它也就兴致不高。周一到家晚了，而且你仍然未和老板吃个饭——原定周五准备一起吃饭的，因为老板很忙，然后要去度假，所以一个月内不可能再安排一次与他会面。你的同事下次还会要你帮忙，因为她知道你一定会说"好的"。

（2）你说"不行"。考虑一下。你已经花了时间对下一周做好了计划，而且安排好的每件事情都很重要。参加这个会议意味着将取消你盼望已久的与老板的午餐会议——讨论自己的前途。这个会议是个销售会议，而且不是十分必要在周一举行。所以你说"不行"。你说"对不起，自己那天已经有了安排"。你解释说自己的日程安排总体已经较忙，因此需要再提前一点儿通知才行，并建议重新安排会议时间，那么自己很乐意帮忙。

虽然你的同事说她接到通知也没多久，而且听上去有些不满，但你不用过于在意。你很高兴自己做出了正确的决定。这不是你的问题，而仅仅因为你的同事把她自己弄得紧张不堪，并不意味着你也应该被逼到绝境。你只需按原计划行事，保持轻松，就能掌控一切。

区分任务的优先次序

通过区分自己工作任务或者其他活动的优先次序，你就能将注意力集中到那些至关重要的任务上，因而避免使自己的时间安排表拥挤不堪。将你的职责分成以下4类。

第一，重要和紧急的。

处于这一类的任务具有优先权，必须马上就做。

第二，重要但不紧急的。

这些任务虽然仍很重要，但因为它们不紧急，所以可以在将来某个适当的时间去完成。

第三，紧急但不重要的。

它们是对你的主要干扰，因为这些任务通常对别人来说紧急但对你来说并不重要。你的选择是拒绝、找别人去做，或者商量改变时间限制。

第四，不紧急也不重要的。

这些任务可以完全被抛到脑后（直到它们转变为上述类别之一）。

控制自己所处的环境

第一，客观外部干扰。

不管你是在家里或是在办公室里，都会有许许多多客观外部的干扰严重影响你的注意力和记忆。它们包括电视机、收音机、电话、采光度、温度、人声、交通噪音，等等。你可能认为自己对此无能为力，但有些是你完全可以控制的：

（1）关掉电视机或收音机。在午饭或傍晚才放自己喜欢的节目作为对自己的奖励。

（2）关掉手机。可以在午饭时间或下午查看是否有短信息。

（3）关掉电子邮件。电子邮件也许是现代社会中最大的客观外部干扰之一。同样，只要在一天当中隔段时间查看一下就行了。

你还可以控制其他的东西，尤其是当你不在家工作时：

（1）把房间的温度和采光度调到自己感觉舒服为止。

（2）把自己的工作地点或办公桌安排在不太可能受到诸如交通或电话铃打搅的地方——可以竖个隔断或不要面向开着的窗户。

第二，内部主观干扰。

你可能正在考虑其他事情——午饭吃什么、今天早晨邮寄来的账单、今天晚上准备干什么、正在和你谈话的人穿的衣服，等等。所有这些念头都会让你分心并干扰你处理事情和摄入信息的能力。下面的情况有多少次发生在你身上？

（1）你看了一段文字，可到头来根本记不得说的是什么。

（2）你和某人谈了一次话却随后就忘了到底谈了什么。

（3）你问了路，却忘了别人告诉你的大部分内容。

（4）你记不起别人在会议上给你介绍的某个人的名字。

（5）你在参加考试、听讲座或谈话时无法集中自己的注意力。

有许多处理内部主观干扰的方法可以让我们学会使自己能集中注意力，从而记得更好。

（1）使用外部客观帮助工具。

它们能使你的大脑排除干扰。手头随时放一本笔记簿，把你今天所需要做的所有事情写下来。当有新的事情出现时，把它们加到清单里去，这样你就不会担心记不住了（而担忧会使你不能集中注意并进行适当的加工）。每做完一件事情，就把它从单子上划掉。这样做会让你感到有所成就，因而将身心放松并更好地集中注意力。

（2）完完全全地听讲。

如果你在上课或听讲座，你自然倾向于尽可能地把所有的都写下来。然而，坐稳，放松，听那个人在讲什么，从而对主题建立一个整体的概念。如果你能拿到讲座的讲义就更好了，这样就完全只需要听讲了。大多数人没有意识到的是，大多数东西已经详细地写在课本上了，因此可以在之后加以参考，而首要的是听讲。

（3）制定一张含有定时休息的时间表。

对于像复习迎考或做项目这样的任务，有必要做一张时间表以保证自己每天准时开始和结束，并且按照事先安排的时间定时休息。你还应该去掉晚上和周末。如果你能在时间表里完完全全地集中注意力，那么无须没日没夜地干就能完成你所需要做的——没日没夜地工作只会让你疲惫不堪、情绪急躁，而且基本上不可能集中注意力。

（4）清理自己的大脑。

如果你有一个重要的任务要完成，那么就在当天开始之前或在当天的第一个小时把其他的任务完成，这样你就能将自己大脑中的内部主观干扰清理出去。

（5）抱着积极的态度。

如果你把任务看得很枯燥，那么要对它集中注意就越加困难。然而，大多数事情并没有你想象得那么枯燥。而且，如果你抱着不同的、更加积极的态度去看它有趣的一面，或高兴地感到自己正在用自己的知识做出贡献，这样就比较容易了。

第六章

练就超级记忆技巧

词汇记忆法

⊙字钩记忆法

字钩记忆法主要用于记忆许多抽象的词、词组和短文，指的是将记忆内容中的一个或几个最有特点，并且能和整体联系的字，单独提出来，进行重新排列和整理。在这种情况下，只要记住字钩，就能够记住所有内容。

字钩记忆法的主要作用是减轻大脑的负担。虽然人的记忆容量是无限的，但是一定时间内输入过多需要记忆的信息也会使大脑超负荷运行，造成大脑的疲劳，产生一定的负担，导致记忆效果的降低和记忆力下降。碰到这种情况，我们可以把记忆的内容简化，争取通过记忆很少的内容，达到记忆更多的信息的效果，以达到减轻大脑负担的目的，字钩记忆法就具有这样的特点和效果。

字钩记忆法的产生是人们合理利用大脑的自觉记忆和潜记忆的结果。潜记忆是人们普遍存在的一种记忆现象，它储存了人们平时记忆的大多数信息，只要大脑接收到相应的刺激，潜记忆中记忆的信息就会自动再现出来。字钩就是刺激潜记忆中信息再现的重要工具和手段。

在运用字钩记忆法时，人们会把字钩记忆在自己的自觉记忆中，使字钩变成人们的永久性记忆，而其他信息则储存在潜记忆当中。当人们需要完整的信息时，就调出字钩，用字钩刺激潜记忆中的信息的再现。这样，人们只需要用大脑去记忆字钩，而潜记忆中的信息并不会对人们的大脑造成负担，一个轻松的大脑还可以接受各种各样的其他信息，从而提高记忆效率，增强记忆力。

字钩记忆法的用途非常广泛，比如我们都知道金庸写了15部作品，其中的14部作品是《飞狐外传》《雪山飞狐》《连城诀》《天龙八部》《射雕英雄传》《白马啸西风》《鹿鼎记》《笑傲江湖》《书剑恩仇录》《神雕侠侣》《侠客行》《倚天屠龙记》《碧血剑》《鸳鸯刀》。我们现在记忆这14部作品的方法是一副对联：飞雪连天射白鹿，笑书神侠倚碧鸳，如果再加上横批的《越女剑》，就能把金庸的所有作品都包括在内。这副对联中，每个字代表的都是一部作品，我们能通过这14个字就把所有作品都回忆出来，这就是典型的字钩记忆法。当然，字钩记忆法并没有规定必须用全部信息内容的第一个字作为字钩，而是要选择最有代表性、最顺口、让人们提取其他信息最方便的字。

在我们平常运用字钩记忆法进行记忆时，最好是和前面我们记忆那些金庸的作品一样，把所有的字钩排列成有意义的并且通顺的句子，这种做法比把字钩排列成一连串无意义的文字记忆效果要好。但是很多时候我们提取出来的字钩不允许被调换顺序或者组合起来不能够变成有意义的句子，这时候我们可以用和字钩同音或谐音字代替的方法进行替换，达到方便我们记忆的效果。比如说要记忆我国的内蒙古、新疆、青海、西藏这四个主要的大牧区，就可以用"内新青西"来代替，但是"内新青西"并没有什么实际意义，这是后我们可以把新换成心、把青换成清、把西用晰代替，得到的结果是"内心清晰"，这样就变得有意义并且方便我们记忆。

有时候，我们在一段很长的信息内容中得到的字钩字数是很多的，这种情况下我们要学会对由字钩组成的句子进行合理地断句处理。研究表明，字钩组合的句子最好不要超过七个字，超过七个字，人们的记忆效率就会变低。因此，如果字钩组合超过七个字，就一定要进行有利于记忆的划分，但是一定要注意节奏的对称。

字钩记忆法的重点是在字钩的选择上，因此，必须仔细思考究竟选择哪些字作为字钩，同时在做出选择后，一定要仔细检查，如果发现我们所选择的字钩并不能有效帮助我们记忆，那么就应该马上对字钩进行更换，以免不利于我们对信息内容的记忆。

⊙ 理解记忆法

理解是记忆的基础，对各种信息和事物的深刻理解有助于记忆的提高。我们要想记住某些信息，就必须理解这些信息所具有的意义。没有被理解的信息，即使被储存到了记忆当中，也很难被回忆出来。

著名的心理学家巴特雷特曾经做过一个实验，他让被测者读一个故事，然后要求被测者回忆那个故事。巴特雷特发现被测者在回忆故事时并没有按照之前读的内容进行回忆，而是按照自己的方法进行回忆，并且有几个普遍的倾向：第一是故事会变得更短；第二是故事会变得更清晰，结构也更紧凑；第三是被测者做出的改变，与他们初次听到故事时的反应和情感是相互匹配的。巴特雷特认为这样的结果说明被测者的记忆系统中只保留了一些突出的细节，而剩余的部分则是根据自己的情感对原始时间的精细化和重构。简单地说，被测者回忆出来的故事，是把自己理解的主要内容用自己的语言表达了出来，这说明人们记忆最深刻的是自己理解的信息。

事实证明，我们对事物的理解越深刻，事物就越容易被记忆，保存的时间也越长。我们理解事物主要是理解事物的内部关系和规律，在理解的基础上进行分析和综合，并且与大脑中的其他经验、信息和资料建立一定的牢固联系，所以才不容易遗忘。

在记忆的过程中，我们该如何加强对记忆材料的理解呢？

第一，积极思考，了解概要。思考是大脑思维的重要活动，通过思考，人们才能对各种各样的信息加深理解。在大脑内部已经存在知识的基础上，通过积极的思考对记忆材料进行理解，能够让人们明白记忆材料所表达的大致意思。这样能让人们知道自己为什么要记忆某个材料，使人们拥有记忆的动力。

第二，逐步分析，找到记忆材料的关键。分析主要是为了找到记忆材料之间相互联系的部分，从而找到记忆材料的重点和主要内容。在理解记忆材料整体的基础上理解主要内容和重点，更有助于人们记忆。

第三，直观形象，融会贯通。把记忆材料变成直观的形象，更容易人们加深对记忆材料的理解和记忆。例如把记忆材料之间的关系用图表、实物、模型、图片等方式表现出来，能够让人们对记忆材料之间的联系一目了然，使人们对记忆材料的了解更全面。比如人们统计某件事情得到了很多数据，如果把这些数据凌乱地写在纸上，人们看过之后可能会很难理解，如果用图表的方式把数据罗列出来，人们就能一目了然，理解起来很方便也很轻松。

第四，运用到实践当中。实践是检验真理的唯一标准，我们所记忆的所有知识，都是用来为生活服务的，都是用来指导实际问题的。经常把记忆系统中的信息在实践当中运用，能够让我们对记忆信息的认知更加深刻，理解更加深刻，也能够深化和巩固记忆。实际上记忆和理解的关系非常密切，它们相辅相成，记忆离不开人们对记忆材料的理解，对材料的理解来源于人们的积极思考，思考的越多，理解的就越多，记忆的就越多。

理解记忆法并不是万能的，每个人自身的知识积累和经验不同，对于材料的理解能力也不同，用理解记忆法的效率和效果也不同。另外，材料的理解是一个过程，理解也不是绝对的理解，有时候人们对一些记忆材料会完全无法理解，这种情况下再用理解记忆法就没有任何效果，必须要把机械记忆法等其他的一些方法和理解记忆法进行结合，扬长避短，共同进行记忆活动，这样才能最有效地加深人们的记忆力。

⊙ 概括记忆法

概括记忆法就是通过对记忆材料精心提炼、概括和简化，来抓住材料的重点进行记忆的方法。概括记忆对提高记忆效率有重大的作用，大多适用于记忆内容较多、较系统和复杂的材料以及社会科学知识。

记忆材料是多种多样的，很多记忆材料不但内容多，而且内容复杂，并且有很多无意义的内容掺杂在我们需要记忆的内容之中。这样的材料，我们没有必要全部记住，但是又不知道到底该记忆哪些部分，因此会对我们的记忆活动造成很大的困难。这种情况下，我们就必须要找到记忆材料的核心部分，抓住材料的重点和主要内容，集中精力进行记忆，这样才能够更好地记忆复杂的材料。比如说要记忆我们国家所有的省、自治区、直辖市和特别行政区的名字，就可以对它们进行一下概括，如概括成"两湖两广两河山，五江云贵陕青甘，西四二宁福吉安，内台海北重上天，还有港澳好河山"这样五个诗句。在这五个诗句中，我们国家的所有省、直辖市、自治区和特别行政区都包含在内，其中两湖指的是湖南和湖北，两广指的是广东和广西，两河山指的是河南、河北、山东、山西，五江是指黑龙江、江苏、江西、浙江、新疆维吾尔自治区，云是云南，贵是贵州，陕是陕西，青是青海，甘是甘肃，西是西藏，四是四川，二宁是指宁夏和辽宁，福是福建，吉是吉林，安是安徽，内是内蒙古，台是台湾，海是海南，北指北京，重指重庆，上是上海，天是天津，还有港澳好河山就是香港和澳门。人们应该能明显地感觉到，通过这几句诗对我们国家的所有省级单位进行记忆要比把这些分开单独记忆效果要好得多，这就是概括的好处。

概括记忆法要求人们具有非常强的思维能力和概括能力，只有这样才能对记忆材料进行充分的分析、思考和研究，才能提炼出记忆材料中的核心和精华部分。因此，运用概括记忆法，必须先锻炼自己的思维能力和把握材料的能力。人们必须要通过思考和分析找到材料的关键部分和大概意思，不能把注意力集中在一些不需要记忆的细枝末节上。要让自己的思维具有选择性和跳跃性，选准关键点去思考和记忆。还要根据不同的材料选择不同的概括方法，让材料在保存核心思想的基础上得到最大限度的减少，以减轻记忆负担。概括的方法主要有内容概括、主题概括、按顺序概括等。内容概括主要是抓住记忆材料的关键性词句和主要情节；主题概括主要是抓住记忆材料的主题和要领；按顺序概括是指突出材料的顺序性，或者是用容易回想起来的数字概括材料，比如三个代表等。很多时候，集中概括方法需要结合在一起进行使用才能更好地概括整个记忆材料，这需要人们根据实际情况进行最佳的选择和组合。

⊙分类记忆法

人们在记忆较多的信息时，为了有效地提高记忆效率和记忆效果，通常会对记忆材料进行重新组织和分类编组，这种方法叫作分类记忆法，也叫系统记忆法。

对信息的分类，是指按照信息的某些本质或非本质的特征，找到记忆材料之间的共同点，将记忆材料进行科学的排列和组合，从而把零碎和分散的信息集中在一起，把杂乱无章的信息变得有条理。经过分类的信息，会变得更加概括化、条理化和系统化，减轻大脑的负担，提高人们的记忆效率。

想要让记忆变得更有效率，就必须将输入到大脑中的信息进行分类和整理，并且构建成系统。外界输入到大脑中的信息，有很多是需要人们记忆的。但是，这些信息并不会按照人们喜好的方式进入到大脑中，也不会为了适应人们的记忆特点而有条理地进入到大脑中，而是所有信息结合在一起，没条理、没规律、杂乱无章地输入。处于这样一种状态下的信息，如果不进行任何处理就直接去记忆，可能会有一定效果，但是绝对不可能把信息全部记住，同时也很容易造成大脑疲劳，对记忆效果产生严重的影响。在这种情况下，必须对信息进行有效的加工编码，重新、系统地进行组织和分类，从而促进记忆，提高记忆效率。

为什么经过分类之后的信息，会更方便人们记忆，并且能提高记忆效率呢？

第一，分类记忆法的基础是脑神经生理学。对信息进行分类，主要目的是为了让信息变得更加系。脑神经生理学认为，记忆系统性的信息，能够在大脑中形成系统化的暂时神经联系，而零散性的信息，只能在大脑中形成个别的、独立的神经联系。相比较而言，系统性的神经联系会让人们的记忆变得更快、更有效率。

第二，分类后的信息更方便人们进行联想。想象力是记忆的来源，通过联想，人们能够在信息之间建立一定的联系，从而帮助人们记忆。而把信息进行分类，恰恰就能够让人们在进行联想时更轻松。举个例子来说，假如人们需要记忆香蕉、毛巾、狮子、电视、冰箱、牙刷、苹果、老虎、香皂、洗衣机、豹子、沐浴露、橙子、狗熊、电饭锅、橘子这16个词语，如果不对这些信息进行改变，只是按顺序去记忆这些词语，那么人们很可能只能记住7个左右的词语。因为每一个词语都相当于是一个组块，这些词语进入大脑中主要储存在短时记忆当中，但是短时记忆只能容纳7个组块的容量，我们记忆的内容不可能超过这个容量。这时候，就可以把这些词语进行分类，根据各种具体事物之间的联系，这16个词语总共可以分为4类，其中苹果、香蕉、桔子、橙子属于水果类，毛巾、牙刷、香皂、沐浴露属于卫生用品类，老虎、狮子、豹子、狗熊属于动物类，电视、冰箱、洗衣机、电饭锅属于家用电器类。这样分类之后，原来的16个单独的组块就变成了4个大的组块，而短时记忆中储存的组块数量虽然有限，但是每个组块的大小却没有任何限制，因此，4个组块很方便人们进行记忆。同时，当人们需要回忆这些词语的时候，由于相互联系的词语是共同记忆的，因此只要回忆起其中的一个词语，就一定能够想起另外几个，这也是对人们记忆能力的一种提高。

第三，分类是信息编码的一种主要方式。输入到大脑中的信息想要变成人们的记忆，就必须要先进行编码。分类作为信息编码的一种主要方式，自然有助于人们的记忆活动。

第四，分类本身就是记忆过程中应该遵循的一条重要原则。人们记忆信息的目的最终是要为日常的生活、工作和学习服务。如果人们直接去记忆那些杂乱无章的信息，非常麻烦，甚至有时候会比人们在日常生活、学习和工作中遇到的问题还要麻烦，如果是这样，人们进行记忆活动还有什么意义呢？所以，一定要把信息进行分类之后再记忆，这样就能够省去人们很多麻烦。

当然，分类也不是随便怎么分都可以的，如果分类之后的信息依然杂乱无章，对人们的记忆没有任何的帮助。想要让分类后的信息真正帮助人们记忆，就必须在分类时遵循同类相属、异类相别的原则，找准信息之间的本质和非本质的联系和特征，根据这些特征，将信息进行分类、分科、分种、分项。

那么，分类记忆要坚持怎样的原则呢？首先，信息分类之后的数量最好不要超过7个。短时记忆是人们在记忆的过程中不可缺少的阶段，但是，短时记忆的容量毕竟只有7个组块，因此，想要让记忆变得更有效率，分类时就不要超过7个组。其次，要对信息有充分的理解。分类是需要遵循信息之间的联系和特征的，而理解信息，主要就是为了找出信息之间的联系和特征。因此，对信息理解得越深刻，人们对信息进行分类时就越轻松，记忆也就越有效率。再次，要准确选择分类的依据。不同信息之间的相同特征和联系可能有很多，但是，却并不都适合作为分类的标准，必须要根据记忆信息的数量和种类，寻找到信息之间最鲜明、最有特点的内在和外在的联系，以此作为信息分类的依据。当然，如果想要达到最佳的记忆效果，最好还是按照事物的内在联系来对信息进行分类。

在分类记忆的时候，并不一定非要把有联系的信息放在一起进行记忆，很多时候可以把一段有顺序的信息从中间划分成几个部分，比如说人们记忆电话号码或者是其他的一些号码时，通常就会把号码分成几个部分，每个部分中包含着几个数字这样去记忆，而不是单独记忆每个数字。这其实也是一种对信息进行分类的方法。

事实证明，分类记忆对于人们识记信息，以及在大脑中提取信息都有重要的帮助。经常运用分类记忆的方法，不但能使大脑中的知识系统化，同时也能够使人们的大脑科学化，对人们养成科学的思维习惯有重大的帮助。

对象性记忆法

⊙图表记忆法

图表是人们常用的一种处理信息的方式，它包括图示和列表等形式。图表记忆法就是指用图表的形式对记忆材料进行加工和处理，以达到增强记忆效果的方法。

人们记忆信息的时候，需要对信息进行整合及分类，这样才能最有效地记忆。但是，很多的信息都是零碎的、复杂的，人们根本不可能一目了然地迅速分清信息之间的关系，这就导致人们不能快速对信息进行分类和整合，很容易混淆信息，对记忆活动造成很大的困难。图表记忆法恰好解决了这样的问题，它能够迅速整合零碎的信息，让信息看起来更加清晰、一目了然，使记忆活动变得更加方便和轻松。

利用图表的方式处理信息有三个好处：第一，亲手制作图表的过程，本身就是对信息的一种理解和思考，能让人对信息有一个最初的印象，这样信息会更容易保存在大脑中，更有利于记忆；第二，通过图表展示出来的信息，会更加条理化和明确化，能让复杂的信息变得一目了然，对大脑造成强烈清晰地刺激，使人们产生一种难以忘记的印象；第三，图表既可以缩减记忆材料的体积，又可以扩大记忆材料的容量，是一种行之有效的记忆方法。

图表的特点是简单明了、整齐划一、容易理解、容易分析、容易比较，因此信息被归纳到图表中之后，有助于人们记忆。在日常生活中，图表其实无处不在，比如人们在上学时必不可少的课程表和值日生表。试想一下，如果没有课程表，学生和老师怎么可能知道要上什么课呢？如果没有人知道该上什么课，就会出现混乱的情况；如果没有值日生表，那班级的日常卫生谁去打扫呢？难道要靠学生的自觉？还是说要老师每天都进行安排？这些情况都会造成一些问题，因此最好的办法还是列出一个值日生表，避免各种问题的发生。再比如，人们经常用到的日历，这应该也算是一种图表。日历中包含着很多信息，包括今天公历是哪一天、农历是哪一天、是什么节日、是什么节气等，这些信息放在一起，人们看起来就一目了然。如果单独拿出一个日期，人们就可能搞不清楚其他的信息，比如问人们公历12月16日是农历的哪一天，如果不看日历，相信绝大多数的人都回答不出来。

图表的主要作用是处理信息，在日常的工作和学习中，主要用到的图表形式有三种，分别是一览表、比较表和相互关系表。

一览表的主要作用，是让复杂或零散的信息看起来更简便，理解起来更容易。一览表的主要制作方法，是把复杂的信息或散见于不同地方的信息，归纳集合到一起，通过图表的形式把这些信息反映出来。它主要用于从整体上介绍某些事物，比如你向别人介绍一辆汽车，就可以把汽车的各种数据制成一个图表。

比较表的主要作用，是帮助人们准确找出信息之间的相同点和不同点。比较表的主要制作方法，是把相同类别、相似类别的那些相似和极易混淆的信息内容集合到一起，并且对这些信息进行归纳、整理和比较，找出信息之间的相同点和不同点，然后制作成图表。它主要用于直观表现事物之间的相同点和不同点，比如人们想知道几种电脑的不同点，就可以通过比较表来表现。

相互关系表的主要作用，是展示不同信息之间的关系，包括影响和制约等，使信息更加条理化和明朗化，便于记忆。相互关系表的制作方法，是找到信息之间相互影响、相互制约、因果关系、先后关系、并列关系等关系，按照这些关系把信息制作成图表。它主要用于表现不同事物之间的关系和联系，比如说房子和砖块、水泥之间的联系。

当然，图表的形式并不只是包括这三种，还有很多种形式。并且，各种图表形式的样式也并不是固定的。在人们用图表的形式处理信息时，选择什么样的图表并不是固定的，即使是相同的信息，也可以选择不同的图表形式，这些需要人们根据自己的习惯以及信息的内容进行选择，但是尽量选择自己最熟悉的和处理信息最方便的图表形式。

图表存在的目的，是为了让信息变得简单明了，因此人们在绘制图表时也要注意，不要把图表制作得特别复杂，一定要简单，否则无法达到简化处理信息的效果。在制作图表时，线条和文字都应该力求简洁，争取让人一看就能理解图表所表达的主要内容。如果能够在图表中加入一些自己的思考，就更能加深记忆效果。

⊙形象记忆法

形象感知是记忆的根本。形象记忆法就是通过对信息和一些具体形象之间的联想，来帮助人们记忆信息的办法，它是形象联想原则的实际应用。形象记忆法能够核实人们要记住的每件事物。

想要了解形象记忆法，必须先要清楚什么是形象记忆。形象记忆的主要内容，是人们自己感知过的事物的具体形象。比如说我们想要记住一个人，就需要记住这个人的具体形象，包括容貌、仪态；想要记住一种水果，就需要记住水果的颜色、形状、味道等。注意，必须记住一些具体直观的形象，才能够记住这些事物。形象记忆是随着人们形象思维的发展而发展的，和形象思维有着十分密切的联系。形象记忆以视觉形象和听觉形象为主，当然，由于人们从事的职业不同，一些特殊职业的人，在嗅觉等其他方面的形象记忆，也能够达到一定的高度。

形象记忆主要是针对一些抽象的记忆材料和事物，它也是一种常用的记忆方法。当然，用形象记忆的方法去记忆抽象的信息，有很重要的一个前提条件，那就是把抽象的信息形象化。

形象化就是指把记忆材料和事物，同人们能够看到的图像联系起来，把复杂的记忆材料和事物转化成图片或者图表的形式。一般来说，具体的图像比抽象的观点和理念更不容易忘记，就像我们听别人说一个人和我们真正见过一个人，产生的印象是不同的道理一样，我们对自己用眼睛看到过的人印象会更深刻。

事实上，这里所说的形象记忆法，主要应用在记忆抽象的记忆材料。这种方法主要有三个好处：第一，让人们在记忆事物和信息时更有秩序，避免因为混乱和毫无章法的记忆，造成人力和物力上的损失，比如因为没有记住某个地点而造成的东奔西跑的情况，会导致金钱和资源的浪费；第二，有助于人们记住一个完整过程的各个阶段，就像是做一件事情第一步要做什么、第二步要做什么等一样；第三，是能够减少自己的担心，很多时候，对某些事情记忆不清楚，会导致人们心绪不宁，比如说人们早晨出门一段时间之后，可能会突然想不起来自己早晨离家的时候，到底有没有关门。这些其实都是一些没必要的担忧，如果知道在大脑我们能用形象记忆法记住这些事情，那么当我们需要回忆信息的时候，就只要回忆大脑中有没有信息的图像，这样就能够免除那些不必要的担心。

形象记忆法的基础是形象联想。要运用形象记忆法，必须要让被记忆的事物在大脑中形成一个清晰的形象。但是，很多时候人们需要记忆的事物并没有具体的形象，这就需要人们发挥想象力，把需要记忆的事物和已经知道的事物形象联系起来。或许有人认为，这种联想必须建立在一定的逻辑关系的基础上，比如太阳，就应该把它联想为一个圆形的事物。但是事实上并不是这样，运用形象记忆法时所进行的联想，完全不用去考虑信息和具体事物的形象之间，是否具有逻辑关系，它不一定是在人们印象中的那种正常的联想，可以是滑稽的，也可以是可笑的，甚至可以是牵强附会的。总之，只要人们联想出来的东西对人们记忆信息有帮助，没有任何形式的限制。

所有的记忆方法、记忆手段和记忆策略的目的，都是为了让人们的记忆不出现漏洞，形象记忆法也是一样。虽然形象记忆法的使用方法很简单，大多数人都可以应用，但是如果在使用时受到一些意外因素的影响，形象记忆法是不能起到帮助人们记忆的效果的。因此，在运用形象记忆法时，有几点重要的注意事项。

第一，形象联想可能是没有任何逻辑关系的，因此对于人们大脑中的那些不合理的、稀奇古怪的、不合逻辑的联想，不应该拒绝和排斥。在现实生活中，一些不符合实际情况和逻辑关系的联想总是会遭到别人的嘲笑，甚至有时候人们自己有这样的联想时，自己都会感觉到可笑，可能还会认为自己很愚蠢。但是在记忆领域内，这样的联想是正常的，它能够提高记忆效率，改善人们的记忆力。

第二，不能随意加速形象联想的过程。俗话说熟能生巧，任何事情做的次数多了，都会变得熟练，速度也会变快。形象联想的次数增加之后，联想的速度同样会变快。但是这种快却并不是人们所需要的。想要让信息变成长时记忆，并不是瞬间就能完成的过程，这其中需要自身的努力和足够的时间，单纯地提高形象联想的速度，并不会起到任何效果，甚至还可能会产生负面的作用。

第三，形象联想附加评论和一些情感上的判断，也能加深记忆。记忆具有个性化的特点，而对形象联想附加评论和一些情感上的判断，恰好会使记忆信息变得更富有个性化，更方便记忆。

第四，要有足够的耐心和毅力。人们无论做什么事情，想要取得成功，都需要足够的耐心和毅力，记忆也是一样。如果因为使用了形象记忆法，但是却没有能够记住某些信息，或者因为觉得形象记忆法非常麻烦，就不再选用形象记忆法去记忆信息，那就永远都不可能学会使用形象记忆法。

⊙图像记忆法

图像记忆法是指以联想作为手段，将自身需要记忆的信息，转化成比较夸张、容易引起自己的注意，并且不讲究是否合理的图像，从而加深记忆，提高记忆效率的一种方法。

并不是所有的信息都需要转化之后才能使用图像记忆法，有很多信息，本身就是以图像的形式输入到人们大脑中的，人们之所以能记住这样的信息，就是图像记忆法在起作用。比如在现实生活中，人们总是能够想起一些很多年前的事情，并且每次想起来都像重新经历过一样，非常清晰，这就是因为事件中的各种图像，都深深印在了人们的记忆中。

在整个记忆领域中，图像记忆法有着很高的地位。人们所进行的各种记忆活动中，很多信息都是依靠图像记忆法，才能最终被人记住。随着人们年龄的增长，语义记忆的能力在逐渐减弱，与之相对应，情景记忆的能力却在逐渐增强，而图像记忆法和人们的情景记忆能力的关系十分密切，所以人们会越来越依赖图像记忆法，来记忆各种记忆材料和信息。

人们发挥自己的想象力进行联想，是图像记忆法一个重要的环节。但是，在使用图像记忆法进行的联想时，其自身也有一定的特殊性。

第一，非必要合理性。非必要合理性是指人们在运用图像记忆法时进行的联想，可以不受任何限制，也不需要符合一定的逻辑关系或者实际情况。这样会使人的思维变得更活跃，联想出来的东西也更丰富，对记忆的促进效果更大。这种联想有明显的目的性，主要就是为了帮助人们记忆。为了达到这样的目的，联想内容的合理与否根本不会有任何的影响。

第二，容易相关性。容易相关性是指人们针对记忆主体所进行的联想方式，越适合自己，就越容易记忆。俗话说"鞋合不合适只有脚知道"，人们所进行的联想到底能不能帮助自己记忆，也只有自己知道。因此，在选择联想方式的时候，必须选择最适合自己的方式，这样才能做到最大限度地提高记忆力。另外，记忆本身就是人们自己的东西，人们想要记忆什么样的信息，以及怎么去记忆信息，不需要考虑其他人的感受。既然只需要考虑自己，当然是各个方面都选择最适合自己的，包括联想的方式。

第三，夸张性。夸张性是指人们在使用图像记忆法时所进行的联想，可以进行一定程度的夸张。当然，如果是真的有助于人们记忆，也可以夸张到非常严重的程度。过分夸张可以刺激海马体分泌一种波线，这种波线有利于海马细胞树突上的树突棘的改变。因此，夸张的联想同样有助于人们的记忆。

图像记忆法应用起来非常简单，就是把一些信息联想成一幅完整的图像来帮助人们记忆。比如说人们需要记忆电脑、鲜花、飞机场、窗帘、圆珠笔、东非大裂谷、外国、虚假同感偏差、消失、阿拉巴马这些信息，就可以通过自身的联想，让它们形成一个整体的画面，比如说，可以想象成电脑按着鲜花留下的标示来到了飞机场，派遣窗帘中队来阻止圆珠笔掉进东非大裂谷，但是在外国的上空，受到了虚假同感偏差的袭击，于是中队消失在了阿拉巴马。这样的一个整体画面，人们可以通过其中的一点而想起其他相关的部分，从而达到提高记忆效果的目的。

⊙路线记忆法

路线记忆法是一种强大的、完整的记忆技巧，同时也是一种强大的记忆工具。这种记忆方法主要就是通过将想象、联系和位置结合在一起，从而有效提高人们的记忆力。

路线记忆法最主要的应用是记忆一些地点，前提是必须要有一个非常熟悉的地点和一条准确的路线。这个地点是为了找到一个准确的参照物，这样一方面能够使人准确记住需要记忆的地点，另外一方面是能够避免人们忘记已经记忆过的地点，实际上它就是路线记忆法中不可缺少的因素之一——"位置"。准确的路线同样是为了帮助人们准确记住地点，如果路线不准确，那么这个地点也不可能被记住。这条路线其实就是为了让人和这个地点之间，产生足够的联系，避免人们单独记忆地点时的不方便，同时也能帮助人们更准确地回忆这个地点。至于想象的应用，主要存在于人在构思路线和规划地点的时候。发挥想象力，把地点和路线准确地联系起来，提高人们的记忆效率。

那么，到底怎样使用路线记忆法呢？首先需要有一个准确并且熟悉的地点，比如说自己的家里或者是熟悉的某个地方。其次是以这个地点为起点，在大脑中随心所欲地构思出一条路线。这条路线可以是长的，也可以是短的，但是绝对不能脱离人们之前确定的那个地点。最后就是找到这条路线上的某些地点，并且记住这些地点的位置。

在日常生活中，人们经常会为自己的旅游或者是出行做出一些计划，这些计划就是路线记忆法的应用。比如说你要出去旅游，首先就会有一个明确的地点，那就是自己出发的地方。然后你肯定会给自己规划出一条旅游的路线，比如先到哪个地方，后到哪个地方，沿着什么路线走。再之后你会有一些明确想去的旅游地点，任何人都不可能是先走到一个地方再去寻找旅游地点，肯定是先有了想去的地点，然后才会出去旅游。最后把想去的地点和自己规划的路线结合起来，按照顺序一个地方、一个地方地去，就像《泰囧》中王宝强所扮演的角色，把自己去泰国旅游时要去的地方全都写在了一张纸上，就是对路线记忆法的准确应用。

当然，路线记忆法不只是能够帮助人们记忆一些地点，还能记忆日常生活中各类信息。比如说人们想要记住某种非常美味的菜肴，但是这种菜肴只有某个饭店能做出来，这时候就可以使用路线记忆法，记住那个饭店，同时也记住这个饭店能做出来这种菜肴，这样下次再想吃的时候，就自然会走到那个饭店去吃。

路线记忆法在实际的应用当中是可以变通的。第一，起点位置可以改变，任何一个人们熟悉的明确地点，都可以当作路线记忆法的起点。第二，路线可以改变，路线的规划本来就不是固定的，根据需要记忆的地点和信息的不同，记忆的路线也要不断改变。同时，由于有些人需要记忆的信息不可能全都出现在一条路线上，因此也可以允许多条路线同时出现，但是这样也有了更严格的要求，一定不能让路线记忆混乱，否则没办法帮助自己记忆。第三，路线上的地点可以改变，很多时候一些地点只是在人们生活中的某个时间段中才能产生作用，这个时间里需要把这个地点记忆清楚，但是一旦过了时间，这个地点就没用了，不需要再记忆了。这时候，它依然出现在人们选定的路线上就显得很多余，没有意义，因此，可以自己在路线上把没用的地点抹去，同时加入其他一些原本没有的、但是确是人们需要记忆的地点。

除了这种普通的路线记忆法之外，还有一种方法，能够帮助人们更好地记住一篇文章，并且能够为人们做笔记和注释提供重点和结构，叫作6WH法，这也是一种路线记忆法。这里所说的6WH，是7个英文单词的首字母，分别是Who、What、Where、When、What for、Why、

How。在这些单词当中，Who 表示的是行动的主语，或者说是一篇文章的主人公；What 表示的是文章当中所讲述的故事，它到底是什么样的；Where 表示文章中所讲述的故事发生的地点；When 表示的是文章中所讲述的故事发生的时间；What for 表示的是文章中的主人公做这件事情的目的是什么；Why 表示的是文章中所讲述的故事发生的原因是什么；How 表示的是文章中主人公在做事情时所使用的方式和方法。

之所以把 6WH 这种方法也算到路线记忆法中，是因为在阅读一篇文章的时候，只要把 6WH 当作 7 个问题问自己，把阅读文章当作解答的过程，那么人们就能够轻松地理解并且记忆文章的整个内容。也就是说者 6WH 相当于是一条路线，只要沿着这条路线走，就能够快速到达终点。

事实上，不单单是阅读文章需要按照 6WH 的方法去进行，人们在平时写文章的时候，同样要按照这个方法去写作。一方面，时间、地点、人物本身就是一篇文章当中不可缺少的三要素，写文章的时候当然不可缺少；同时文章要言之有物，这就要求文章要有一个主题事件，而事件当中就不能缺少起因、经过和结果，因此在写文章的时候这些要素也不可以缺少；再有文章中发生的事件一定要和主人公有一定的关系，否则写出来的文章就会非常混乱。另一方面，按照 6WH 的方法进行写作，也会让人们的写作过程变得非常流畅，能使文章连贯并且方便人们对自己的文章进行组织和安排，保证文章有一个合理的逻辑顺序。

⊙提纲记忆法

提纲记忆法就是指通过对记忆材料的分析和总结，将其归纳成提纲的形式进行记忆的一种方法。这种方法不仅能够促使人们对记忆材料进行深入的思考，加深对记忆材料的理解，同时也能将材料中的知识系统化，按照一定的顺序储存到自己的记忆库中，无论是对保持记忆还是对回忆，都有一定的好处。实际上，编写提纲本身就是一个加深对记忆材料的理解和巩固记忆的过程，从这一点上来看。提高记忆法确实是有助于人们记忆的。

使用提纲记忆法时，最重要的步骤就是编制提纲。编制提纲的主要目的是对记忆材料进行分析、综合和概括，主要的作用是体现材料的主要内容、精神实质以及相互之间的逻辑关系，同时也能体现人们自己的语言风格，使材料更符合自身的记忆特点，最终提高自身的记忆效果。那么，编制提纲为什么能提高记忆效果呢？

第一，提纲是对整个材料的概括，因此线索清晰，内容简便，方便人们直接观察；第二，虽然与整个记忆材料相比，提纲的内容简便，但是，它却概括了记忆材料的全部内容，也就是说我们记忆提纲和记忆完整的记忆材料的效果是一样的，但是记忆提纲却能节省很多时间；第三，提纲像正常的文章那样，时间、地点等各种因素俱全，它只要概括出主要内容就可以，因此在行文上异于常规文章，同时因为篇幅短小，有一种"小清新"的感觉，能给人留下深刻的印象；第四，编制提纲，能够把记忆材料内部的各种联系全部整理清楚，使人们分清材料内容的主次，条理分明、层次分明，做到有针对性地记忆，加速记忆过程；第五，提纲语言简洁，表达意思直接明了，集中了材料中所有内容的精华，自然方便人们记忆。

提纲记忆法条理分明，虽然简化了记忆材料，却保留了记忆材料内部的联系，是提高记忆效果和记忆效率的重要方法。那么，究竟应该怎样运用提纲记忆法呢？

第一，要熟读并且分析记忆材料，找到记忆材料内部的各种关系和其基本的脉络，为编写提纲打下坚实的基础，并做好充分的准备。提纲毕竟是对记忆材料的概括，因此熟读并且掌握记忆材料的主要内容是十分重要的；另外，所谓概括，既不能脱离原材料的主要内容，又必须要把整个材料内容用简洁的语言表达出来，这就要求我们必须对材料进行分析，找准材料中的主要内容和主要关系，这样才能编制出最准确的提纲。

第二，发挥大脑对信息的组织能力，对记忆材料进行概括和综合。这是使用提纲记忆法最主要的步骤。在概括材料时，一定要抓住记忆材料的重点和主干，并且把要记忆的材料纳入大脑原有的知识中，使其变得条理化。只有对材料进行概括和综合之后，才有了编制提纲的根据。

第三，在深刻理解材料内容，把握材料中的各种关系的基础上，用文字的形式编制出提纲。要用自己的语言，把经过分析和综合并储存在大脑中的内容表现出来，甚至在有必要的情况下也可以和别人进行讨论，避免自己编制的提纲不够完美。

这样编制完成提纲之后，就为人们使用提纲记忆法进行记忆打下了良好的基础。然后，只要按照提纲进行记忆，记忆材料中包括的所有主要内容，我们就全部都能记住。

编制提纲并不是千篇一律的，必须要根据记忆材料的具体篇幅、分量、内容等实际情况进行编制。同时，要根据记忆材料的主要内容，分清主次和关系，明确各个部分内容在材料中所占的地位，以主干为中心进行编制。同时，提纲是为自己服务的，因此必须要用自己的语言进行编制、概括和表述，这样才能最有效地提高记忆效率。当然，使用提纲记忆法之后，复习必不可少，如果不复习，即便是提纲做得再简便、再方便，一段时间之后仍然会忘记材料的内容。

思维性记忆法

⊙细节观察法

细节观察法是指有意识地抓住或认准事物的某些细节，并且积极地进行观察，从而达到记忆某些事物的目的。一般来说，细节观察得越具体、越细致，人们对事物的记忆就越深刻。

大多数人都应该有这样的体会，自己清楚仔细观察过的事物，记忆会很深刻，相反，走马观花似的看过的事物，则很难清晰地记忆。就像是记一辆汽车，如果它停放着让人们仔细看，那汽车的各个方面肯定都能被记住；如果是汽车从人们的身边飞速行驶过去，只来得及看一眼，那人们除了能够记住汽车行驶起来很快之外，其他的一定全都记不住。

当然，并不是说所有人们仔细观察过的事物，都能够储存到人们的记忆中，有些时候，人们虽然仔细观察过一些事物，却仍然记不住，这是因为人们对它完全没有兴趣。事物是否能储存到人的大脑中，最关键的一点是人们是否对它感兴趣。事实上，使用细节观察法使用的前提，就是人们对事物有一定的兴趣。

那么为什么人们对感兴趣的事物进行仔细观察后，就能够把它储存到自己的记忆中呢？

第一，仔细观察能让人们对事物认识和理解更深刻。人们对一件事物理解越深刻，记忆就越清晰，就像学生学习各种知识一样，对知识理解越透彻，记忆就越深刻，运用的时候也会越轻松。人们观察事物的过程，实际上就是一个对事物进行认知和理解的过程，这个过程越仔细，能观察到的东西就越多，能找出来的信息也就越多，对事物的理解就会越深刻。就像电视中的警察处理各种案件一样，为什么警察要无数次地勘察案发现场，就是为了能够找到对破获案件有帮助的各种信息，很多时候案件的告破，都是因为警察在无数次的观察案发现场之后，发现了有用的信息，才找到真正的罪犯。

另外，人们经过仔细观察，理解了一些信息之后，就能够用自己的语言把信息描述出来，这同样有助于人们记忆信息。比如某些物品的使用说明书，一般说明书都会做得非常仔细，各种各样有用和没用的步骤全部集中在一起，但是有时候这种仔细代表的就是非常乏味，不能引起人们的兴趣，甚至有时候会让人们无法弄清楚。这种时候人们就可以通过仔细观察，找到每个步骤的核心内容或先后次序，把这些东西用自己的语言表述出来。人们对于自己的语言的理解一定是非常透彻的，这样人们就会对整个说明书中重要的内容记忆深刻，长时间都不会忘记。

第二，观察事物的过程，本身就是一个对和事物有关的信息，进行编码的过程。编码是各种信息转变成记忆的第一步，人们在观察事物的时候，会得到各种各样的信息，这些信息输入到大脑中后会自动进行编码，并且储存到记忆系统中，最后形成记忆。

第三，仔细观察有助于把事物的信息，与人们已有的记忆进行联系，帮助人们记忆。把事物或者是记忆信息和已有的记忆进行联系，是人们记忆的一个重要方式。人们有意识地观察某种事物需要用到的人体器官主要是眼睛，但是，在人们观察事物的过程中，并不是只有眼睛在运动，大脑同样也在进行着各种活动。人们观察事物时所得到的信息，会通过眼睛传输到人们的大脑中，大脑会自动把这些信息和已有的记忆进行联系。观察越仔细，观察时间越长，得到的信息就越多，和大脑中已有记忆的联系也就越多，人们的记忆就越深刻。比如说人们观察一件古代的艺术品，在观察的同时，可以把大脑中已知的艺术品的年代、作者、材料等和其紧密地联系起来，这样人们对这件艺术品的印象一定非常深刻。

细节观察法在现实生活中的应用非常广泛，人们能用它记忆的事物有很多，包括教别人使用某些东西、记忆在商店中看到的某种物品、记忆新认识的朋友、某种物品的介绍、和别人讨论某种物品等。

⊙外部暗示法

外部暗示法是指当人们不能回忆出某些事情时，可以通过外部的一些辅助工具的帮助，或者是外部环境的改变，把不能回忆出来的事情回忆起来；另外，人们在进行记忆活动时，不一定把所有的信息全部都记忆到大脑中，有些信息可以通过外部的辅助工具来帮助人们记忆。总之，外部环境和一些辅助工具的帮助，对人们进行记忆活动有很大的帮助。

把所有的信息都写下来，是一种非常有效的记忆方法。在日常生活中，很多信息非常重要，需要人们仔细记忆。但是人们的大脑容量是有限的，同时接收很多重要的信息，不可能全部记住，如果把所有信息全都用大脑去记忆，很容易会造成大脑疲劳；另外，人们每天虽然看似有很多时间，但是却并不能把所有的时间全部拿出来进行记忆活动，同时大脑也需要休息和补充营养。也就是说，虽然人们每天都需要记忆很多信息，但是却不能全都用大脑去记忆，需要一些外部辅助手段，来帮助人们进行记忆活动。如果能够用自己所在的外部环境中的一些工具来帮助和提示自己，那么人们的大脑就可以进行其他的活动或者是休息。事实上，大多数人都会用外部辅助工具，来帮助自己记忆和提示自己回忆。

在日常生活中，最常用的辅助工具是笔记本、日常表和约会簿，人们会把自己需要记忆的一些信息记录在里面，在需要的时候看一下，这就能够帮助人们记住或回忆起这些信息。比如一些工作非常忙碌的人，他们会把每天要做的事情都记录下来，随时翻看，这样就不应再花费时间去记这些事，让自己的大脑去思考其他的事情。

随着科技的发展，电脑、录音机等高科技产品，逐渐成了辅助人们记忆的主要工具。比如说我们在参加会议或者是对别人进行采访时，会在短时间内得到大量有用的信息，但是这些信息我们却不能全部用大脑记住，这时候就可以用录音机把别人说的话全部都录下来，等到事情结束之后再进行整理，避免一些重要信息被遗忘。

辅助工具对人们的记忆活动有很大的帮助。但是这并不能说明辅助工具起到的全是正面作用，有时候，辅助工具也会起到一些不好的作用。

人们在进行记忆活动的时候，不仅能够记住各种信息，还能够充分利用和开发大脑的记忆能力。大脑记忆能力的充分开发，对人们进行各种社会活动，会产生积极的影响。但是如果记忆任何信息都要借助外部辅助工具，那就会阻碍大脑的思想训练，从而阻碍大脑记忆能力的开发，使人们产生一种懒惰的心理和情绪，对人们进行各种社会活动产生消极的影响。同时，对外部辅助工具过分依赖，也容易对个人的独立性产生不利的影响。

外部环境的改变，同样能提醒人们记住某件事情。人们对于自身所生活的外部环境都是非常熟悉的，一旦这个环境中的某一点发生了变化，就会对人们起到一种暗示的作用，提示人们应该去做某些事情了。这种改变其实并不需要多么大的场面，有时候只是一点点微小的改变就能够起到一种很好的提醒作用。比如说人们上班需要带上某些东西，就可以提前把东西拿出来放在一个显眼的地方；再比如说想要洗衣服，就可以提前把脏衣服放到洗衣机附近，这样就能够提示人们该洗衣服了。

这种通过改变环境的方式来提示人们记忆的方法，任何人都可以使用，但是由于人与人之间的习惯、生活方式等的不同，不同的人记忆同一件事情对环境的改变方式可能是不同的，比如说第二天上班要带的某样东西，有些人可能会把它放在客厅的茶几上、有些人可能会把它放在门口，还有些人可能会把它和自己的包包放在一起，虽然改变的方式不同，但是却都能够对人们起到提醒的作用。这也就是说每个人在使用这种方法的时候，都必须要按照自己平时的习惯去改变外部环境，不要因为别人的方法比较好就去模仿别人，否则的话很可能环境被改变了，却没有起到提示的作用。

使用改变外部环境来提示人们记忆的方法，还有一条重要的原则，就是不能拖延，这一点至关重要。只要一想到以后要做的事情，一定要在第一时间选择出正确的提示方式，不然的话很可能在一段时间之后就忘记了自己需要做的事情。

⊙ 虚构故事法

虚构故事法是指当人们需要记忆很多信息和事物，并且这些信息和事物相互之间没有联系的时候，可以运用自己的联想，把这些故事和信息变成一段简单有趣的小故事，来帮助人们记忆的一种方法。

比如说，人们要记忆"红塔山、狂奔、喜欢、足球、绊倒、汽车、啤酒、警察、哥哥、惊醒"这些词语，就可以运用自己的联想，编出一个小故事来对这些词语进行记忆。

有一天，小明抽着一根红塔山走在黑夜之中的马路上，突然从路边蹿出来一条狗，并且直接向小明狂奔了过来，小明很害怕，心想这条狗不会是喜欢上自己了吧，可是自己的内心接受不了啊，于是他掉头就跑。可是跑着跑着，突然被一个足球绊倒。小明站起来继续跑，可是这时候却发现狗已经开着汽车追了上来。小明见跑不过，于是停下来，掏出一瓶啤酒对追上来的狗说："你先喝点酒歇歇，我继续跑，一会儿你再追。"于是他继续向前跑。过了一会儿，他突然看见了一个警察站在路上，于是跑上去对警察说："后面有一条狗酒驾。"于是警察把狗抓了起来。这个时候狗才有机会对小明说："我是你失散多年的亲哥哥啊！"于是，小明从梦中惊醒了。

从这些词语表面上的意思来看，它们似乎没有任何关系，这也导致了人们所编的这个故事并不符合实际情况，非常具有离奇的色彩。可能有人在听了这个故事之后会嗤之以鼻，认为这就是胡编乱造，没有任何的意义。确实，这个故事并没有任何意义，但是，人们编这个故事的根本原因并不是为了讲故事，也不是为了娱乐听众，而是为了要记忆那些看起来没有任何关系的词语。从结果上看，人们要记忆的词语都被编到了这个故事当中，如果把这个故事背诵熟练，那么人们所需要记忆的词语就全部都能记住了。也就是说，为了记忆某些信息而编造一个不符合实际的故事，这种做法是有很大效果的，人们可以通过这样的方式来记住自己需要记忆的东西。其实这种方式就是运用了虚构故事法。

从故事中可以看出，虚构故事中运用到的最重要的大脑思维活动就是联想，人们需要通过联想把一些不存在任何关系的信息联系起来，从而达到记忆信息的目的。很多人觉得即便是运用大脑进行联想，也要符合一定的现实，但是实际情况却并不是这样的。就像上面所说的例子，由于需要人们记忆的信息本身并不存在相互关系，导致了这种联想基本上都是不符合实际的，也是没有任何逻辑关系的。

人们在运用虚构故事法进行记忆时，也可以根据实际情况对这种方法进行灵活的改变，比如说当信息实在是太多时，可以不止编一个小故事，而是编几个小故事分别进行记忆；再比如当人们需要记忆更多的细节时，也可以为自己编的小故事配上图片或者图表等情境内容作为提示，使自己可以联系实际情境进行记忆，这样就能记住更多的细节。

如果人们能够掌握虚构故事法，将会对记忆活动有很大的帮助，特别是在记忆材料复杂并且繁多的时候，运用这种方法更能起到非常好的作用。

当然，虚构故事法虽然对人们的记忆有很大的促进作用，但是在运用这种方法的时候，还有一定的原则需要遵守。

第一是人们在使用虚构故事法进行记忆活动的时候，必须要按照人们需要记忆的信息的顺序去编故事，不能把信息原有的顺序颠倒或者打乱。实际上这一点也可以算是虚构故事法的缺点和局限性。就像前面的那个例子，如果有人问足球是出现在喜欢之前还是喜欢之后的时候，如果变化了信息的顺序，人们就不可能回答出来了。当然，这意味着人们也只能按照特定的顺序来记忆信息，因为当人们在对信息进行回忆的时候，只能通过对整个故事的重新搜索才能回忆出来。

第二是人们运用联想编出来的故事，尽量要具有趣味性。这一点并不是必须要坚持的原则，但是有趣味性的故事和毫无意义并且让人昏昏欲睡的故事相比，人们记忆有趣味性的故事效果会更好，甚至有些人可能根本就不可能记住那些毫无意义的故事，即便这些故事是他们自己编造的。

第三是虚构故事法虽然是运用联想编故事来帮助人们记忆，并且即使人们编出来的故事可以不符合实际情况，也可以让别人听得云里雾里，但是故事必须要让自己能够理解，如果自己都不能弄清楚自己编出来的故事，那么只会让自己的记忆变得一团糟。

⊙逻辑推理法

逻辑推理法指的是通过思考、推理等手段，找到各种信息之间的某种规则、逻辑或者是联系，重新规划信息，使信息变得有意义，从而提高记忆力的方法。

思考就是通过大脑思维活动来想一些事情，而推理就是根据一些已知的条件，得出未知的结论。看起来这两种行为确实都和人们的记忆力没有任何的关系，就像一个非常擅长思考和推理的人，即使记忆力很好，也只是在这两个方面相关的事情上的记忆力很好，但是对于其他方面的信息却手足无措，没有这么好的记忆力，这样就导致了很多人都认为逻辑思考能力和推理能力和记忆力没有任何关系。但是事实恰好相反，如果一个人拥有非常好的逻辑思考能力和推理能力，那么这个人的记忆力也能够变得非常好。

第一，思考和推理都是在人们的大脑中进行的活动。经常进行逻辑思考和推理的人，大脑一定非常活跃，得到的锻炼也一定很多，相应地，大脑一定非常发达。而记忆活动同样是发生在人们大脑中的活动，一般来说，人们大脑内部的活动越活跃，人们的记忆效果就会越好。一个发达、活跃的大脑，一定会对记忆活动起到促进作用，使人们的记忆能力显著提高。

第二，思考和推理能够提高人们对信息理解的程度。人们对各种信息的记忆程度，与人们对信息的理解和加工程度是分不开的：信息加工和理解得越透彻、越清晰，记忆效果就越好；反之，人们对信息的记忆效果则非常差。逻辑思考和推理本身就是一个对信息加工和理解的过程。思考的过程需要对信息进行分析，这样就能够加深人们对信息的认知和理解，在人们得到自己思考的结果的同时，信息就已经被分析和理解透彻；人们在进行逻辑推理的时候，同样需要对各种信息进行分析，这样才能推理出正确的结论，因此在推理的过程中人们对信息也已经分析和理解透彻了。这也就是说，通过逻辑思考和推理的方式，人们能够记忆各种各样的信息。

第三，复杂信息的记忆需要运用一些特殊的方法，比如找到不同信息之间的共同点。人们可以通过对共同点的记忆、把共同点当作字钩等方法，来记忆各种不同的信息。逻辑推理的过程本身就是一个找信息之间共同点和不同点的过程，只要能够找到信息之间的共同点，那么各种信息就能够轻松储存到人们的记忆里。

第四，当信息以一个完善的逻辑体系的方式，储存在记忆系统中时，一旦人们遇到问题，记忆系统中的信息结构就能被迅速调动起来，并且能够以最快的速度找到解决事情的方法。对信息的逻辑思考和推理能够使各种不同的信息凝结成一个完善的体系，同时由于人们在思考和推理的过程中，对信息的分析和理解非常透彻，导致这种知识形成的体系，会直接储存到人们的记忆系统中，在人们有需要的时候为人们服务。

逻辑推理法同样离不开想象力的帮助，因为在人们进行逻辑思考和推理的过程中，想象力能够帮助人们迅速在各种不同的信息之间建立一定的联系，从而大大方便人们达成逻辑思考和推理的目的。

总之，逻辑推理法不仅能使人们的大脑变得训练有素，大大提高人们的智力水平，同时也能够有效地改善人们的记忆能力，增强人们对各种信息的记忆效果。

⊙联想记忆法

看到了一个事物就会自然想到另一个事物，这就是联想。正是因为有了联想，人们才会将不同的事物之间联系在一起。因此，联想在记忆过程中起着非常重要的作用，人们会自动寻找客观事物之间的关系和联系，然后把关系和联系在大脑中形成相互连贯的线条，这种连贯的线条就是记忆和联想的基础。

联想和记忆有着密切的关系，联想是最重要的记忆法之一。适当地利用联想记忆法，对增进记忆力有很大的帮助。下面我们介绍四种主要的联想记忆法：

1.接近联想法，指两种事物之间在空间上同时或接近，时间上也同时或接近，然后在此基础上建立起一种联想的方式。

首先举例说明空间联想，例如，有时候很熟悉的外语单词，到用的时候一下子就想不起来了，可是这个单词在书本的什么位置却清晰记得，这样我们就可以想一下这个单词前面是什么词、后面是什么词，这样持续地联想，往往对想起这个单词有很大的帮助。因为这个单词与前面的单词、后面的单词位置很接近，所以在空间上建立起了一种联想。

我们再举例说明时间联想法，例如，一个人去参加女儿的毕业典礼，在毕业典礼上他和他的女儿拍了张照片，可后来他却发现找不到了。于是这个人就回忆当时是在什么情况下丢的。他晚上回到家还和全家人看了照片，看完后他想着放到一个比较容易找到的地方，等买到相册，放到相册里。晚上11点多他上床睡觉，那照片放到哪儿了呢？突然，他想到是顺手放到了床头柜里了。这就是在时间上建立起来的联想。

2. 相似联想法，即一个事物和另一个事物类似时，往往会看到这个事物从而联想到另一个事物。相似联想突出了事物之间的相似性和共同的性质、特征。事物相似包括原理相似、结构相似、性质相似、功能相似的事物。

结构相似是指事物从外观构造上相似。例如，以青为基本字，组成"情、请、晴、清"等字。由于这几个字字形相似，所以很容易引起联想。

性质相似又可以分为形态相似、成分相似、颜色相似、声音相似等。例如，利用声音的相似词语来代替被记材料，我国唐代以后的五代：梁、唐、晋、汉、周，记起来比较不容易，顺序也会颠倒。因此，以"良糖浸好酒"来代替很容易记忆。

原理相似和功能相似也是这个道理。总之，通过记忆两者之间的相似性和共性，便可在记忆中能发挥很好的作用。如果在学习中能准确到位地使用相似联想法，会有助于提高记忆效果。

3. 对比联想是由一事物想到和它具有相反特征的方法。也就是说通过对各种事物进行比较，抓住其特有的性质，从而帮助我们增强记忆力。如，抗金英雄岳飞庙前有这样一副楹联，写的是"青山有幸埋忠骨，白铁无辜铸佞臣"。"有"和"无"是相反，"埋忠骨"和"铸佞臣"是对比。我们只要记住这副对子的上句，下句通过对比联想，毫不费力就记住了。由于客观世界是对立统一的关系，所以联想事物之间既存在共性也存在对立性。如，由黑想到白，由大想到小，由温暖想到寒冷等。

4.关系联想法是由原因想到结果、由结果想到原因、由局部想到整体，或者由整体回忆起局部的方法。在我们学习过程中，有许多材料能用到关系联想这种记忆方法，通过此方法可以有效地达到我们记忆的目的。例如，你想不起很多年前的一次考试或者一场比赛的结果了，但是你能想起你当时非常沮丧，朋友和家人都安慰你了。根据这个结果，你很可能就会回忆起你在考试或者比赛中的表现，这就是从结果推导原因的一种联想。

综上所述，大多数人都会通过联想记忆东西。比如你银行卡密码的设置时是生日或是你喜欢的数字等。相反，如果有些事物和我们知道的东西联系不起来，我们要如何记住它们呢？这时，你就要发挥丰富的想象力了。当一个人想记住一些东西，他就会用自己想象力量唤起埋藏于内心的情景和图像，然后将这些情景和图像储存在心里。如你想记住西奈山的启示，你只需要想象一下，你站在以色列人当中聆听先知摩西颁布"十诫"时的情景，你会牢牢记住它。这是一种联想记忆的能力。

联想是记忆的重要手段，能够强化记忆。我们在记忆和学习新事物时，要善于想象，不能局限于一种联想法的应用。另外，联想会受一些因素的影响，对于新形成的联想就容易回忆，如最近看过的电影就比以前看过的电影容易回忆。联想反复使用的次数越多越不容易忘记，如乘法口诀。我们应该积极、主动、充分发挥联想在记忆中的作用，以提高记忆水平。

⊙罗马房间记忆法

罗马人是记忆术的伟大发明者和实践者。在当时，他们构建了一种很流行的记忆方法，那就是罗马房间记忆法。

罗马房间记忆法充分运用了左右脑的功能，因而这种方法可以很好地检验左脑和右脑皮层，以及各种记忆方法的应用情况。使用罗马房间记忆法需要在大脑中建立精确的结构和次序，还需要大量的想象和联想。罗马人想象的是通过房子和房间的入口，然后将尽可能多的物体和各式家具塞满房间，他们把每件物体和每件家具与要记忆的事物联系起来。

这种记忆法对想象没有限制。你可以迅速想一下房间的形状，要怎样设计，接下来想在房间里应该放的东西。这些完成后，拿出一张白纸画出你想象到的房间，无论是平面图、效果图或是艺术家式的绘画都可以，然后在布置的事项上标上名称。刚开始时，你可以先标 10 个特定位置的注意事项，慢慢扩大到 15 个、20 个、25 个、30 个等。以此类推，不断增加。所以说罗马记忆法凭借想象，能够想记多少就记多少。

使用此记忆法时，无论是联想还是设计挂住信息的记忆"挂钩"，大脑会发挥想象力、文字、数字、空间和色彩等功能。同时随着挂钩的增加，记忆的信息也会大量地增加。在大脑中信息可以变，但挂住信息的"挂钩"是固定的。当把房间内的挂钩都按照顺序设计好后，一定要不断地在房间里"虚拟漫步"，把所有挂钩的顺序、位置和数目牢牢记住。

例如，古罗马著名演说家马库斯·图留斯·西塞罗，他在自己的演说中应用的就是"罗马房间记忆法"。他通过想象将演讲中的话题和自己房间中的物品绑在一起记忆。

在演讲之前，西塞罗把演讲的事项放到了想象的房间，并与房间内的结构、物品联系在一起。他想象着他的房间：前门两边有两根巨大的柱子，两位新任部长在入口处分别抱着那两根柱子；走廊的中央有一尊精美的希腊雕像，希腊雕像正穿着由大设计师设计的新军装；客厅里有一张大沙发，那张大沙发上扎进了一支锋利的箭，旁边放着一顶光彩夺目的头盔，铮亮的鞋子紧挨着头盔；厨房在客厅的左侧，在厨房里，一匹马正在吃着地上的干草；厨房旁边有一个楼梯，运动员在楼梯上跑上跑下；楼上是一间卧室，里面有张大床。一个胖官员慵懒地躺在床上，手里拿着"最佳官员"的勋章。

到了西塞罗演讲的那一天，他站在观众面前，开始了他的房间"虚拟漫步"。首先映入他脑海的是前门入口处的两根巨大的柱子，两根柱子旁边分别是新任命的部长。走廊中的希腊雕像看上去格外不同凡响，原因是这位希腊女神穿着由乔治乌斯·阿玛尼乌斯设计的新军装。接下来他又来到了客厅，看到了沙发上的三样东西：一支锋利的箭、耀眼的盔甲和铮亮的鞋子。然后西塞罗又注意到了左侧的厨房，里面有一匹马，他马上想到了"护理马匹"的宣传活动，着重强调冬季要及时护理马匹。西塞罗继续着他的漫步之旅，他想上楼去自己的卧室，看到几十个运动员在楼梯上来回跑，他上不了楼。这让他联想到"下个月即将召开的运动会"。西塞罗最后走进了卧室，看到一个胖胖地官员舒服的躺在床上睡着了。"这是他应该享受的，教育部门还为这些优秀官员组织了到夏威夷岛度假。"西塞罗大声地向观众说。

在我们日常生活中，也可以用罗马记忆法记住第二天需要做的事情。当然，这并不代表人们使用的记事本、日历、即时贴，这些记忆工具要退出历史舞台，而是我们在没有记事本、即时贴的时候想记住东西，就要使用记忆术了。

罗马人把记忆当作一项重要的资产，他们开发各种记忆术并在日常生活中不断实践。现在和过去，人们所使用的记忆术没有多大差别，唯一区别就是娴熟程度。因此，用罗马房间法做记忆练习时，既要单独做练习，也要和朋友们一起做，直至做到很熟练的程度。

很多人都喜欢这种方法，他们在纸上列出来几百件需要记住的东西，然后放入记忆房间里。接着用大脑皮质的整体功能去精确记住房间里每一个东西的位置、顺序以及数量，同时用感觉器官去接收各种色彩、气味和声音，也可以说在记忆房间里做了一次"精神漫步"。在这漫步的过程中，每一件物品都会提醒你该说的、该做的事情，你也就不会遗忘了。

其他记忆方法

⊙ 重复和机械学习

在进行记忆活动时，某些信息可能会让人不知道应该采用什么样的记忆方法，这时候人们就会采用最笨的方法，那就是对信息进行不停地重复和机械学习，从而达到记忆信息的目的。实际上，对记忆信息进行重复和机械学习，本身就是一种人们常用的记忆方法。任何人都能使用重复和机械学习的方法对自己的记忆进行强化和巩固。

对信息进行重复和机械学习，能够在短时间内增强大脑对信息的印象，使人们不至于对信息产生遗忘。同时，由于短时间内大量同类的信息被输入到人的大脑中，会对大脑某一区域进行不断地刺激，使大脑对这种信息造成的刺激反应更加灵敏，能够在短时间内清晰地记忆这种信息，同样能避免信息被遗忘。因此，对信息的重复和机械学习，也能够有效提高人们的记忆力。

重复和机械学习是一种最纯粹的记忆方法，特别是在学校教育和高等教育这两个阶段中应用最大，它是这两个学习阶段中最简单而有效的学习办法。

重复和机械学习的一种重要方式是朗读。朗读就是指对记忆材料一遍一遍地高声诵读，从而达到对记忆材料进行记忆的办法。

首先，当人们对记忆材料进行朗读的时候，其中的内容会反复输入到人们的大脑当中，加深在大脑中的印象和痕迹，同时也加深大脑对记忆材料的记忆效果。

其次，朗读时人们的各种感觉器官会进行充分合作，包括嘴里发音，耳朵听到自己的发音，眼睛看到记忆材料中的文字，大脑思维也跟着充分活动，使记忆材料通过各种器官，同时输入到人的大脑中，加深记忆材料在大脑中的痕迹，使记忆变得牢固，记忆效果显著提高。

再次，朗读会带给人们大脑一种特殊的刺激，使人们更容易把大脑思维和注意力集中在记忆材料上，更容易进入记忆状态。

最后，人们对记忆材料出声诵读，可以方便人们快速、深刻地领会和掌握记忆材料的节奏和意义，产生一种立体记忆的感觉，增强大脑的刺激，从而帮助人们对记忆材料进行记忆。

朗读本身就是一种行之有效的记忆方法。朗读时需要声音不断变换节奏，语调也不停改变，这就使记忆变得有声有色，让人难以忘记，因此这种办法的记忆效果非常好。

重复和机械学习这种记忆方法，对人们的记忆活动起到的最重要作用，是帮助人们对记忆材料进行熟记和重复巩固。

熟记就是指人们对记忆材料的熟练记忆，事实证明，对记忆材料的重复和机械学习是熟记的最好、最有效的方式，一旦人们失去重复和机械学习这种习惯和能力的时候，熟记便不再是一件简单的事情。

对信息的重复和巩固，是为了让记忆信息在人们的大脑中变得更加坚固，从而使信息转化成长时记忆，在大脑中长期保存。当然，巩固和强化记忆信息的方法有很多，包括联想、分类、重新组织等。或许重复和机械学习并不是巩固信息最有效的方法，但是这一定是最直接的方法，同时也是最普遍的方法。

重复和机械学习的方法，几乎适用于所有记忆材料。当然，越简单的记忆材料，使用这种办法效果就越好。此外，为了面对一些即将到来的情况，使用重复和机械学习的方法也会取得很好的效果。比如说学生们马上就要面临考试，那么就可以在考试之前这几天，不停对考试所要用到的知识进行重复和机械地学习，只要重复得够充分，就能够保证人们在考试的时候不至于忘记这些知识，有效地提高人们面对考试的能力。

重复和机械学习的记忆方法，使用起来也非常简单。只要人们能够找到一个安静的地方坐下来，并且确保不会被人打扰，就可以按照自己习惯和熟悉的方式，对记忆材料进行不断重复和机械学习，从而达到对记忆材料进行记忆的目的。

⊙鸟瞰记忆法

鸟瞰记忆法指的是人们在记忆各种信息时，尽量使信息在大脑中产生一个完整的形象的记忆办法。鸟瞰记忆法也可以叫作信息的完整记忆法，因为它着重强调的，是信息要在大脑中产生一个完整的形象，也就是说人们在对各种信息进行记忆的时候，不能把信息拆分之后再记忆，而是在信息必须保持相对完整的情况下才能记忆。

一般来说，人们在对信息进行记忆时，会不自觉地把信息分开、割裂，变成一些简单的信息来进行记忆。很多人都认为把信息分散之后会比整体的信息更容易记忆：一方面，信息在被割裂之后会变成简单的信息，而简单的信息确实要比那些复杂的信息要好记忆；另一方面，似乎记忆简单的信息所花费的时间和精力，要比记忆复杂信息所花费的时间和精力要少很多，可以帮助人们节省更多的时间和精力去做其他的事情，或者是记忆其他的信息。

这只是人们的一种想当然的想法，实际上，这种做法并不一定能够提高人们的记忆力和记忆效率。当一个完整的信息被人为割裂之后，虽然变成了简单的信息，方便了人们的记忆，但是人们记忆的也只是那些简单的信息，而并不是完整的信息。同时因为完整的信息已经被割裂，信息内部和信息之间本来存在的联系消失，从而使人们很难把那些简单的信息联系起来，还原成完整的信息，这样人们记忆的那些简单的信息变得没有任何意义。就像背诵一篇课文一样，有些人可能会选择把课文按照段落分开，一段一段地背诵，这样最后同样能把这篇课文被动下来。但是如果要对课文进行整体背诵的话就会出现麻烦，因为人们当时是一段一段分开背诵的，割裂了段落和段落之间的联系，因此在背诵的时候很可能会使课文的顺序发生颠倒，这样造成的结果和没有将这篇课文背诵下来没有什么区别。就像在考试的时候，不回答和回答错误都拿不到分是一样的。

使用鸟瞰记忆法，就是为了能够让信息在大脑中保持完整的形象，这样人们在记忆信息时就不会丢失信息之间相互的联系，这会对人们的记忆活动和记忆效率起到很大的促进作用。

事实上，有很多实验早已经证明了运用鸟瞰的整体记忆方法要比部分记忆方法好，起码在时间上会节省出一部分。例如一个著名的实验，一个年轻人拿了两首同样长度和难度的诗，自己分别背诵这两首诗，其中一首用整体方法背诵，一首用部分方法来背诵，并且每天都是背诵35分钟直到完全背诵下来，结果最后用整体背诵法背诵那首诗总共用了348分钟，而用分散方法背诵那首诗总共用了431分钟，鸟瞰记忆法很明显比部分法节省了83分钟。

鸟瞰记忆法当中所说的整体，是指信息应该保持一种相对意义上的完整，即一个整体的信息可以被分散和割裂，但是信息内部和信息之间的联系必须保证是完整的，不能被割裂和分开。

人们所需要记忆的信息在很多时候都是非常复杂的，这就给记忆活动带来了一定的困难，即使人们能够记忆下来，在时间上和精力上的消耗也非常不划算，这时候分散这些信息就成了必然的选择。但是必须要注意，绝对不能把信息内部和信息之间的联系割裂，这样才能基本上保证信息的相对完整性，保证人们对信息的记忆效率。

在现实生活中，鸟瞰记忆法能记忆很多信息，包括一个人的名字、长相等，或者是记忆别人提出的问题，方便自己进行回答等。

应用鸟瞰记忆法的例子有很多。

美国内战时期的著名总统林肯就非常擅长使用鸟瞰记忆法。在一次招待会上，林肯为了使自己在讲话的时候不被别人打断，于是让别人先把所有的问题全都提出来，之后他再回答。于是人们依次提出了自己的问题，林肯也在所有人都提问过之后花费了40分钟的时间全部做出了答复。之所以会出现这样的情况，主要是林肯抓住了每一个问题的核心并且把它记忆下来。这就是林肯使用鸟瞰记忆法之后得到的效果。据说还有一次在国会的听证会上，他使用了鸟瞰记忆法，凭借着自己的记忆回答出了别人提出的所有问题。

在各种运动员的训练中，鸟瞰记忆法这种整体性的记忆方法也得到了越来越多的应用。例如在一些运动员的训练当中，教练员只会向运动员传授整体的、连贯的动作，并且进行一定的示范，却不进行分解动作的教学，只是在做完全部动作之后让运动员自己去试着练习，随后让运动员使用自我暗示的方法对动作进行纠正，并且检查自己的不足。

一些知名的棋坛大师级人物能够和很多人同时进行对弈，这也是因为他们在和别人对弈的过程中使用了鸟瞰记忆法，用自己的记忆力记住了所有对手的棋局，同时也思考了战胜他们的办法。

当然，也并不是所有的记忆材料都适合使用鸟瞰记忆法。虽然鸟瞰记忆法的优点有很多，但是一旦遇到记忆材料过长，或者是材料中所包含的信息过多的情况，就没有办法使用鸟瞰记忆法这样的整体记忆法，这时候不如化整为零，使用分散的方法进行记忆。比如说连续一天记忆一个信息和把这个信息分为两个半天来记忆，肯定是后面这种办法的效果好一些。事实上，整体记忆法最适用于那些相对简单和短小的记忆材料。当然如果有可能，分散信息的时候也要保持信息的相对完整性。

⊙ 间隔记忆法

间隔记忆法指的是在人们进行记忆活动的过程中，把记忆和另一个关键的因素结合起来，能够有效地提高人们的记忆力，使人们的工作和生活变得更效率、更迅捷、更方便。人们在运用间隔记忆法时，涉及的最关键因素就是时间。

人们在进行记忆活动的过程中，时间的间隔主要出现在记忆从短时记忆向长时记忆转化的过程中，也就是人们对信息进行重复的过程。在人们对信息进行重复的时候，不能一刻不停地进行重复，必须在每次重复一遍信息之后，间隔一段时间再重复第二次，随后再间隔一段时间重复第三次，这样最终短时记忆才会转化成长时记忆。

当然，这样做是有一定的原因的。

第一，为了让大脑得到适当的休息。虽然说人们在对记忆信息进行重复的时候，外界信息向大脑中输入的过程已经停止了，但是大脑仍然需要为了重复信息而不停工作。大脑不是机器，机器可以不需要休息，但是大脑必须要在运行了一段时间之后休息一下，才能保证接下来运行效率不会下降。这就像足球运动员在踢过一场高强度的比赛之后，需要休息几天，之后才能进行下一场比赛，否则就会没体力，所以现实生活中正常的足球比赛每支球队都是间隔几天才有一场比赛。如果人们一刻不停地对信息进行重复，那么大脑就会不停运转，得不到足够的休息，长时间之后大脑的工作效率就会下降，从而影响人们的记忆效率。所以重复记忆信息的过程不能连续进行，必须要间隔一段时间才可以。

第二，时间上的间隔在一定程度上也能够检验出人们对信息的记忆效果。一般来说，人们想要检验自己究竟有没有记住信息，需要看的是一段时间之后人们能否回忆出这段信息。这就像学生们上学的时候经常会考试一样，考试的目的就是老师为了检验前一段时间所讲述的知识学生到底有没有记住，如果考试成绩好，说明前一段时间学习的知识学生们都记住了；如果考试成绩不好，说明都没记住。记忆信息想要从短时记忆转化成长时记忆，由于各种记忆材料的性质、复杂程度等不同，重复的次数也是不同的，有些可能重复几次就记住了，有些可能重复很多次都记不住。如果人们在重复的过程中一刻都不停，那么就不会知道自己到底有没有记住，因为根本没有时间去检验，这样一旦信息都已经进入到长时记忆系统当中，但是人们却依旧在对信息进行重复，就会浪费很多不必要的时间和精力。所以在重复信息的过程中一定要有意识地间隔一段时间，顺便检验自己到底有没有记住需要记忆的信息。

那么在重复信息的过程中，需要间隔多长时间重复一次呢？人们在重复信息的过程中，间隔的时间是和很多因素有关的，比如说记忆材料的长短程度、复杂程度和人们自身的记忆能力等。就像同一个记忆材料，记忆力好的人重复的时候，间隔的时间可以长一点，而记忆力不好的人，间隔的时间就不能过长。间隔时间的标准是在信息不至于被遗忘的范围内尽可能长一些。在这段时间中，记忆信息不会被遗忘，人们重复信息和记忆信息都能顺利地进行，同时，大脑也能够得到足够的休息，不会因为休息不够而导致记忆效果下降。比如说一段信息如果在人们大脑中停留二十五秒钟之后会被遗忘，那么人们选择重复信息的时间就可以是信息在大脑中停留二十秒钟到二十五秒钟这段时间内，这时候，信息还没有被遗忘，重复信息就相当于重新巩固了一次，同时，大脑的休息时间也足够，不会影响后面的记忆效果。

间隔的时间并不是一成不变的，一般来说，随着人们对信息的重复次数越来越多，间隔的时间也会越来越长。遗忘规律表明，信息在输入大脑的早期保存的时间很短，越往后面，信息保存的时间越长。也就是说，当人们不停地对记忆信息进行重复之后，信息在大脑中保存的时间会越来越长，因此，重复信息的间隔时间也会随之越来越长。就像人们学习一个材料之后，一周内如果复习五次就能全部记住。而这五次却不会是按照时间平均分派在一周当中，可能是第一天需要复习两次，第二天需要复习一次，随后第四天复习一次，最后在第七天复习一次，这就是因为记忆信息在大脑中保存的时间越来越长，人们复习的间隔时间自然也要增加。

间隔记忆法的记忆效果并不是最好的，在记忆时间上，它并不比集中记忆的时间少，甚至比集中记忆所花费的时间更多，但是在记忆效果上，间隔记忆法且比集中记忆有更多的优点。

间隔记忆法能够极大地提高记忆效果，能够弥补集合记忆产生的记忆不牢固的缺陷。使用间隔记忆法时，停顿的时间正好是让需要记忆的信息刚好被记住，这样在回忆现象的帮助下，人们对信息的记忆会更加牢固。回忆现象指的是在信息对大脑的刺激停止后，人们的大脑感官仍然会继续做出一些反应，就像人们每次关灯的一瞬间，似乎仍然看到灯泡是亮着的一样。

人们在使用间隔记忆法的时候，要注意一点，那就是在间隔的时间内，不能让其他重要的信息来干扰自身的记忆。根据记忆的以往规律，如果在间隔的过程中，有重要的新信息输入到大脑中，就很可能会导致之前记忆的信息的遗忘，影响人们对信息的记忆效果。

⊙韵律记忆法

在进行记忆活动的过程中，我们经常会碰到一些非常零散的记忆材料。这些材料之间并没有内在的联系，不能运用一般的记忆方法去记忆，因此记忆起来非常困难。在这种情况下，我们就可以采用韵律记忆法，即通过押韵或者谐音的方式，把这些记忆材料变成一些有一定节奏，或者有韵律的语句进行记忆。

语言记忆在我们的记忆中占有很大的一部分，语言的物质外壳是语音，因此，语音与我们的记忆存在着非常密切的关系。所以，在碰到那些没有逻辑关系、没有有机的意义联系的材料时，我们就可以充分利用语音和记忆的密切关系，找到材料本身的性质和特点，通过谐音和韵律等方式，把记忆材料编成有意义或者念起来十分顺口的口诀，从而提高记忆效率。实践证明，一些有节奏或者押韵的句子，确实更容易记忆。比如说唐诗为什么读起来朗朗上口，并且在背诵的时候感觉很容易，这并不全是因为它句子少、篇幅短，还有一个重要的原因就是唐诗基本上都是押韵的，通过这些韵律总是很容易让人想起诗中的句子。

在使用韵律记忆法时，主要有两种方式，分别是谐音记忆法和口诀记忆法。

在现代汉语中，读音相同或者相近的字和词语，比如说 du 这个音，可以是读、毒、独，也可以是度、赌、督，再比如说 xiang jin 这个音，可以是相近，也可以是想尽，还可以是详尽、镶金等。在这种情况下，我们就可以通过谐音，用那些声音相近的词语来代替被记忆的材料，使材料变得简便，或者产生某种意义，从而强化记忆效果，提高记忆效率。

在运用谐音记忆法时，主要有两种方式。

第一种是在记忆汉字时，用谐音的汉字代替。这种情况一般适用于按照一定顺序记忆某些汉字的情况。比如按照从上到下的顺序，化学元素周期表中的碱土金属应该是"铍镁钙锶钡镭"，直接去记忆这六个汉字很困难，这个时候就可以通过谐音的方式，使其变得有意。例如可以利用谐音，把这六个字转变成"披美盖，是贝类"，这实际上就是"披着美丽的盖壳的动物，都是贝类的动物"的意思，这样原来无意义的汉字就转化成了有意义的句子，记忆起来十分方便。

第二种是在记忆某些数字时，把数字变成一些有意义、有内容的汉字或语句。实际上这种方式我们经常用到。比如说圆周率是3.1415926535897932384626，我们在记忆的时候，如果直接记住这些数字，显然不是很容易，通常采用的方法都是用汉字来代替，比如"山巅一寺一壶酒，尔乐苦煞吾，把酒吃，酒杀尔，杀不死，乐尔乐"。再比如 02 用汉字表示可以是栋梁，36 用汉字表示可以是山路。如果想要记住无产阶级革命家刘志丹出生的时间 1902 年和战死的时间 1936 年，就可以用"刘志丹是栋梁，战死在山路上"的方式，这样既能记住他战死的时间，也能记住他的身份和死亡的原因。

谐音记忆法使人们的记忆变得方便，在进行记忆活动时会起到事半功倍的作用。但是，它也存在着一定的局限性。一方面是它只适用于那些简短的、没有意义的材料，应用范围非常有限，不能在任何情况下都生搬硬套；另一方面是谐音的运用要求比较高，必须要非常合适才可以，否则很容易就会事与愿违，甚至弄巧成拙，反而使记忆活动变得更加困难。

口诀记忆法就是指通过把难以记忆的材料编成口诀的方式，使材料变得有意义或者朗朗上口，从而加强人们的记忆，提高记忆效果。这种方法主要适用于那些本身没有意义和联系，也没有正常的逻辑关系的材料。

实际上，在现实生活中，我们经常会碰到各种各样的口诀，比如说乘法口诀、珠算口诀等，甚至在看电视的时候，也经常会看到某个武林高手练功用的也是口诀。只要我们仔细想一下就会发现，这些口诀的作用就是让我们在记忆某些信息和材料的时候更加方便和简便。

在使用口诀记忆法进行记忆时，最重要的一点并不是背诵口诀，而是编制口诀。在编制口诀的时候，必须要符合几点要求：第一，口诀必须能让记忆材料变得非常简单；第二，口诀要有一定的韵律，最好读起来能够朗朗上口；第三，口诀应该是适合自己的，这一点非常重要，如果是一个不适合自己的口诀，就不会对记忆活动形成帮助。所以说，在编制口诀的过程中，不能随随便便想起来一句话就当作口诀，一定要按照一定的方法去做。人们在长期的实践过程中，一共总结出了多种编制口诀的方法，包括简缩法、罗列法、概括法等。

简缩法就是把记忆材料中各个单独的材料进行缩短和简化，随后把简化后的内容连接起来，最终变成适合我们记忆的口诀。比如我们中国农历的二十四个节气分别是立春、雨水、惊蛰、春分、清明、谷雨、立夏、小满、芒种、夏至、小暑、大暑、立秋、处暑、白露、秋分、寒露、霜降、立冬、小雪、大雪、冬至、小寒、大寒。使用简缩法后得到的口诀就是"春雨惊春清谷天，夏满芒夏暑相连，秋处露秋寒霜降，冬雪雪冬小大寒"。这个口诀朗朗上口，诵读几遍之后就能够记住。

罗列法适合于记忆多项同类和同一层次的知识，是指按照需要，把记忆材料归纳并列，变成口诀的方法。比如说现代汉语修辞格就是用这种方法编制的。"比喻借代比拟，夸张双关反语，设问反问反复，对照对偶排比"，这个口诀，既包括了所有需要记忆的内容，又朗朗上口，方便记忆。

概括法是指从材料有意义的方面提取出精华的部分编制成口诀。比如想要记忆中国古代的各个朝代，就可以通过提取概括的方式，编制成口诀进行记忆。比如编成"夏商与西周，东周分两段；春秋和战国，一统秦两汉；三国魏蜀吴，两晋前后延；南北朝并立，隋唐五代传；宋元明清后，王朝至此完"。

当然，还有其他的一些编制口诀的方法，比如对比法、特征法、联想法等，这些方法全部都需要人们根据实际情况进行选择。如果条件允许，也可以把多种方法结合起来运用。总之，只要能够编制出合适的口诀，就不用过于拘泥方法。

口诀记忆法还有一个用处，那就是用来记忆多音字。很多字的读音有很多，在这种情况下，我们就可以编制出口诀来记住某个汉字的所有读音。比如说"单"这个字，我们就可以编成"单（shàn）大侠，不简单（dān），抗击单（chàn）于保江山"。再比如说"累"这个字，就可以编成"常年劳累（lèi），疲劳积累（lěi），一旦生病，便成累（léi）赘"。

运用口诀记忆法进行记忆确实比较简单，但是它并不是完美的，在具体使用时也有一定的局限性。第一，必须根据具体的情况来决定是否需要使用口诀记忆法，如果材料不常用或者不复杂，就不需要再花费时间和精力去编口诀；第二，口诀必须要忠于记忆材料，要精炼准确，简洁明了；第三，在口诀的韵律上不能牵强附会，否则就会对我们的记忆造成一定的困难；第四，口诀最好是自己编写，这样才能够让口诀在大脑中留下的印象更深刻，同时也更加适合自己。当然，这一点不是必然的要求，如果已经有成熟和简单的口诀，我们也可以直接拿来用，只要能保证自己理解，达到最佳记忆效果就可以。

总之，使用韵律记忆法，能够大大减轻我们的记忆负担，同时显著提高记忆效果。

第七章

不同人群的记忆法

适合学生使用的记忆法

人们之所以要记忆各种各样的信息,主要是为日常生活中进行学习、生活和工作等活动提供方便。其中,学生在学校进行的各种学习活动,受记忆力和记忆方法的影响最大。

首先要知道,好的记忆力和记忆方法肯定能够帮助人们在学业上取得成功。相对于人的一生来说,人们在学校作为学生进行学习的时间并不是很长,满打满算也就是十多年,但是在这个过程中,需做的事情却非常多,包括完成各种学习目标、解决各种问题甚至还要参加各种活动等。但是,由于学生要掌握的知识实在是太多,留给学生的时间却并不是很多,造成人们必须和时间赛跑,在有限的时间内记忆更多的知识这种情况。这种情况下,记忆力就会起到非常重要的作用。因为只有拥有了记忆力,各种各样的知识才能被人们记住,并且为学生们以后进行各种各样的活动,提供需要的信息和重要的帮助。

记忆力虽然会起到很重要的作用,但是这种作用并不是决定性的,起到决定性作用的是正确的记忆方法。学生学到的知识是各种各样的,如果只用一种方法进行记忆,比如说用死记硬背的方法,或许也能够把学到的所有知识记住,但是花费的时间和精力却是非常多的。这种结果人们并不希望看到,因为学生最缺少的就是时间。所以,选择单一的方法去记忆学习到的所有知识显然是不现实的，就像是人们盖房子也不可能只用一种工具一样。因此，为了节约时间，必须在碰到各种不同的知识时选择最正确的记忆方法，尽量要做到用最少的时间、最正确的方法去记住学到的所有知识。

正确的记忆方法在学生学习的过程中，起到的主要是辅助性的作用，它主要是帮助学生更快地记忆在学习中学到的各种知识，并不会取代学习本身的作用。学生学习的主要目的是为了理解、掌握和应用各种信息，而正确的记忆方法则可以加快这个过程。

那么学生在学习的过程中，究竟要采用什么样的方法才最正确呢？方法并不是固定的，因为对待不同的信息，使用不同的记忆方法会得到不同的效果，也就是说针对各种知识，最有效的记忆方法是不同的，比如说记忆一首古诗就可以用死记硬背式的记忆方法，记忆很长的文章可以用概括记忆法，记忆抽象的词语、词组和短文等可以用字钩记忆法，记忆有一定规则的知识可以用逻辑推理法等。总之，必须要根据所学的实际情况才能找出正确的记忆方法。

人们在学习中记忆的各种知识，最终还是要被应用到实际生活中。在学习中出现错误或许还可以改正，但是在日常生活中出现了错误，很多时候是没机会改正的。比如说盖房子，由于在学习时，对知识的掌握程度不好或者根本就记错了，导致人们选择了一种错误的材料来建造房屋，最后造成了住在这样的房屋中的人死亡。一旦出现这样的问题，哪还有机会去改正呢？所以，学生们学习的时候必须要保证自己是无错误学习，也就是说要让学习到的所有知识都得到最正确的记忆。要想达到这样的效果，学生在学习中必须要坚持两条原则。

第一条，更少是为了更好。更少并不是说学生们学习的知识越少，记忆效果就越好，因为人的大脑容量是非常大的，知识并不能把它填满。更少实际上是指学生们学习到的知识并不一定都是重要的，应该从所有知识当中选择最重要和对自己帮助最大的进行记忆，这样能够避免那些不重要的知识对重要知识造成干扰，同时也能减轻大脑在短时间内的负载，有效提高记忆效率。

有时候，更少也是指碰到事情要第一时间进行处理，不能拖拖拉拉。很多情况下，一些知识帮助人们处理了某些事情之后就没什么意义了，人们也没有再记忆这些知识的必要。因此，一旦碰到这样的事情，就必须第一时间进行处理，这样大脑就可以少记忆一些知识，从而减轻大脑的负担，不仅可以让人们免于对一些非重要知识的深度加工，同时也让人们节省出更多的精力去记忆其他重要的知识。

第二条，不要害怕提问。提问就是向别人索要信息，它最大的好处就是可以使人避免对一些信息进行加工。比如说你想去一个没去过的地方，如果是自己研究的话可能需要看地图、查资料、记忆等很多步骤，随后才能找到去那个地方的方法，同时还要考虑怎样去，是坐车还是走路的问题等，这样的话大脑就需要频繁地进行思维活动，很容易产生疲劳感。但是如果向别人问，人家可能直接告诉你怎么走、走哪条路最快，你只需要把别人告诉的信息记住就可以了。

在日常生活中，很多人并不愿意向别人提问，认为提问是一件让自己感觉到非常难堪的事情。一方面向别人提问代表自己有些事情不知道，这摆明了表示自己不如别人；另一方面，如果问了，别人也不知道，可能会让别人感觉到非常难堪。这种想法是错误的，非常偏激，比如说你去和一个人说话，但是却忘记了他的名字，这个时候你先上去问一下他的名字，你会感觉到难堪吗？那个人会感觉到难堪吗？反而是如果你忘记了人家的名字，却不好意思问，然后随便叫一个名字，但是却叫错了，这种情况似乎更加难堪。因此，提问并不是一件难堪的事情。更何况，《论语》中就有"不耻下问"和"三人行必有我师"这样的说法，古代圣人都不觉得向别人提问是一件丢人的事情，我们普通人就更不需要有什么心理压力和不好的想法。

至于学生在学习的时候向别人提问，就更是一件非常正常的事情。学生本来就是因为需要学习很多知识，所以才去上学的，碰到不能理解的知识，向老师提问，非常正常，谁让老师的工作是"传道授业解惑"呢。

当然，还有其他的一些方法能够帮助学生们更好地记忆在学习中学到需要的知识。

第一，经常补充大脑营养，保持大脑能量。无论是进行学习还是记忆活动，都需要大脑充分地运动起来，但是大脑运动需要消耗一定的能量，一旦能量消耗过大却得不到补充，大脑的各种机能就会下降，学生的学习效果和记忆效果也会随之下降。因此，为了保证大脑能量的供应，必须经常为大脑补充营养，避免因为大脑能量的不足而造成运行缓慢等情况。在日常生活中，可以经常补充一些营养丰富的食物和饮品，保证一日三餐和充足的睡眠时间等。

第二，要有自信心，坚信自己能记住所有的知识。自信心是进行记忆活动时最重要的心理准备之一。心理学研究表明，在进行记忆活动的时候，有信心的人记忆效果更好。大多数人之所以记忆力不好原因就是缺少自信心。人们自身的态度对记忆力有很大影响。对自己记忆能力有自信的人，在进行记忆活动时能极大地调动大脑神经细胞的积极性，使其充分活跃起来，从而在大脑皮层中产生一个很强的兴奋中心，同时抑制其他与记忆无关的部位，使所有大脑神经细胞都为记忆信息这一个活动进行运动，这样就能够保证大脑对记忆信息留下最深刻的印象，从而提高记忆力和记忆效率。而缺乏自信心就会对大脑内的神经细胞产生抑制作用，使信息在大脑中留下的信息痕迹不清晰，降低大脑的工作能力，影响大脑对信息的接受、加工、储存和提取，从而影响记忆效果。因此，学生在进行记忆活动时，必须要有自信心。

第三，需要有一个明确的目标。一个正确的目标是人前进的方向，有了目标之后，学生们对知识的学习和记忆会更有动力。一般来说，人们自己设想的未来，相对于现在来说都是美好的，而学生现在把知识学好并且记好，会对以后的美好生活起到一定的促进作用，因此一个明确的目标会让人产生学习和记忆知识的动力。

另外，保持自己注意力的集中、经常对学过的知识进行复习等活动，能够帮助学生更好地记忆学习过的知识。

只要做好这些事情并且能够在学习知识时找到正确的记忆方法，那么把学习过的知识全部记好，对于所有学生来说应该都不会再是问题。

演员和导演

⊙玛丽（58岁）的自述

当演员的时候，我从来不提前学习一段文字。我把剧本拿在手里，试图在脑海中勾勒出人物的举止和个性。就这样，剧本变成了一个逻辑空间，处于动作、感觉、情绪的连续性里，在熟悉这个逻辑空间后，我甚至不需要再学习剧本了，它就在那儿，正如一个显而易见的事实，这是一种情感记忆。

当然，当我有唱独角戏的任务时，就必须像在学校一样用心强记，但这也是在人物的塑造工作完成之后进行的。而在最后一次表演结束后的第二天，我就忘记了所有的文字。这是脱离人物角色的一种方法！

现在，作为导演，我的记忆原则则完全不一样了。我无法记住文本，只能通过想象在空间中建立视觉坐标。我为演员创造动作，然后自己就忘了，但我总会自发地观察事物是否准确地运行着。我记住所有拍摄场景中需要加入灯光、声音的不同时刻，这完全是视觉记忆，同样也是情感的。因为，如果在某个时刻，灯光不像大家期待的那样亮起来就不能产生共鸣。

自从我成为导演后，我的日常记忆就不如做演员时那么好了。我认为记忆不会自我维护，我们实践得越多才会记得越好。我唯一从来都没有成功记住的东西就是数字。

⊙ 专家们的分析

和玛丽一样，大部分的演员都承认自己不是靠死记硬背来记住角色的。他们更多的是融入所要诠释的人物中，理解并且重组人物的动机和性格。一旦他们把握住人物的感觉，就将更容易记住台词。美国心理学家海尔格·诺艾斯在仔细研究演员的记忆后提出，演员不是记忆的专家，而是分析的专家。

通常，掌握一段较长的独白要求演员花一定的时间用心背诵。但当涉及经典戏剧的三段式诗文时，语句的韵律和对称配上适当的旋律后，记忆会变得更容易。然而，演员的记忆并不是始终可靠的，他们也有可怕的"记忆空洞"。

玛丽的例子中最有趣的是关于记忆方式过渡的那段描述，即从口语性质的记忆到图像和视觉记忆的过渡。在她当演员的那段时间里口语性质的记忆占主导地位，自从她开始从事导演工作，图像记忆则与演员在布景中的走位有关，于是口语性质的记忆让位给图像记忆。视觉记忆引出了地点和图像记忆法，这是一种需要想象一个虚拟空间的记忆方法。

儿童神经科医生

⊙ 丹尼尔（45岁）的自述

我每个星期大约要接待25个病人，一些病人一个星期定期来几次，另一些病人一个月来一次。我在询问病人的时候会详细地做笔记，特别是第一次问诊时。我经常在会诊前重新阅读笔记，这样每个病人的面孔和经历会在我的脑海中变得很清晰。我极少会忘记与病人相关的轶事，如果发生了这类事，就意味着我应该在克服遗忘上下功夫了。相反，如果要去购物，我通常是先写一张详细的购物清单。否则，我总是会忘记买某样东西。我真的有一种把那些要强制性记住的东西遗忘的倾向。

⊙ 学会组织信息

一个外科医生平均每天要接待30多个病人，丹尼尔的情况却很不同，她幸运得多，每个星期只有25个病人，因为精神病会诊的时间很长。在会诊期间，她能记住诸多细节可能归因于病人每个星期都来多次。另外，丹尼尔经常做笔记并复习，特别是对新病人。最初高强度地学习，之后有规律地复习，加上良好的组织信息，所有这些因素都有助于高效率记忆。最后，在遗忘的情况下，她会随时准备尽更大的努力。

⊙ 直指问题的关键

对医生记忆的研究有时候会得出表面上矛盾的结论。有一个实验，其目的是研究资历更高的医生是否能更好地记住与诊断相关的信息。然而实验结果却显示，具有中等水平的医生远比他们的新同行记住更多的信息，也比那些经验更丰富的医生记得更多。事实上，经验更丰富的医生似乎直指问题的关键，而较少地注意对诊断不太有用的细节。

咖啡店店主

⊙ 雷纳（57岁）的自述

大部分时间，我在脑海里记住所有的东西，并逐一满足顾客的要求。当然，偶尔我也会弄错，端来一杯牛奶咖啡而不是浓咖啡，但我有机会重来一次。我总是和顾客交谈，我们互相开玩笑，大家都很放松……我每天都尽量让自己开心。

当顾客很多的时候，我很幸运能够自觉地依赖于一个习惯。这时，我什么也看不见，把精神完全集中在声音和所发生的一切。当我频繁地来到柜台前时，我也有过忘了应该拿什么的经历。但是，冥冥中我听到一个声音对我说道："雷纳，你忘了那个……"

我有很多常客，我完全知道他们点的是什么，但是我总是重新询问他们。他们有权利改变！其中，一些人来只是为了聊天，来找些气氛，还有一些人来这儿工作。这间咖啡厅里招来了许多从事不同职业的人。

⊙外界干扰和记忆饱和

为了记住每位顾客的要求，雷纳利用了专家们所称的"运作记忆"，就是说，在一段极短的时间内把信息保存在大脑中。然而，这种短期记忆对各种形式的干扰都非常敏感。如果雷纳在听完一个顾客的要求后，和另一个顾客说话，他就可能会弄错前一位顾客想要的东西。虽然，有时候雷纳可以求助于常客的偏爱和习惯，但当他面对新需求的时候，就有可能出现记忆饱和。因此，为了缓和记忆冲突，有时候他会让顾客用笔写下自己的需求，并且偶尔依赖一个盲人顾客来提醒他……

咖啡店或者餐厅的服务员，几乎都表现出出色的记忆技能。另外，前者很少写下顾客要求的饮品。当饮品的数量不超过 5～6 个时，将在短时间内被保存在运作记忆中。尽管如此，也要当心外界的干扰，在用餐高峰期来自不同餐桌的干扰会妨碍记忆。

⊙为牢记而分类

为了记住所有顾客的需求，服务员常借助一些记忆技巧。例如，根据饮品的特征将其分类，顾客分别要的是3种无酒精的、2种含少量酒精的和1种高酒精含量的饮料。根据使用杯子的类型分类（形状、大小）也能够帮助服务员：将所有的杯子摆放在柜架上，一个接一个地倒入相应的饮品。虽然餐厅服务员几乎都写下顾客的点菜需求，但是他们还要记住同一桌的每位顾客点过的菜，以此作为别的顾客的参照。他们一般会按顺时针的顺序询问并记下每一位顾客的要求，这种方法一般都能成功，除非上餐时顾客换了位置。

集邮家

⊙ 瑞哈（61岁）的自述

我从10岁左右开始集邮。我母亲曾是邮电总局的接待员，她从我姐姐出生时就开始集邮。她总是定期购买4张相同的邮票，一张留给自己，另外3张给我们。她把邮票放在集邮册里，每个星期天下午，给我们讲述邮票上的著名人物、徽章和建筑物的故事。我对此非常感兴趣。

我最早收到的几张邮票中，有一张印着法国总统贝当的肖像，给我留下了最为深刻的印象。那是一张棕色的大邮票，大约宽4厘米，长5厘米，虽然它已失去邮资功能，但因为上面印有贝当在战后的肖像而弥足珍贵。

今天，我拥有数千张法国邮票和众多的信封，所有这些都完整地保存在我的记忆中。如果不是因为特殊原因，我从来都不会买两张相同的邮票。

我觉得集邮是一种极好的文化活动，能丰富知识。比如我现在对昆虫感兴趣，我就找那些所有表现昆虫的邮票。我总是寻找新的种类来丰富自己的收藏。

⊙ 受局限的记忆力

瑞哈在一个极为有限的领域发展了"百科全书式"的记忆，我们在所有的收藏家身上都能找到这种记忆能力。钱币学家或者葡萄酒工艺学家，在他们的专业领域无意识记忆的效率通常等同于有意识记忆。另外，他们能更快地学习和重组信息。

收藏家能快速做到对藏品的最佳分类，他们会频繁地浏览自己的藏品，并且对新的藏品表现出极高的发现动机。因此，在其专业领域他们能极好地组织记忆，达到常人所不能达到的高度。

出租车司机

⊙ 吕西安（56岁）的自述

14年前我想成为一名出租车司机时，需要在驾驶学校全日制学习3个月与这个职业相关的安全规则，还要记住50多条理论目的地，特别是巴黎警察局规定的典型路线。

为了帮助记忆，我每个周末都开车出去考察这些路线。考试的那天，我们抽签选择其中的两条路线，被要求背出来并写在纸上。

还有一个测试是需要在一张巴黎市区的空白地图上填上各条路的名称。我自己制作了一张同样的地图，反复练习了十几次。我设想了所有可能出现的类型，并且都用心把它们背了下来。因为我每天都不停地练习，对巴黎的定位从而成了一种习惯。

对于乘客，有的时候到了目的地我甚至都不知道他们是谁，他们打电话，或者我很累不想说话……但如果是一个重要人物的话，我就能记起来！开车的时候，我经常听收音机，特别是体育频道或者有趣的脱口秀。

⊙ 自我练习的兴趣

吕西安表现出其职业所需的双重记忆能力，借助口头记忆他掌握了交通规则，依靠视觉-空间记忆他记住了各条路线。另外，他非常明白常规练习的好处。随着时间的推移，他对路线越来越熟悉，在开车的时候他还能听乘客说话或者听收音机……

⊙ 一个容量更大的大脑

为了取得全伦敦的出租车营业执照，出租车司机必须要记住25000多条路线和一些餐厅、大使馆、医院等的所在位置。这至少需要两年的时间准备，顺利通过笔试部分才有资格参加口试，幸运者将在正确回答10个问题后通过测试。因此，伦敦的出租车司机都是导航专家。由神经学家埃莉诺·玛格赫领导的研究小组研究了他们的大脑：他们的右海马脑回比非职业司机要发达得多。

但是，是否只能是最具有城市导航天分的人才能成为出租车司机呢？埃莉诺·玛格赫指出，出租车司机是在长年累月的驾驶之后才使得右海马脑回如此发达的。

经调查，伦敦司机俱乐部的一个成员对这个结论感到非常吃惊："我从来都没察觉到我大脑的一部分体积在增加，那其他部分又会是怎样的呢？"

第八章

超凡记忆术：想记什么就记什么

怎样记住日常琐事

在日常的生活中，人们总是无法避免和各种琐事打交道。虽然有时候这些琐事看起来并不是多么重要，也不会引起人们的特别注意，但是一旦忘记，必然会给人们带来一些烦恼，甚至是更严重的情况。比如明明家里没有盐了，但是在做菜的时候才发现忘记买了，这时商店又关门了，没办法，只能吃一顿没有放盐的菜，这对于那些对饭菜要求高的人来说，是一件很痛苦的事情；再比如早上出门的时候忘记关水龙头了，结果晚上回来发现自己家被淹了，连带着楼下的住户也遭受了水灾，这同样会给人们的生活造成一定的影响；还有，托别人从外地买了一些自己很喜欢吃的食物，因为舍不得吃，于是就放起来放了很久，直到再次想起时才发现已经过期，不能再吃了，这时候人们也会感到懊悔。

实际上，这种对于琐事的遗忘现象，是完全可以避免的。只要我们能够运用一些正确的记忆方法，就可以杜绝琐事的遗忘带来的烦恼和各种影响。那么究竟该怎样记忆日常的琐事呢？

在日常生活中，人们会忘记的琐事的种类有很多，主要包括忘记某些物品摆放的位置、忘记做某件细小的事情、忘记和别人约好的时间和地点以及其他的零星琐事等。对不同种类的琐事，想要避免发生遗忘现象，需要的记忆方法也是不同的。

第一，忘记某些物品摆放的位置。

当我们急需要用到某件自己拥有的东西时，却发现完全不记得自己把它放在哪里了，这种事情经常都会发生。比如我们修理物品时需要用到的钳子等工具，经常就会找不到，这时人们就会感觉很着急。这种情况的发生，通常是因为人们不经常用到这些物品，所以根本就不重视它们摆放的位置。想要解决这个问题，必须要按照正确的方式记忆物品的摆放位置。

首先，要树立自信心。这里的自信心并不是要求人们必须记住物品的摆放位置不可，而是说当人们在这上面吃过一次亏之后，要告诫自己下次一定不会出现这样的情况。所谓"吃一堑长一智"，必须要接受教训。同时，也是树立一种任何事物都能记住的信心。

其次，对于家中的各种物品不要随意摆放，要根据物品的种类，分门别类进行摆放，这样，只要找到同类物品，就一定能找到自己需要的物品。物品的种类是多种多样的，比如说钳子、螺丝刀等属于工具类，银行卡、身份证等属于重要物品类，衣服、裤子等属于服装类，等等。对于不同种类的东西，一定不要随意放在一起，而是按照各自种类，找到一个最适合的地方摆放，而且在每次用过之后不能随处乱扔，必须要按照原来的位置重新放回去，这样就不会因为找不到某些物品而苦恼。

最后，一些比较贵重的物品，可以通过有意识地联想进行记忆，或者和一些不经常移动的固定物品放在一起，甚至可以做上标记。比如说户口本、房产证、存折等重要物品，可以用袋子把他们装在一起，同时做上一些标记，放到一个固定的地方，这样就不会再出现遗忘的现象。

第二，忘记做某件细小的事情。

一个人每天必须要做的事情是很多的，其中会包括一些比较重要的事情，同时也会包括一些比较细小的事情。但是，人们经常出现的状况是重要的事情做了，并且得到了一个完美的结果，而那些细小的事情却想不起来，忘记去做了。比如说一个人一天要做两件事，一件是去银行办理一件重要的业务，还有一个是下班回家时买一袋盐，对于这种情况，很多人就会把在银行办理业务这件事情处理得很好，对于下班回家买盐这件小事却忘得一干二净，结果就导致晚上吃菜只能吃淡的了。很多时候人们会告诫自己这件小事第二天不要忘记，但是到了第二天还是会忘记，这种情况该怎么样解决呢？

对于这样的情况，解决的办法主要有三种。第一种是在前一天晚上，做好第二天的计划，并且把所有事情编上序号，第二天按照序号一件一件去做，有条不紊地进行，就不会发生遗忘。这种做法能够牢牢地抓住做事情的主动权，不会因为事情太多而陷入事情当中，导致忽略一些事情。第二种是把事情按照时间顺序或重要程度顺序，进行一些奇特的联想，通过自己的联想来指引自己去做所有的事情。第三种办法就是把所有要做的事情都记录在一个笔记本上，经常拿出来看，这样就不会忘记某些事情。当然，这种方法有一些缺点，比如说需要人们经常把笔记本拿出来观看，但是人们却不一定有那个时间，还有就是笔记本容易丢失或忘记携带等。但是如果前两种方法实行起来比较困难，这就是最简单的方法。

第三，忘记和别人约好的时间及地点。

社交活动是人们生活中不可缺少的，我们经常会和同学、同事、朋友等约好一起去做一些事情，比如说吃饭、看电影等。但是有些时候，因为工作忙等原因，人们很可能会忘记这样的约会，等到时间过去，再次和别人见面或者打电话被询问原因的时候，就会显得非常尴尬，因为这样的事情使朋友之间的友情产生裂痕也不是不可能。那么我们该如何避免这样的事情发生呢？最好的方法是对时间和地点进行联想。必须要在约定了时间和地点之后马上进行联想，比如说朋友约你周末去吃饭，你就可以想象成你家门口就是饭店，一出门就能闻到一股非常香的味道，同时你的朋友站在日历前，手指着周末那一天，瞪大眼睛看着你，这样你就会想到自己和朋友约了那天吃饭。当然，如果这种方法你觉得实施起来有些困难的话，还可以用笔记本等东西记录下来，但是一定要保证经常翻看并且不能丢失。

第四，忘记一些其他的零星琐事。

人们生活中的必需要做的琐事实在是太多，导致人们经常会做了这件事情，但是却又忘了那件事情，想起了那件事情，却又忘记了别的事情。经常忘记这些小的事情，很可能就会造成丢三落四的习惯，对人们的生活、工作和学习都会产生一定的负面影响，因此这样的情况必须得到解决。那么究竟应该如何解决呢？第一是要让这些事情变得可视化，也就是要求人们及时对事情进行回想；第二是多进行联想，可以把所有的事情放在一起联想，也可以单独进行联想，这样就能够方便人们回忆；第三是可以借助辅助工具的帮助，比如笔记本、小纸条等，把一些重要并且容易忘记的事情记在上面，同样能达到防止遗忘的目的。

总之，只要能够找到正确的记忆方法，对于生活中日常琐事的记忆完全不会成为问题。

约会和重要日期一定要记清楚

约会是一项重要的社会交往活动。在正常的社会交往活动中，人们必须参加很多次约会。一般情况下，约会都是提前约定好的，有时候甚至会提前很长时间约定好。但是这里面出现了一个问题，那就是从约定确定的那天开始，一直到正式约会的那个时间，你要一直在大脑中记住这个约会的时间。比如说你的朋友约你星期日在某个地方一起吃饭，那么你必须从现在开始，一直到星期日都记得约会这件事情。但是，人们每天要做的事情是很多的，一旦忙起来或者集中注意力去做别的事情，很可能就会把约会的事情忘记，从而导致自己失约。如果是一般的约会，失约或许不会出现大问题，可是一旦忘记某些重要的约会，那很可能会产生严重的影响。因此，我们必须要想一个办法，清楚地记住各种约会。

对于如何记住约会，人们也想了一些办法，比如说把约会的时间和地点全都记在笔记本和备忘录上，经常翻一下，这样就不会忘记了。但是这并不是最好的办法，因为记在笔记本和备忘录上并不保险，一旦没有经常翻阅或者丢失，人们还是可能会错过重要的约会。另外，经常带着笔记本或者备忘录也是一种负担。因此，最好是使用别的办法。实际上，记忆各种约会最好的方法就是联想，即一旦你有一个约会，你就产生一种有意联想，并记住它，从而根据这个联想，回忆起你的全部约会。

这种方法有一个必要的前提，那就是要能够熟练使用代码记忆法。首先，代码记忆法主要是用实物代替数字来记忆，而记忆约会时最重要的是记住约会的时间，时间可以被转化成数字代码；其次，记忆约会和代码记忆法一样，把约会的时间转换成数字，随后对代表这个数字的实物进行联想，从而记住约会。

我们需要做的第一件事情，就是给每星期的每一天配一个数字。因为每个星期有7天，所以数字应该是由1到7。人们通常会把每个星期的星期一当作第一天，那按照顺序我们应该得到的数字是：

星期一——1 星期二—2 星期三—3 星期四—4 星期五—5 星期六—6 星期日—7

当然，这个顺序并不是固定的，每个人可以根据自己的习惯来安排。如果你习惯把星期日看作每个星期的第一天，那么你就可以用1代表星期日。总之，习惯把哪一天当作是每个星期的第一天，自己做相应的改动就可以了。

接下来需要把每一天的每个小时转换成相应的代码词。随后通过使用这些已经知道的代码词，记住约会的时间。在转换的时候要注意一点，每一天的每一个小时都应该转换成两位数，并且"天"在前，"小时"在后。比如说要转换星期四5点钟，得到的第一位数字是4，第二位数字是5，所以星期四5点钟就是45，而不是54。有了这个两位数之后，我们要想到45的代码词是面包卷，所以面包卷表示的就是星期四5点钟。

但是，每天的时间并不全是一位数，比如10点、11点和12点本身就是两位数，如果再加上代表"天"的数字，就变成三位数了，不能转化成一个熟悉的代码词。这又该怎么解决呢？

这里的10点和11点、12点不能算是一种情况，10点虽然也是两位数，但是也能转化成一个代码词，可以用0代替1和0。也就是说，几点钟转化成的数字就是几，而10点钟转化成的数字是0，即星期二10点钟转换成代码词就是20（鼻子），星期四10点钟转换成代码词就是40（玫瑰）。至于11点和12点则需要进行特殊的处理，一共有两种方法。

第一种方法很简单，就是和其他的时间一样，直接把 11 或 12 加到"天"的后面组成一个三位数，比如说星期一 11 点就是 111，星期四 12 点就是 412，随后选择一个相应的代码词记住，只是选择的代码词我们可能会不熟悉，需要事先记住。如果想选择这种方法，那么可以参照下面的代码词：

星期一 11 点：total（加）或 dotted（星棋布）

星期一 12 点：tighten（拉紧）

星期二 11 点：knitted（编结）或 knotted（打结）

星期二 12 点：Indian（印度人）

星期三 11 点：imitate（模仿）或 mated（紧密配合）

星期三 12 点：mitten（连指手套）或 mutton（羊肉）

星期四 11 点：raided（袭击）或 radiate（发散光线）

星期四 12 点：rotten（腐烂的）或 written（写）

星期五 11 点：loaded（装载）或 lighted（点火）

星期五 12 点：Latin（拉丁语）或 laden（装满的）

星期六 11 点：cheated（欺诈）或 jaded（疲倦）

星期六 12 点：jitney（五分镍币）或 shut in（关住）

星期日 11 点：coated（穿外套）或 cadet（幼子）

星期日 12 点：kitten（小猫）或 cotton（棉花）

第二种方法是和 10 点一样，用一个数字代替，分别用 1 代替 11 点，用 2 代替 12 点，这样最后得到的就是两位数，比如星期四 11 点就变成了 41。但是使用这种方法就会产生一点小问题，那就是最后得到的数字和 1 点或 2 点相同，这必然会造成记忆混乱的情况。关于这一点我们并不用担心，可以用选择不同的代码词的方法进行区别。比如说 21 可以选择两个代码词，分别是 net（网）和 nut（难题），那么我们就可以用 net（网）作为星期二 1 点的代码词，用 nut（难题）作为星期二 11 点的代码词，这样就能避免记忆混乱。

把时间用代码词代替之后，就可以把它和要去的地方连在一起进行联想了。比如说你星期三 8 点要去医院，就可以把星期三 8 点转换成代码词"电影"，并联想到医院。可以想象电影是在医院拍摄的，或者是电影居然在医院放映。这样你就不能忘记星期三8点要去医院。如果你要和朋友一起去，只要把朋友的名字加入这个联想中就可以了。当然，有些时候时间是非常具体的，比如说你是在星期三8点22分去医院，这个时候只要把22分转换成代码词，再加入联想当中就可以。

当然，有人一定会有这样的疑惑，每天每个时间都会出现两次，比如说7点，就分为上午7点和下午7点，应该怎么样分辨是上午还是下午呢？实际上很多时候这个问题不需要刻意去区分，因为人们可以根据要做的具体事情来分析出究竟是上午还是下午，比如说你的朋友约你8点钟一起吃晚饭，这种情况下，8点明显就是下午8点，因为上午8点不可能是吃晚饭；再比如有人约你9点钟看电影，这个也基本都是下午9点，因为上午9点一般人都是要么在上班，要么就在睡觉。如果想要准确记忆，也可以把上午和下午转换成代码词，加入联想当中，比如说上午转换成 aim（目标），下午转换成 poem（诗），甚至直接可以用黑或者白代替，黑就是下午，白就是上午。

这种方法不但能帮助人记住重要的约会，还能帮助人们记住一些重要的日子，像别人的生日、纪念日等。比如说你一个朋友的生日是3月7日，那么3月7日可以用数字37代替，转换成代码词就是大杯子，只要你把这个朋友和大杯子联想到一起就可以记住他的生日是3月7日了。

当然，使用这种方法记忆重要日期有一个局限，并不是所有日期都能换成基本的代码词，能够换的日程只能在一年的前9个月之内，并且只在每个月的前9天之内，至于其他的日期则是三位数。如果都用这种方法，很可能会被弄糊涂。比如说代码词 tighten（绷紧），它代表的数字是112，如果不是记忆非常清楚的人，谁能分清楚这是11月2日还是1月12日。因此必须采用不同的方法。

有一种简单的方法是用一个词表示三位数，即日期在9个月内的数字，至于10月、11月和12月则用两个代码词，一个表示月份，一个表示天数。当然，这种情况下在遇到天数是10、11、12和月份也是10、11、12时，很可能在联想之后分不清到底哪个代表月份、哪个代表日期，这时候最好的办法就是在联想时，总是把月份放在前面，把天数放在后面，这样就不会出现错误。

在对一些重要的日期进行记忆时，还要把年份带上。这种情况也很简单，只要把年份的后两个数字转换成代码词加入联想中就可以。比如《独立宣言》签订的时间是1776年7月4日，只需要把76转换成代码词"现金"，把74转换成代码词"汽车"，进行联想就能记住这个时间。有人可能会奇怪为什么年份的前两个数字不需要转换，因为一个重大事件发生在哪个年代，一般人都知道，不需要去刻意记忆。如果实在不知道，那就把年份的前两个数字也转换成代码词，加入联想中就能记住。

对书籍的记忆

高尔基曾经说过"书籍是人类进步的阶梯"，从中可以看出书籍的重要性。我们确实离不开书，比如学习新的知识，需要从书中获得；了解历史事件，需要从书上了解；想要知道一个人的思想和观点，可以从他所写的书上得到；想要进行消遣娱乐，也可以去看书；想要给别人讲一些专业的内容，也需要先从书籍上看到并记住，然后才能给别人讲。或许可以说，书籍已经和衣食住行一样，融入了我们的生活中，成为人的一生中必不可少的一件东西。

书籍很重要，但是对书中内容的记忆更重要。

首先，书中的知识对我们来说是非常重要的，它能够为我们遇到的各种问题提供解决的办法，如果不记住这些东西，那我们碰到问题的时候应该怎么解决呢？或许有人会说可以在碰到问题的时候再去书中寻找，可是谁能保证我们有机会去寻找呢？

其次，书的种类有很多，我们在解决问题的时候需要用到的书籍也是很多的，毕竟我们解决问题时需要用到的知识，不可能都是集中在一本书上，它会分散在很多本书中，在这种情况下，如果我们不把书中的内容记住，难道还要每时每刻都在身边带着无数本的书吗？这显然不现实，就算不会发生损坏或者丢失等情况，单论重量或者占地面积，就不是我们能做到的事情。

其实只用一个简单的例子，就能够说明记住书中的内容非常重要这个道理，我们上学的时候经常要考试，而考试考的就是我们平时学习的书籍中的内容，虽然有开卷考试，但是毕竟不多，大部分考试我们都不能看书，因此，想要取得好成绩，就要把平时所学的书中的内容记住。

有一句歌词唱得好，"爱情不是你想卖，想卖就能卖"，记忆也是一样，很多东西不是你说想记住就能记住的，特别是书中的内容，更加好记忆。很多人也确实碰到了这样的问题，自己在读过一些书之后，发现自己根本就没有记住书中到底写了什么内容，有时候也会出现把一本书中的内容，安在另一本书上的事情，那么究竟为什么会发生这样的情况呢？

首先我们要明白一点，那就是我们的记忆力没有任何问题，不存在天生记忆力就不好的情况，我们必须在这个原则的基础上，去讨论我们为什么记不住书中的内容。

第一，兴趣。我们都知道，对某件事情兴趣的大小，决定了对这件事情的记忆究竟是不是深刻，兴趣大，记忆自然就深刻。而我们记不住书中的内容，和兴趣有很大的关系。一方面，是人们对读书本身兴趣不大。这种情况下，一般是不会主动读书的，即使读书也就是一个走过场，根本就不会在意书中到底写了一些什么东西，又怎么能够记住呢？另一方面，是人们对书中的内容不感兴趣。一般来说，在这种情况下人们可能在读了几页之后，就不再读了，但是有些时候我们不能跟着自己的兴趣走，现实可能会逼迫我们必须去读我们不感兴趣的书。但是毕竟不是自己喜欢的，就算被迫记住一时，过一段时间也会忘记。

第二，读书的目的。每个人读书的目的是不同的：有人是为了学习知识，有人是为了应付考试，有人是为了完成任务，也有人就是喜欢读书。目的不同，对书中内容的记忆程度自然就不同。如果你是对自己读的书真正感兴趣，那么你记忆书中的内容就会变得很轻松；如果你读书只是为了消磨时光或者自我消遣，那记不住书中的内容也是正常的。

第三，注意力问题。注意力集中的时候，记忆效果好；注意力不集中的时候，记忆效果自然就差。读书的时候也是一样：如果你记忆力集中，即使你读的书中的内容并不是你感兴趣的，你也可能会记住其中的一部分内容；如果你的注意力不集中，东张西望、三心二意，那即使是你感兴趣的书，你也不见得能记住其中的内容。曾经有人说过："用心阅读，这是最首要的原则。"这就是说人们在读书的时候，必须要集中自己的注意力。

第四，记忆方法的问题。记忆方法的种类有很多，不同的记忆方法，适合记忆的内容也不同。如果在记忆书内容的时候选择了错误的记忆方法，记忆效果自然就不可能好。

既然找到了原因，我们就很容易寻找到正确的方法，来记忆自己阅读过的书中的内容。

首先要做的，就是提高自己对阅读的兴趣，确定自己读书的目的，同时保证每次阅读书的时候，都能集中所有的注意力。这样能够保证我们在记忆书中的内容时，不会因为客观因素的影响而降低记忆效果。

其次，就是要根据不同书籍的具体内容，来选择合适的方法进行记忆。书籍的种类有很多，包括文学、艺术、历史、地理、哲学、社会科学、自传、传记、励志、少儿、经管、期刊、杂志、专注、论文等，对于不同种类的书籍，自然需要用不同的记忆方法。

如果你要记忆的书籍内容是关于传记、自传、虚构或真实的故事等内容，你可以选择把书中所描述的故事可视化，要在大脑形成书中所描写的事件的相关画面，使自己能够在大脑中或想象中看到画面。简单点说，想要记忆这类书籍，我们应该发挥自己的想象力，和自己阅读的内容相结合，在大脑中形成图像，这样就能够记住。这种做法和我们看过的电影、电视剧等一样，只是记忆得没有那么清晰。当然，即使是进行想象，也要按照书中内容的重要程度不同来进行：最重要的是书中主要人物的样子，他们的形象一定要清晰，要有真实感，这就相当于有一个主线能够贯穿在所有画面中，我们在记忆的时候也方便进行联系；至于一些过渡性的内容，完全可以忽略，或者也可以和其他的一些重要内容放在一起联想，这样就最大限度地减少对我们记忆重要内容的影响。有一点需要注意，在每次阅读结束的时候，我们应该花费一点时间重温一次阅读过的内容，使想象过的场景在大脑中重新"放映"一遍。一旦养成这样的习惯，记忆就会越来越好，对于书中的内容，不论是识记还是回忆，都会越来越好。

如果你要记忆论文、科学著作之类的书籍，也可以采用相似的方式，当然这需要结合分类记忆法进行使用：第一步要运用分类的方法把书中的内容分成若干个小的部分，然后分别在大脑中回想每一部分的中心思想，一直到能把书中的内容全部记住为止。这种方法的好处是能帮助我们快速分辨书籍是不是有价值，同时也能在一定程度上加强我们对书的阅读兴趣。

对于外文书籍，想要记住其中的内容，在阅读的时候就必须格外认真，必须要一段一段地了解掌握，只有在彻底掌握一段的意思之后，才能阅读下一段。不懂的内容不能跳过，不要企图通过联系上下文的方式去猜测，这样做不会起到任何效果，同时还浪费时间。一旦碰到不认识的单词，应该马上查字典，确保自己能理解掌握每个段落的意思，随后通过联想的方式在大脑中形成图像，记忆起来就非常轻松了。

我们可以看到，对书籍内容的记忆，最重要的一点是要发挥自身的想象力，同时根据书籍的实际内容，结合其他的记忆方法。只要我们能掌握住这一点，相信对于任何书籍的记忆都不再是问题。

对音乐的记忆

任何人的大脑都会对音乐有一个感知的能力，这个能力是天生的，是与生俱来的，但是每个人对感知音乐的能力却并不相同。对于同一首音乐，有些人可能毫不费力就能掌握，有些人可能花费很长时间也不能很好地掌握；有人演奏的时候可能不需要曲谱，还有些人在演奏的时候可能需要不断地翻看曲谱。这些都反映出了人们在记忆音乐的能力上的差距。

现实生活中有很多人都喜欢音乐，也有一些人梦想成为音乐家，但是有的人可能就是因为不能记住各种音乐而和自己的梦想失之交臂，毕竟想要成为音乐家，就必须要有超强的记忆音乐的能力。历史上很多著名的音乐家，都是著名的音乐记忆强人。比如莫扎特、贝多芬、门德尔松、哥特沙尔克、维安尼斯等。

莫扎特在14岁的时候，只听了一次《上帝怜我》，就能够把它的曲谱完整写出来；贝多芬能够记住他听过的所有音乐作品，无论多么复杂，他都可以通过记忆重现；哥特沙尔克可以凭借自己的记忆演奏几千首音乐作品；维安尼斯因为能够记住乐谱中的任何音符，所以他在指挥歌剧时很少带乐谱；门德尔松在没带曲谱的情况下，通过记忆演奏了《仲夏夜之梦》序曲，也指挥过巴赫的《耶稣受难曲》公演。

对音乐的记忆，实际上是对音调和音符的记忆，而音调记忆属于是声音印象，音符记忆属于视觉印象，两者之间有一定的差别，因此在记忆的过程中，应该根据不同的情况，分开进行讨论。

如果是对音调记忆不清楚，想要着重去加强对音调的记忆，那么应该用一切机会去听音乐，并且平时要努力在记忆和想象中，重现听过的音乐。这样的做法实际是为了培养我们对音乐的兴趣。音调记忆属于声音印象，一般来说我们记不住声音，都在于兴趣和注意力的问题。因此，想要记忆音调，第一点必须要努力提高对音乐的兴趣。要让音乐进入我们自身的灵魂，成为身体的一部分，这样我们就会感受到音乐的意义。感受越深，记忆就越深刻。当然，只是听还不行，还需要用到记忆方法。想要记住音调，最好的记忆方法是循环记忆法，即在听过一小段之后，反复对这段进行练习，一直到熟练准确地哼唱出来；然后继续听下一段并练习，熟练掌握之后，把前面两段放在一起进行练习；以此类推，直到把所有的音调全部记住为止。

如果是对音符记忆不清楚，也可以运用循环记忆法加强记忆，即先记住一小节音符，然后再添加一小节，同时不断进行复习，最终把所有音符全部记住。另外，把每个音符都变得可视化，使我们能在大脑中看见，能够进一步加深对音符的记忆。因此，在学习音符之后，必须在大脑中展开联想，使各种音符都变成图像，呈现在我们的大脑中，这样我们记忆中的音符数量就会大大增加。同时还要加强音符和音符之间、音符和声音之间的联系，这样当你看见一个音符时，你就会听见它的声音；当你听见一个音符响起的时候，你就会看见乐谱中的它。当然，除了用把音符视觉化的方式进行记忆以外，还需要加入代表琴键、时间、表情和动作等象征的符号，用来加深对音符的理解。在记忆的过程中，可以记住乐谱中某些特定的内容，这样亲身体会的感觉会更加深刻，记忆自然更加深刻。

在记忆音乐的时候，应该按照从简单到困难的顺序进行。这是因为越是简单的音乐，就越容易记忆，并且被简单关联的长串音乐也更容易被牢牢记住。

记住名字和相貌

随着社会的发展，人与人之间的关系越来越多样化，交往也越来越多，因此，记住别人的名字和相貌，对我们来说也变成了一件非常重要的事情。很多时候，记不住别人的名字或样貌，会给我们带来一些不必要的麻烦和尴尬。比如你和朋友走在街上，突然看见了一个熟人，于是你和他打招呼、寒暄，等到对方走远之后，你的朋友问你刚才那人是谁，你突然间发现你好像不记得那个人的名字，是不是很尴尬？所以说，记住别人的名字和相貌非常重要。

每个人可能都会有自己的一套方法去记忆别人的名字和相貌，虽然都能记住，但是有人记得快，有人记得慢，并且记得慢的人总是羡慕记得快的人天生有一个好记性。实际上，记忆别人的名字和相貌快的人，并不是因为他们天生记忆力就好，而是因为他们在记忆的时候选择了正确的方法，并且经常使用正确的方法进行练习。

能够快速记忆名字和相貌的方法并不是单一的，人们可以选择最适合自己的方法进行学习和应用。

记忆名字的方法。

记住名字是对别人的一种尊重，有人说"世界上最悦耳的音乐莫过于自己的名字"，因此我们要努力记住别人的名字。在学习记忆名字的方法之前，我们首先要弄清楚记清别人名字的前提条件，那就是要确定在最开始的时候就听清楚了要记忆的名字，如果连这个都没有弄清楚，那就根本不可能记住别人的名字。事实上，大多数人总是记不住别人的名字，就是因为他们在最开始的时候就没记清楚。还有一点就是你真的要去记别人的名字，如果你根本就不去记，还总吵着说自己记不住别人的名字，那谁都帮不到你。况且，如果你根本就不去记忆，给你提供再多的方法也没有任何意义。

只要确定了这两点前提条件，再配合下面提供的记忆方法，就一定能快速记住别人的名字。

第一，印象法。想要记住任何事物，都必须让这件事物在大脑中留下足够的印象。如果对方的名字没有在你的大脑中留下足够深刻的印象，你是不可能记住的。一般来说，我们需要记住别人名字的时候，都是第一次见面，双方相互介绍之后，如果是一个你经常见面的朋友，你根本就不需要刻意去记他的名字，因为你的大脑中有足够多关于他的印象。所以，在第一次听到一个名字时，必须要多注意，有意识地让这个名字在自己的大脑中留下深刻印象，这样才能让自己快速记忆这个名字。

第二，联想法。由于每个人名字不同，记忆的难度和方法也是不同的。比如说李小龙这个名字就很好记，因为你可以联想到已故的香港著名武打明星李小龙。很多名字都能让人产生联想，比如说一些知名人士、新闻人物的名字，和某个伟人、古人名字差不多的名字，意义明确、好听的名字，都能够在人们大脑中进行有趣地联想，从而给人们留下非常强烈的印象，记忆起来非常轻松。也就是说，对需要记忆的名字进行联想，可以加快我们记忆名字的过程。有些名字可以联想到节日，比如李国庆可以联想到十一国庆节，宋建军可以联想到八一建军节，王重阳可以联想到重阳节；有些名字可以联想到一些耳熟能详的人物，比如说王重阳，就可以联想到《射雕英雄传》中全真教的祖师王重阳；有些名字则可以联想到一些职业或是爱好，比如说健康可以联想到医生，文博可以联想到作家；另外，还有些名字，虽然不能联想到我们熟悉的东西，但是我们却可以运用奇特联想法来记忆，比如齐白石可以联想成骑着白色的石头，辛弃疾可以联想成辛辛苦苦才弃掉疾病，任立松可以联想成人站立着要像一棵松等。为了方便联想，我们应该尽可能多地了解和对方有关的信息，这样记忆名字时会更轻松，也更深刻。

第三，笔记法。笔记法就是用笔记本把需要记忆的名字记录下来。这种方法是一种很保险的方法，因为一旦我们记忆不清楚，可以随时把笔记本拿出来。但是必须要保证自己在记清楚名字之前笔记本不能丢失，否则没有任何用处。实际上，用笔记本记录名字，相当于起到了名片的作用，多看几遍，能够有效加深记忆。在运用笔记法时，最好记清楚对方的名字具体是哪几个字，不要记成同音字。同时，要尽量把对方的电话号码、工作单位等情况一起记录下来，信息越多，记忆就越方便。另外，运用笔记法时还会发现，有些人的姓名在字的结构上耐人寻味，能给人留下深刻的印象，比如说聂耳，名是姓的一部分；金鑫，名是由三个姓组成的；李木子，名是姓的分解；等等。发现这样的关系后，记忆起来会更方便。

第四，谈话法。想要记住一个人的名字，就应该在和对方的谈话中，经常提起他的名字，但是在提起时不能含糊不清，必须非常清晰。这样不仅能给对方一种亲切感，同时也相当于对名字的不断重复。另外，应该把对方的名字和他的声音特征结合起来记忆，这样就能在谈话中更多地了解对方的各种情况，给回忆提供更多的线索，从而更有利于我们对名字的记忆。

第五，谐音法。有些人的名字的谐音词可能是一个有意义的词语，这样的名字就可以通过记忆那个谐音词来记忆。比如李想的谐音词是理想，奚望的谐音词是希望，魏来的谐音词是未来等。有些人的名字就是名和姓是谐音的，这种情况更好记，比如说刘流、杨洋等。

第六，形象法。有些人的名字和具体实物对应，记忆这样的名字时，我们可以把姓氏和具体事物的形象结合起来进行记忆。比如赵海燕、马熊是以动物为名的，柳青、柳红是以颜色为名的，张白露、李小雪是以节气为名的，李大海、潘长江是以地理为名的，杨松、杨柏是以植物为名的。

第七，结合法。把名字和见到对方的时间、地点甚至对对方的第一印象等情况结合起来，对我们记住对方的名字有很大的帮助。比如说白小娜的脸很红、张领很胖、第一次见到李旭是在北京这个美丽的城市、王刚是一名工程师，等等。这样我们就能通过对那些和名字有关的线索进行回忆来达到记住名字的目的。

记忆相貌的方法。

我们经常会把两个相貌相似的人认错，特别是双胞胎，长得几乎一样，很难分清楚，稍微不注意就会把一个人叫成另一个人，让人非常尴尬。想要避免这样的情况发生，只有把每个人的相貌都记清楚才可以。但是，有一些人长得确实太相似，特别是像双胞胎那样的，长得好像没有任何差别，根本不能分清楚。实际上并不是这样的，相貌是人和人之间最明显的差异，即使是双胞胎，在相貌上也有一些细微的不同。所以，记住一个人的相貌并不是一件很难的事情，但是前提是必须要掌握正确的方法。

第一，观察法。一般来说我们想要记住别人的相貌，都是采用观察的方式。因此，观察法是记住别人相貌最直接的方法。在第一次见面时，先用眼睛仔细观察对方几秒钟时间，主要是要看到对方的整体形象和特征，包括身高、肤色、体型、年龄、风度等。同时，还要把对方特有的特征记在脑海中，如脸型、发型、眉毛、眼睛、鼻子、耳朵、胡须、嘴、有无明显的疤痕或者痣等。在观察之后，还要有意识地把对方的相貌特征在心中重复几遍，努力记住这些特征。如果对方实在没有什么明显的特征或突出的地方，那就联系表情、性格、气质、口音等其他特征来记忆相貌。

第二，结合法。结合法有两种使用方式，第一种是把对方的相貌特征和其名字结合起来，达到名貌合一的程度，加深人们的记忆；第二种是把对方的相貌和与其见面时的情景结合起来，包括与对方第一次见面的地点、气氛、心情等，比如说你第一次见到某个人时，他的相貌让你感觉如沐春风。另外，记住和别人初次见面的时间、场所、目的、周围的人、谈话主题等，也能够为记住他的相貌打下坚实的基础。

第三，交谈法。交谈法主要是通过反复交谈创造出更多的时间观察对方的相貌，从而记住其相貌。同时，通过和对方的交谈还能了解对方更多的情况，为记忆对方的相貌提供更多的线索。但是，在交谈时有两点情况要特别注意，第一是交谈要紧贴见面的主要目的，不要漫无边际，脱离主题的交谈可能会让别人很快失去兴趣，使谈话不能顺利进行下去，也就不能达到加深对对方的印象的目的；第二是不要把谈话变成一问一答的审讯式，这种形式的谈话没有人喜欢，只会加快谈话的过程，同时也有可能让对方对你的印象变差，这也不利于记忆对方的相貌。

第四，联想法。联想法就是把自己观察到的对方的相貌，进行一些有趣地联想，从而加深对方的相貌在大脑中的印象，帮助我们记忆。比如说对方的个子特别高，可以想象"他的个子像珠穆朗玛峰一样高高在上"。

如果想同时记忆几个人的相貌，可以运用对比的方法，选择一个标准，从而找出最漂亮的、最难看的、个子最高的、嘴最大的等，这样在回忆的时候会有一条明确的线索帮助，使我们的记忆更深刻。

对事实的记忆

所谓事实，是指已经发生过的事件，或者是已经确定下来的某项知识。对事实的记忆就是指已经发生的事情的记忆。

一般来说，我们记忆的事实都是从自己的经验中得到的，也就是我们从自己看到过的、听到过的、经历过的事情中获得的信息。这些信息本来应该在我们的大脑中留下深刻的印象，但是在很多时候，我们在回忆这些信息时却非常困难，比如说我们可能会记得自己经历过某件事情，但是这件事情的细节却无论如何也想不起来。这主要是因为我们在记忆各种事情时，总是通过时间或地点等线索去单独记忆，从来没有在它们之间建立必要的关联关系。换句话说就是，我们在记忆信息时没有采用正确的方法，使得回忆时找不到某些线索。就像我们把很多不同类型的文件都胡乱放在了一个柜子里，等到需要某个文件的时候，虽然知道放在哪个柜子里，但是却因为不知道具体放在柜子里的哪个地方，从而使我们要花费力气去寻找。如果换成大脑中的信息，这样寻找当然更加困难。因此，人们在记忆各种事的时候一定要采用正确的方法。

当一件事发生的时候，一般都会带有很多条信息，比如说它发生的时间、地点、各种细节等。如果单独记忆，这些信息会储存在大脑的各个地方，甚至可能会和其他的信息混合在一起，在回忆的时候自然非常困难。因此，必须把这些信息通过关系关联到一起进行记忆，才是正确记忆的方法。但是要注意，这种关系必须是本质上的，如果只通过一些肤浅的和非重要的关系进行关联，我们在需要的时候依然没办法回忆出来，这些信息就没有任何用处。

对各种信息进行分析是找到信息之间关系的最好办法，人们可以通过对自己提问的方式来分析信息。当我们提出问题，并且得到答案之后，每一个与答案相关联的信息都会增加一条线索，并且很多线索之间会相互交叉，这样我们在回忆这些信息的时候，就可以通过这些交叉的回忆线索很容易把事实回想出来。这种方法早已经得到证明，比如苏格拉底和柏拉图就通过这样的方法引导学生，使新知识和旧知识相互附着在一起，填补了知识的空白。

在记忆某件事的时候，我们可以从下面这些问题中挑选几个对自己进行提问：

1. 它发生在什么时候？
2. 它发生在什么地方？
3. 自己什么时候听说过它？
4. 它发生的原因是什么？
5. 它有着什么样的属性、品质和特点？
6. 它的过去是什么样的？
7. 它是什么样的？看到它我们能联想到什么？
8. 它证明了什么？通过它我们能推断出什么？
9. 它能做什么用？自己应该怎样利用它？利用它之后会得到什么样的好处？
10. 它会带来怎样的结果？能引发出什么样的事件？
11. 它自身会有什么样的结局？未来是什么样的？
12. 自己对它的看法和整体印象是怎么样的？
13. 自己对它的情况总共了解多少？

在记忆某个事物的时候，不厌其烦地问自己这些问题，使所有信息都通过这些问题的审查，就能够把各种信息关联在一起，从而轻易记住各种事物。另外，我们还可以通过这个事物在大脑中创立一个新的信息主题，从而使信息的记忆变得更加牢固。

当然，能不能顺利地把各种信息联系起来，还需要取决于已经储存在大脑中的事实体系，如果你在储存一件事物时，有意识地考虑到这件事物以后会不会用到，你再记忆事物的时候就会变得很容易。因此，我们在记忆的时候，要把最熟悉和最相似的事物储存归类到一起。很多人会不自觉地就选用这样的方法，比如说小孩子，他看见一匹斑马，就把它看成是有条纹的驴；把长颈鹿看成是长脖子的马；把骆驼看成是有着长长的脖子、又长又弯的腿并且背部拱起的马，通过这样的方式，小孩子记忆这些非常轻松。

只要把需要记忆的事物和已经记忆过的事物联系起来，记忆就很容易。这一点，只要我们检验一下就可以得知，一个事物会出现在人们的大脑中，那么它和某个之前记忆的事物之间一定有某种关联。比如你听到某个遥远的列车轰鸣声，你会想到一辆火车，随后你会想到坐着火车出去游玩，然后想到游玩去的是某个遥远的地方，之后是想到在那个地方碰到了某个人，之后是在这个人神圣发生了一件事，通过这件事又想到另外一个人也做过这件事，之后想到那个人的朋友，这个朋友很有钱，他的钱是通过做生意的方式赚到的，通过他的生意又能想到做这种生意的其他人，随后想到你和这个人之间发生过的一些事情……这就说明我们记忆的各种事实当中确实存在着这样或者那样的关联。

因此，想要记住一个事实，就要把和事实有关的各种信息通过关系关联起来，同时也要把这个需要记忆的事实和已经记忆的事实关联起来，这样会有效提高人们对事实的记忆效率。

对词句的记忆

在学习中，我们经常需要记忆一些词句文章。比如上学的时候经常需要背诵李白的诗、苏轼的词等。我们会发现，很多人花费同样的时间，背诵同样的词句，最后背诵的效果却不一样，有些人能十分流畅地背诵下来，有些人则能磕磕巴巴地背诵下来，有的人则干脆背不出来，这里面的主要原因就是人们对词句的记忆效果不同。流畅背诵的，说明对词句的记忆效果好；磕磕巴巴背诵的，说明记忆效果一般；至于那些没有背诵下来的，就说明记忆词句的效果很差。为什么会出现这样的差别呢？有些人可能看几遍就记住了，有些人却看了无数遍都记不住，这其中很重要的一部分原因是一些人使用的记忆方法不正确。

想要快速、清晰地记忆词句文章有一定的方法。

第一，采用循环记忆法。虽然词句文章并不能算是单个或零散的信息，但是仍然可以采用循环记忆法进行记忆，具体的做法就是把完整的词句文章拆分成很多独立的部分，随后一个部分一个部分地去记忆，并且不断进行复习。以诗歌为例，第一步是要把一篇完整的诗歌分成几节，首先从第一节开始记忆。第一天先一行一行地掌握第一节诗歌，一直到能够准确无误地背出来为止，最好做到一个字都不错，包括标点符号，也不要出现错误。到此为止，第一天的背诵就结束了。第二天首先复习一下第一天记忆的诗句，随后背诵第二节诗句，同第一节一样，依然要做到不能出现一点错误。然后要把第一节诗句和第二节诗句放到一起进行复习，这样做是为了能让两节诗句紧密结合在一起，免得最后背诵的时候出现前后连接的问题。第三天记忆第三节诗句，依然要做到不能出现一点错误，随后把前三节诗句放到一起进行复习，一直到能清楚记忆为止。这样坚持下去，每天都增加一节诗句，并且不忘把新学的诗句和前面的放在一起进行复习，一直到记住整篇诗歌为止。最后，所有的诗句都已经记住了，并且复习过很多遍，想要做到所有诗句脱口而出就并不是什么问题。

这种方法在记忆词句文章的同时，还能间接训练人们的记忆力。一段时间之后，你就会觉得每天只记忆一节诗句很轻松，这时候就可以增加每天记忆的数量，变成两节。如果这样依然很容易，也可以继续增加。但是一定要坚持适度的原则，一旦觉得吃力，就不能再继续增加，否则会出现大脑疲劳或心理紧张的情况，反而会影响记忆力。另外，即使学习了新的诗歌，也不能忘记复习之前记忆的诗歌，否则就会出现记忆了新的诗歌而忘了之前记忆的诗歌的情况，之前所花费的功夫就全部白费了。再有，有时候人们可能会由于某些事件而导致没有时间去记忆新的词句文章，但是这个时候至少要对前面记忆的内容进行一次复习。毕竟对于这种方法来说，复习记忆过的内容比学习新的内容更加重要。

第二，发挥想象力，把词句文章同一幅生动的画面联系起来。这种做法的好处就是可以让词句文章在人们的大脑中留下更加深刻的印象，使人们在回忆这些词句文章的时候，更轻松、更容易。具体的做法就是选择一个能概括你需要记忆的内容的关键画面，随后利用想象力，把画面和你需要记忆的内容结合起来，最终加深你的记忆。使用这种方法时，有两点情况要注意：第一是必须要逐字逐句地回忆你记忆的内容，一旦出现顺序混乱等情况，很容易导致遗忘；第二是最好记住词句文章的作者，这能够加深记忆的效果，同时在联想的时候也更加方便。

第三，使用路线记忆法。这种做法主要就是通过使用记忆路线，建立一个保留节目库，从而记住那些需要记忆的词句文章。之所以选择这样的方法，主要是因为词句文章等都是书面上的文字，因此可以把书店和图书馆作为记忆路线上的极佳地点。具体做法是设计出一幅把词句文章的作者和内容结合到一起的画面，然后将其存储在记忆路线上的某个点上，这样就能帮助我们很方便地回忆起词句文章。

第四，还可以运用关键词记忆法。任何东西总会有重点，词句文章更是如此，其中包含着一些要点和关键词。我们在记忆的时候，很可能会因为紧张等原因导致自己不能想起下面的句子，这个时候，如果我们掌握了一些要点或关键词，完全可以根据这些内容想起接下来的句子。当然，要点和关键词最好也储存在这个画面中，这样就可以把词句文章中的句子和储存的关键词和要点的画面联合起来进行记忆，这样回忆起来就相当轻松。

记忆词句的方法有很多种，但是不要盲目去选择，必须要选择最适合自己的方法。如果联想的方式适合你，你就可以选择后面的几种方法；如果你觉得联想这种方式不适合自己，那你就可以选择第一种方法，不断进行复习。

对地理知识的记忆

地理学科具有丰富的知识，山川湖泊、人口国家、地质灾害等，都包含在内。记忆力在人们学习地理知识的过程中，具有重要作用。一方面，在学习、掌握和了解地理这门学科的过程中，大脑皮质能力会被广泛调用，包括绘画，阅读并理解地图、图片和表格时都需要一定的空间和分析思维；另一方面，人们在进行某些活动时也离不开对地理知识的记忆，比如做实地调查、外出旅游等。

想要彻底了解一个地方，首先就要知道这个地方的地理条件，这既包括气象、气候、水系分布、土壤结构、有无地质灾害等自然地理情况，也包括人口状况、经济状况、城镇分布、交通等人文地理情况。想要去一个地方旅游，同样需要先了解那个地方的地理情况，包括气候和气象条件、各种地理风景、是否会发生地质灾害、当地各种风俗习惯等。由此可见，我们需要学习和记忆的地理知识是非常多的。但是，人们的精力是有限的，而且这有限的经历还必须要应用到学习和记忆各种各样的知识中。因此，为了快速记忆地理知识，同时也能把更多的时间放在理解和应用其他的知识上，建立一个快速有效记忆地理知识的系统就显得十分有必要。

想要建立这样一个系统，一个好的记忆方法必不可少。由于地理的特殊性，大多数地理知识都有真实、清晰的形态，因此最好的记忆方法就是发挥自身的想象力，通过联想的方式来记忆。

比如说记忆一个国家的各种情况，就可以用联想的办法。具体的做法是：首先要为你想记忆的国家准备一个独立的区域，这个区域可以是你去过的这个国家的某个地方，也可以是你熟悉的一些地方，比如说在你的房间中；第二步是把你想要记忆的各种数据进行分类，分别为不同种类的数据信息选择一个独立的想象图像，比如用苹果代表人口；最后一步是进行联想，假设你要记忆的那个国家有8500万人口，你就可以想象你来到了之前设定的区域，看到一个1985年出生的朋友正在给大家分发苹果，这样你就能记住这个国家有8500万人口了。

如果想要记住一个国家的地形轮廓，也可以运用联想的方法，而且这种方法就是我们平时经常用的。比如说我们记忆中国的样子都会想到像一只雄鸡，而记忆意大利的样子则会想到像一只靴子等。

使用联想的记忆方法，不仅能够记忆各个国家的大致信息，对于一些具体的信息，也能够进行有针对性的记忆。如记忆一个国家的具体地方。具体做法是：在记忆这个地方的时候，只要把它和这个国家联系在一起进行联想就可以。例如记忆各个国家的首都，像乌克兰的首都是基辅,我们可以从基辅联想到鸡胸腹肉,而乌克兰也可以想象成是一个人的名字,这样记忆时就可以变成那个名叫乌克兰的人正在吃鸡胸腹肉。再比如阿富汗首都是喀布尔,可以想象成阿富汗的最著名的卡车司机名叫布尔。

当然,联想法并不是唯一的记忆地理知识的方法,有一些具体的地理地点,也可以通过其他的方法来记忆,如地图记忆法。比如我们要按照从大到小的顺序记忆四大洋的名字,这时候我们可以先在大脑中建立一条道路,同时把道路分成四段,但是每段道路的长度要各不相同,随后,想象出道路两边的各种商店,比如最长的那段道路边上是太平洋超级市场,第二长那段道路边上是大西洋服装店,之后是印度洋风情小店,最后是北冰洋冰激凌店。这样,我们不仅记住了四大洋的名字,同时也记住了它们之间面积的大小关系。

如果是记忆一些地理环境的具体数据,则可以采用代码记忆法进行记忆。比如说亚马孙河全长是6277公里,在这里就可以把6277这个数字转换成代码词,其中627转换成代码词是junk(垃圾),7转换成代码词可以是goo(黏性物),随后进行联想,亚马孙河漂浮着数量众多的垃圾和黏性物,污染十分严重。这样,就能够记住它的长度。

对历史知识的记忆

很多学生觉得历史知识很难学习和掌握,因为历史包含着非常丰富的内容,有非常多的时间、地点、人物、事件等。但是不可否认,历史确实非常吸引人,也有很多人能把那些海量的历史知识记住,对历史十分精通。之所以有人历史学得好、有人历史学得不好,归根结底是学习方法和记忆方法的差异所造成的,学不好历史的主要原因就是没有选择正确的学习方法和记忆方法。

一般来说,想要达到精通历史的程度要做到三点:阅读、分析和想象。

实际上,学习历史最理想的方法应该是退回到历史发生的那个年代,去亲身经历、体验和感受那些能让人铭记的事件。但是,显然我们没有任何人能做到这一点。因此，必须通过大量的阅读，以及对历史的分析和想象，把需要记忆的历史事件和人物转移到我们现实的生活当中，重建历史，这样才能更好地记住历史。

阅读是为了更好地了解历史。历史是一门非常严谨的学问，它全部是真实发生过的事实，这就要求我们在记忆的过程中不能出现一点错误。因此必须通过大量的阅读来了解历史。毕竟所有的历史都应该以史书上的记载为标准，至于口口相传等其他的方式，虽然也记载着一些历史，但是可能并不详尽，也可能并不真实，甚至可能被夸大。比如说一个人得了病，在第一个人嘴里可能是说他生病了，但是没什么大事；到了第二那个人嘴里可能变成他的病很严重；这样传下去，到最后一个人嘴里可能说他得癌症了，马上就不行了。正如有句俗话说的那样："耳听为虚，眼见为实。"所以，想要真正了解清楚历史，为准确记忆打下坚实的基础，最好大量阅读历史。

分析是为了更好地理解历史。我们都知道，对一件事情理解得越清楚，记忆效果就越好，历史知识也是一样。比如一个历史事件，如果你只记住它发生的时间，或许不见得能记住整个事件，但是如果你对当时的政治、经济、社会等情况进行综合分析，或许就能找到这个事件发生的必然原因，这样在记忆的时候，就不需要刻意去记忆，只要能了解到时的一些情况，自然就能明白这件事情必然会发生。

至于想象，则是为了把我们和各种历史事件的距离拉近。历史毕竟是早已经发生过的事件，想要把历史转移到我们的生活中并且重建历史，就必须要发挥自身的想象力。通过想象让历史在我们的大脑中和心里面重现"复活"，否则历史终究也只能是书本上那一行行的死板文字和资料。

想要重现历史，把所有的历史事件整合起来，并且了解历史事件以及人物之间的相互关系。最好的做法是发挥自己的想象，用自己熟悉的场景和人物来代替历史事件中的场景和人物。比如你想记忆一个历史事件，就可以用你熟悉的一个地方来代替这个事件发生的地方，用这个地方及其附近的建筑物来代替事件中那些标志性的地点，再把事件中的人物替换成你熟悉的一些人，这样只要记住一些具体的时间，和这个时间有关的所有史实就都能通过想象，在大脑中轻易地重建出来。当然，因为事件中会有许多的时间、人物和陌生的人名需要记忆，这些因素很可能会造成一些麻烦，因此在这种情况下可以恰当地使用记忆方法，例如通过代码记忆法记忆时间等。

在我们需要记忆的历史知识中，不仅包含着众多的历史人物和事件，还包括很多复杂的专业名词，也就是历史术语。这些历史术语一般比较难理解，由于只是单个的词语，可能并不影响整个事件，所以有很多人都选择了忽略它们。这种做法是错误的，历史术语都很重要，甚至是一些关键性的线索。有时候，通过一个历史术语就能够把一个历史事件记忆清楚。因此，我们在碰到不能理解的历史术语时，不应该忽视它们，要尽力去理解它们，甚至可以花费一些时间查字典，找出这些历史术语的含义，随后利用联想的方法牢牢记在大脑中。

如何记忆方位

想要去一个地方，很重要的一点是要知道那个地方在什么方位，从你所在的地方出发之后，朝哪个方向走、需要走多远，这些全都需要掌握。即便你是坐车、坐飞机去那个地方，依然要知道它所在的方位，不然怎么知道该如何乘坐交通工具呢？因此，记忆方位的能力对人们非常重要。

记忆方位的能力是指：识别地点；看见和找到地点的欲望；地理能力；回忆自己看见的道路、场景、地点和物体的位置。在记忆方位的能力方面，人和人之间有很大差别。有些人的方位记忆能力很强，对于地点、位置和方向等都有很强的直觉，从不会出现迷路等在方位和地点上迷失的现象，他们会记得曾经去过的地方，对于那些地方的空间位置记忆也相当清晰，就像是把一幅地图储存在大脑中一样；有些人则属于另一种极端，他们甚至在自己居住的地方都会经常迷路，根本记不住任何方向、位置和空间的关系，在陌生的地方更是没有任何方向感，甚至连刚刚去过的地方也记不住、认不出，更不用说之前去过的地方了。之所以会出现这么大的差异，主要是一些人没有使用正确的方法提高自己的方位记忆能力。

如果运用正确的方法，每个人都能够提高自己的方位记忆能力。

首先，要培养兴趣。对方位感兴趣的程度，决定人们对方位的记忆程度，兴趣越大，记忆越好。实际上记忆任何事情都需要对其有足够的兴趣。因此，在到一个地方之前，应该仔细研究一下地图，直到对其产生兴趣。到那个地方之后，也要仔细注意自己走过的每一条街道、每一个地标、每一样路边物体和建筑物，甚至是每一个道路拐弯处。就像那个地方有一笔巨款等着你去拿，或者是你的爱人正在那个地方等你一样。这样，就会有充分的动力去记忆那个地方的方位。

其次，在产生了足够的兴趣之后，就要加倍注意旅途中的地标和道路的位置。很多人总是说自己记不住方位，但是他们却没发现，在一个陌生的道路上行走时，他们从来就没有注意观察过道路沿线的各种事物。因此，我们走在道路上时，一定要仔细观察周围。比如在某个十字路口或街角停留一下，看看那里的地标、大致方向和相关位置等。一定要把这些信息牢牢地保存在大脑中，哪怕是只是一段非常短的路程，也要这样去进行记忆。另外，还可以用笔把自己看到的这些东西画出来，尽可能地画细一些，最好先在大脑中确定一个方向，在画图时进行参照，并且对大致的方向、街道的名字以及主要建筑物都要进行标注。

为了尽可能地锻炼对方位的记忆能力，在大街上时，多走一些迂回的路线，尽量多地转弯，但是要注意自己的行走方向和整个过程，这样才能在大脑中顺利地把走过的地图再现出来。同时，在整个走的过程中，始终要注意自己走过的各个街道的名字，并且保证能够在头脑中的地图上标注出来，长期下去，记忆方位的能力就会得到提高。

还有一种办法能够帮助人们提高记忆方位的能力。具体做法是先在地图上面选择一条路径，随后在大脑中定下各个方向、街道的名字、拐角处、回城的路线等。在开始使用的时候，制定的路线可以短一点，之后随着熟练度的增加而逐渐增加长度。在路线制定之后，不看地图，按照设定的路线走一遍。在行走的过程中，还可以随时变化路线，同时把路线和大脑中的地图结合起来，使大脑中的地图不断完善，并且变得更加清晰。

这两种方法全都离不开人们自身对方位的兴趣，毕竟兴趣决定注意力，而注意力又决定关注的程度。因此，归根结底还是要提高自身对方位的兴趣，只要兴趣提高，记忆方位的能力就会得到提高。

多记些逸闻趣事是很有用的

在日常生活中，人们经常会为了调节气氛或逗别人开心而讲一些逸闻趣事。当人们的逸闻趣事讲完之后，紧张的气氛会变淡，不开心的人也会变得很开心。但是这只是人们把这些逸闻趣事讲述成功的情况，很多时候，逸闻趣事的讲述可能不会成功，这就会导致本来挺好的气氛变得不好，尴尬的气氛变得更尴尬。这种情况究竟为什么会产生呢？又应该怎样解决呢？

产生这种情况的原因主要有两种：第一种是听众的笑点太高，你说的逸闻趣事不能让他们产生兴趣；第二种是因为人们自身对逸闻趣事记忆得并不清楚，忘记了主体部分，只讲出了一些细枝末节和不主要的部分，这种不完整的逸闻趣事当然不会让别人产生兴趣。

笑点太高这种情况很好理解，就是说能够让你发笑的事情并不一定也能让别人发笑。比如说"一个人被狗咬了，特别惨"，你听了这件事情可能会觉得很好笑，觉得一个人居然能被狗咬，还咬得那么惨，这个人真可笑；但是别人听过之后可能觉得一个人被狗咬是一件正常的事情，社会上经常会发生这样的事情，同时被狗咬得特别惨也是一件很正常的事情，这种事没什么可笑的。这就是因为笑点不同的原因。如果你讲的逸闻趣事没有活跃气氛和引起别人发笑，是因为别人笑点过高的原因，那就没办法了，这属于是特殊原因，是人与人之间的不同所造成的，如果想要让别人发笑，只能下次讲一个能刺激别人笑点的逸闻趣事了。

因为对逸闻趣事记忆得不清楚，从而导致自己讲的时候不能活跃气氛和引起别人发笑这种情况，发生的概率更大一些，可能所有人都碰到过这种情况。一般来说，我们脑海中的逸闻趣事有两种来源，一种是自己亲身经历的，还有一种是听别人讲述的或者是自己从某个地方看到的。自己亲身经历的逸闻趣事，我们并不会记不清楚，在细节上也不会忘记。人们记忆不清楚的逸闻趣事，基本上都是从别处听来的以及在书上或者网上看来的。

基本上，每个故事都有一个精髓，或者是一个主线，或者是一个或几个关键点，去掉这些东西，故事就只能变成平淡无奇的叙述，不能勾起任何人的兴趣。就像故事《丑小鸭》，它的精髓或者说是主线是丑小鸭变成白天鹅，去掉这一点，这个故事根本没有任何吸引力，这个故事就会变成丑小鸭受排斥，同类们都讨厌它，它很自卑，因为它和别的鸭子不一样，它很丑。这些东西讲出来有什么意义，难道是为了让丑小鸭诉苦吗？按照正常的思维去思考，它自身的实际情况，导致了它的遭遇，这是正常的因果关系，根本就没有吸引人的地方。但是如果它变成白天鹅就不一样了，不仅让故事变得更有吸引力，同时也更有意义了，它告诉人们只要努力，就总会有成功的一天。这样才是一个有吸引力的完整故事。

给别人讲一些逸闻趣事，和讲故事是一样的，都必须要有精髓、主线或者关键点这些重要的部分才能吸引人，才能达到目的。但是，往往人们听别人讲述或从其他地方看到逸闻趣事时，会忽略其中的重要部分，从而导致自己在给别人讲这些事情的时候不能引起别人的兴趣。

只要记住逸闻趣事中那些重要的部分，就不怕别人不被你讲的事情吸引。哪怕你只记住了这些重要的部分，对于那些不重要的根本没记住，只能靠自己编，这也没有任何问题。但是，很多人在听别人讲逸闻趣事或者自己从其他地方看时，往往就会忽略这些重要的部分，导致自己对逸闻趣事的内容记忆不清楚，最后只能自己面临各种尴尬。

想要把逸闻趣事记忆清楚的办法非常简单，那就是记住事情的重要部分，包括事情的精髓、主线或者关键点。只要把这些东西记忆清楚，其他的可以根据这些部分进行联想，也可以自己随意发挥。

例如：

一个人对写作小说很感兴趣。一次，他碰到了一个著名的作家。他鼓起勇气对作家说："我对写小说很感兴趣，但是有一个问题不明白，想向你请教一下。你能告诉我一部小说应该有多少字吗？"作家觉得这个问题莫名其妙，但还是回答了他："这个要根据小说的具体情况来定，一般来说，一部短篇小说大概只需要7万字就够了。"这个人显得非常激动，对作家说："您的意思是，只要有7万字就是一篇小说了吗？""是的。"作家回答。这个时候，这个人突然激动起来："哦，太好了，我的小说终于完成了。"作家惊呆了。

如果记忆这个事情，那么只要记住它的精髓就行了。整个故事讲的最重要的事情就是小说，如果扩展一下，有7万字就相当于是一部小说了。我们只要记住这两点，再记住一些其他的线索如作家、写小说等，就完全可以回忆起整个事情，并且不会丢掉重点部分；如果没有记住那些线索，根据我们记住那两点重新编一个故事也完全不是问题。反正主要目的是讲出的逸闻趣事让人感兴趣和开心，并不是单纯记忆这个故事。

如何记住演讲内容

演讲，就是当众讲话，对于很多人来说，这都是一个非常重要的技能，比如说政客、单位的领导等。但是，当众讲话并不是这些人的专利，基本上所有的人，在一生中都会有当众讲话的经历。因此，这实际上应该是一个每个人都必须掌握的技能。

演讲本身并不是一件困难的事情，第一点是要求演讲之前做好充分的准备，这个准备实际上就是演讲稿。大部分人都会事先把自己准备的演讲稿记住，在演讲的时候直接背诵出来。第二点是在演讲的过程中保持一颗平常心，把演讲稿从头到尾顺利地背诵出来。这样一个演讲就能非常完美地结束。

但是，在现实中，很多人却不能当众演讲，一方面是因为对自己没有信心，认为自己不能够讲好；还有一方面的原因就是害怕，因为当众讲话的时候下面一定会有很多人，可能有几百双眼睛盯着演讲的人，这样就给台上演讲的人造成很大的压力，进而产生恐惧的心理，害怕自己忘记演讲稿的内容。

一般来说，人们在演讲的时候会出现两种问题：第一种是因为忘记了演讲稿中的某个词，从而忘记了这个词后面的所有内容；第二种是演讲稿中有一些比较难记忆的词语，结果因为在心里面总是担心自己忘记这个词，导致记忆短暂消失这种情况的发生，因而忘记了演讲的内容。人们之所以不具备当众演讲的能力，问题基本上都出现在对演讲稿的记忆上。因此，只要找到正确的方法对演讲稿的内容进行记忆，就能够解决人们不敢当众演讲的问题。

那么究竟应该怎么样记忆演讲内容呢？

第一步，把需要演讲的内容分段。首先是要把演讲的过程分段，这个过程一般会分为三段，即开场白、内容、总结；其次是针对演讲的主要内容分段，可以按照实际演讲的内容进行划分，但是人们一般都会把内容分为三段、五段或者是六段，基本不会超过六段。在这样分段之后，我们就可以根据每个段落的重要程度来分开进行记忆，这样就会方便很多，比如开场白和总结，我们就不需要花费太多时间去记忆，而主要内容可以多花些时间去记忆。

第二步，找到每段的关键字或者是关键词。在把演讲内容分段之后，我们就可以根据每段的主要内容，提炼出各段的关键字或关键词。如果害怕记不住，可以把关键字和关键词与一些具体的实物联系起来，用具体的实物代替关键字或关键词，这样在演讲的时候就可以通过这些实物来提醒我们想起演讲的内容。

第三步，把关键字和关键词整理成提纲。当我们把每段的关键字或者关键词总结出来之后，自然就会形成一个关于演讲稿的提纲，只要我们记住这个提纲，记忆演讲内容就会更加轻松。

第四步，发挥想象力。在前三步都结束之后，我们需要记忆的东西已经大致总结出来了。在这种情况下，我们就需要经常发挥自己的想象力，时不时回忆一下段落、关键字和提纲等，这样能避免遗忘，进而加深我们的记忆。

第五步，朗读演讲稿。当我们通过想象记住演讲的大致内容和顺序之后，可以选择对完整的演讲稿进行朗读，朗读能够加深演讲内容在我们大脑中的印象。在朗读的过程中，随时发挥想象力，把朗读的内容和演讲稿的提纲进行结合。就这样朗读，想象，再朗读，再想象，反复循环，很快就能够把演讲内容记住。

通过上面的方法，我们应该能够把演讲的内容记住。但是，究竟能达到什么样的记忆效果，还要根据演讲稿的实际情况。如果是枯燥无味并且没有条理的演讲稿，可能需要我们花费比较长的时间才能记住，如果是十分有条理的演讲稿，记忆起来就会非常容易。

那么如何制作出有条理、方便记忆的演讲稿呢？

第一点，列提纲。列出演讲稿中应该有的主要内容，使得演讲稿有一条清晰的线索和主线，这对于我们的记忆会有很大的帮助。

第二点，把提纲中的内容部分详细划分成几点，这样提纲的条理会更加清晰，提纲的主要内容会更明确。可以避免因为在制作提纲时无条理导致记忆困难。

第三点，讲故事。在制作出提纲之后，我们需要做的是把演讲的主要内容添加上去。这样，一个演讲稿就基本上完成了。但是，这个时候的演讲稿还不完整，因为其中的内容一定都是理论方面的东西，让人难以理解，听众在听的时候很可能会昏昏欲睡。因此，我们应该准备一些具体的故事或案例加入演讲稿中，一方面丰富演讲稿，另一方面也使演讲稿变得更能吸引人。这样我们记忆起来就会轻松很多。

总之，只要有一个条理清晰、能让人产生兴趣的演讲稿，再结合我们前面所说的记忆方法，记住演讲的内容就不会成为问题。

记住扑克牌

扑克牌是人们在日常生活中经常用到的娱乐工具，比如在比赛、表演和变魔术的时候都会用到。许多人心中都有一个赌神梦，想要成为赌神，需要达到很多条件，其中比较重要的一条就是能记住扑克牌，否则你连别人出过什么牌都记不得、别人剩下什么牌也猜不出来，还怎么去当赌神。当然，就算能记住扑克牌，也不一定能当上赌神，但是我们还可以用这样的能力去做别的事情，比如表演记忆扑克牌等。但是，一副扑克牌虽然看起来简单，真正想要记住它却并不容易，需要使用正确方法并且经过长时间的训练才可以。

对于如何记忆扑克牌，可能每个人都有自己不同的方法。人们总是希望别人把他们记忆扑克牌的方法传授给自己，但是却没有想过人家的方法到底适不适合自己。比如说有人天赋很好，看几眼之后就能全部记住，这种方法要是传给你，你会相信吗？你可能会觉得人家在敷衍你。实际上，很多记忆扑克牌的方法确实只适合少数人。如果有人想学习记忆扑克牌的方法，不妨采用下面的方法。这种方法或许不是最好的，但却是适合大多数人学习和使用的。

这种方法的道理非常简单，把每一张扑克牌都替换成不同的、可以在心里面想象出来的东西，实际上就是对代码记忆法进行一点变化。虽然方法比较简单，但是一旦你掌握了这种方法之后，就能够在很短的时间内记住一副扑克牌，并且对这种方法掌握得越熟练，记忆的速度就越快。比如说刚开始你可能需要10分钟才能记住一副扑克牌，但是在熟练之后，你可能花5分钟就记住了。

想要熟练运用这种方法，必须要知道两件事情：第一是必须要有52个你熟悉的代码词，因为一副扑克牌总共有54张牌，但是大王和小王是特别的，并不需要我们刻意去记忆；第二是必须知道一副扑克牌中每一张牌对应的代码词，为准确记忆每一张扑克牌打下基础。

代表52张扑克牌的代码词，并不是随意选择的，需要满足两个条件：

第一，必须是很容易被想象出来的词。因为联想是我们记忆扑克牌的主要方法，代码词能是否容易被想象出来，关系到我们能否快速记忆扑克牌。

第二，每一张扑克牌的代码词都必须是以这张牌的花色的首字母开头。也就是说红桃的英文单词是Hearts，它的首字母是H，所以红桃花色的扑克牌的代码词都以H开头；方块的英文单词是Dimonds，首字母是D，所以方块花色的扑克牌的代码词都以D开头；黑桃的英文单词是Spades，首字母是S，所以黑桃花色的扑克牌的代码词都以S开头；梅花的英文单词是Clubs，首字母是C，所以梅花花色的扑克牌的代码词都以C开头。

由于扑克牌的特殊性，它包含一些花牌，即J（Jack）、Q（Queen）、K（King），所以组成这些代码词的准确系统只能用来指A（1）到10，如果用同样的方式处理所有花牌，那么花牌的代码词结尾就会出现两个辅音，这种情况下想要找到既容易被联想又适合于代码词系统的词语有一些困难。所以，对于一副扑克牌中的4个J，我们选择花色本身的名称来做代码词，这样它们就具有唯一性；梅花K则用king（国王）来代表；而红桃Q则用queen（女王）来代表。至于剩下的，则选择以花色字母为开头，并且韵脚尽可能地和纸牌本身的音相近的词语，比如方块Q—dream（梦），黑桃K—sing（唱）。

根据上面的规则，我们可以得到下面这些代码词：

红桃（Hearts）

HA—hat（帽子） H2—hone（磨刀石） H3—hem（褶边） H4—hare（野兔）

H5—hail（冰雹） H6—hash（蔬菜肉丁） H7—hog（猪） H8—hoof（马蹄）

H9—hub（电线插孔） H10—hose（胶皮管） HJ—heart（红桃） HQ—queen（女王） HK—hinge（铰链）

方块（Diamonds）

DA—date（海枣） D2—dune（沙丘） D3—dam（水库） D4—door（门）

D5—doll（木偶） D6—dash（冲撞） D7—dock（码头） D8—dive（潜水）

D9—deb（初上舞台的人） D10—dose（服药） DJ—diamond（方块）

DQ—dream（梦） DK—drink（饮料）

黑桃（Spades）

SA—suit（西服） S2—sun（太阳） S3—sum（总数） S4—sore（伤处）

S5—sail（帆） S6—sash（腰带） S7—sock（短袜） S8—safe（保险箱）

S9—soap（肥皂） S10—suds（泡沫） SJ—spade（黑桃） SQ—steam（蒸汽） SK—sing（唱）

梅花（Clubs）

CA—cat（猫） C2—can（罐头） C3—comb（梳子） C4—core（果核）

C5—coal（煤炭） C6—cash（现金） C7—cock（公鸡） C8—cuff（裤脚翻边）

C9—cap（帽子） C10—case（箱子） CJ—club（梅花） CQ—cream

（奶油）CK—king（国王）

　　记住上面的代码词，随后就可以通过对这些代码词的联想记住任意一张扑克牌。联想的时候要注意几点：第一，每一张扑克牌的代码词对应一个画面，这个画面最好固定下来，不能随意改变，并且记住它；第二，对任何一张扑克牌的代码词进行联想所得到的画面，都不能和其余扑克牌代码词的联想画面相冲突，也就是说你的心中要形成52幅联想画面。

　　现在，记忆扑克牌的全部条件全满足了，我们就可以运用联想的方法快速记忆扑克牌。比如说第一张牌是梅花9，我们就可以联想一条领带正戴着一顶巨大的帽子；第18张是黑桃A，我们就可以想象成一只鸽子穿上了一套帅气的西服。如果是按顺序记忆所有的扑克牌，只需要用联想的方法按顺序把所有的代码词连接在一起。这样记忆扑克牌就变得既轻松又迅速。

下篇

提高记忆力的思维游戏

1. 缺失的图像（1）

仔细地观察并记住这些图。然后，把它们盖住，继续以下的练习。

现在，请在4个选项中找出一个可以填充的元素，以得到上一个系列。

仔细地观察并记住这些图。然后，把它们盖住，继续以下的练习。

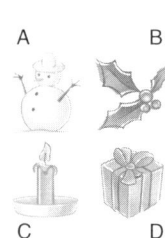

现在，请在4个选项中找出一个可以填充的元素，以得到上一个系列。

仔细地观察并记住这些图。然后，把它们盖住，继续以下的练习。

现在，请在4个选项中找出一个可以填充的元素，以得到上一个系列。

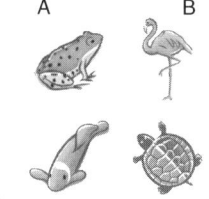

2. 重新排列（1）

把下面打乱的图案按照逻辑顺序重新排列，正确的顺序是怎样的？

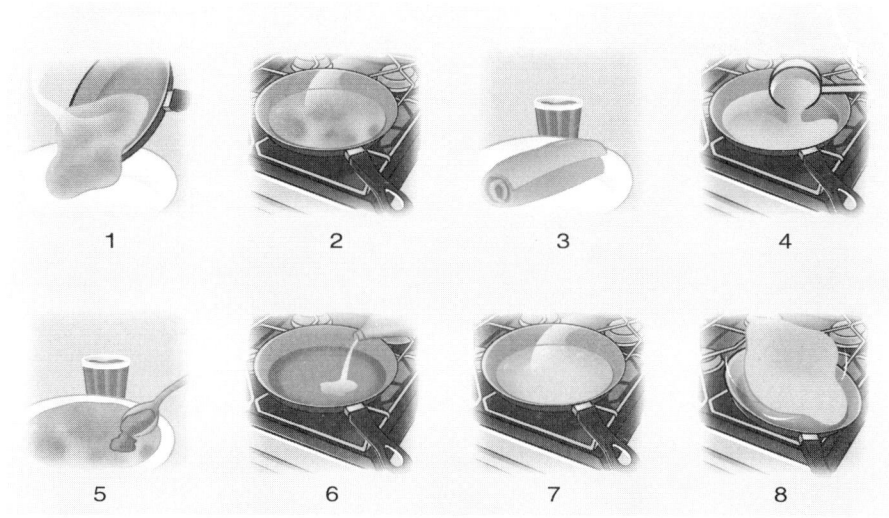

3. 阅读应用（1）

仔细阅读这段文章，然后把它盖住，继续做练习。

复活节期间，格瓦赫在他所在辖区的一个文化中心参加了一个戏剧培训班。最初，他只是想战胜自己害羞的天性，但是很快他就被上台演出的欲望征服了。在老师的鼓励下，他明天将第一次接受演员分配挑选，参演一个由爱尔兰小说改编的音乐剧。

现在请盖住文章，回答下面的问题：

◎ 格瓦赫在什么时候参加的培训班？

◎ 他在哪里参加的培训班？

◎ 他抱着什么样的目的报的名？

◎ 他什么时候接受第一次演员分配挑选？

◎ 音乐剧是由什么改编来的?

4. 服务员（1）

（1）记住两个对话者的菜单。然后，盖住图片完成练习。

（2）你能借助右边的菜名将两个对话者的菜单重组出来吗?

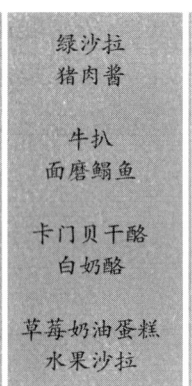

5. 重组旗帜（1）

仔细地观察下面这面旗帜的颜色和图案。然后，盖住图片完成练习。

请用列出的元素重新组成上面的旗帜。

请选择颜色。　　　　　　　　　　　　请选择图案。

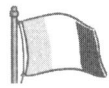 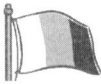  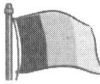　　

6. 找出入侵者（1）

找出藏在每个系列图形中的入侵者。

入侵者：③

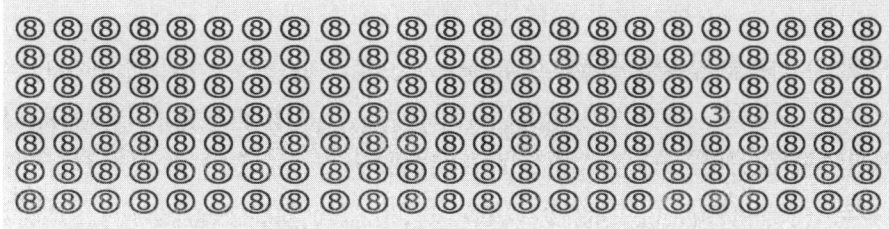

入侵者: σ

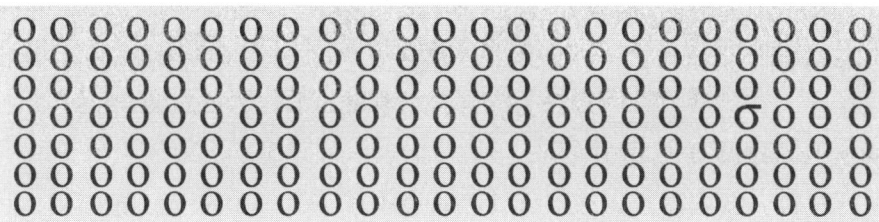

7. 逻辑推理（1）

观察下面的多米诺骨牌，并在后面4个选项中，找出能够替代问号的多米诺骨牌。

8. 恰当地配对（1）

找出对应的国家及其首都。

泰国　　奥斯陆
巴格达　挪威
阿根廷　曼谷
塞内加尔　布宜诺斯艾利斯
达喀尔　伊拉克

找出对应的动物及其类属。

鹧鸪　　哺乳纲
爬行纲　凤尾鱼
昆虫　　白蚁
乌龟　　鱼类
鸟类　　旱獭

找出对应的医生称谓及其专业。

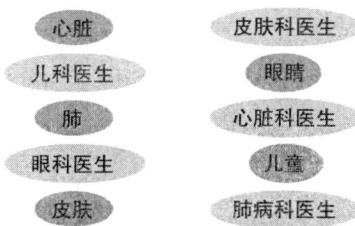

建议：如果你对这些题目涉及的内容不太了解，请不要沮丧。参见答案，然后在一星期后重新做练习，评估你是否取得进步。

9. 旋转的立方体（1）

仔细地观察下面这个展开的立方体表面，记住图案及其位置。然后，盖住它继续做练习。

现在，把提供的元素重新放入展开的立方体表面。为了帮助你，两个元素已经被放置在其中了。注意，立方体被旋转了！

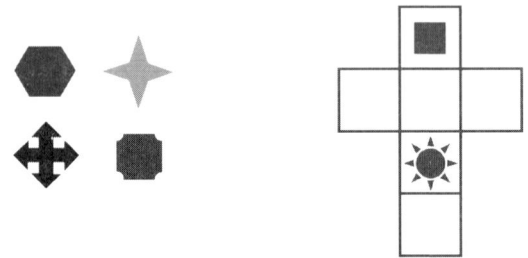

10. 找不同（1）

仔细地观察下面给出的场景，记住不同物体的外形和位置。然后，盖住图片继续完成练习。

现在，请找出这个场景与上面给出的场景之间的 6 处不同。物体可能被置换、移动、拿走……

11. 整理书籍（1）

如何移动最少的书，就能从图 A 到图 B，注意：

◎ 不能把一本书放在比它小的书上； ◎ 一次只能移动一本书。

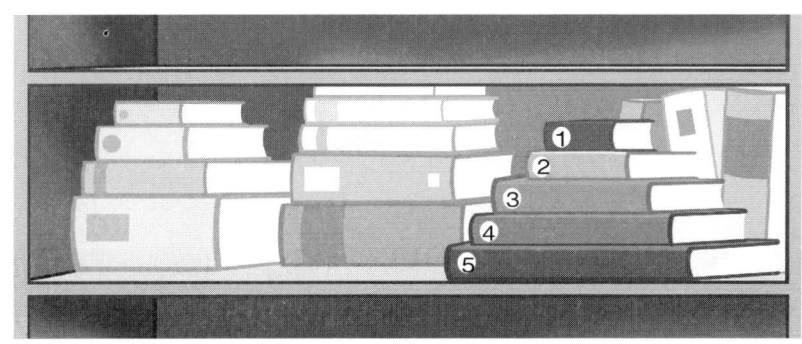

12. 旋转的立方体（2）

仔细地观察这个展开的立方体表面，记住图案及其位置。然后，盖住它继续做练习。

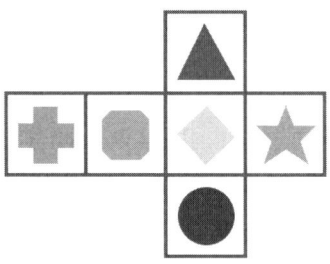

现在，把提供的元素重新放入展开的立方体表面。为了帮助你，两个元素已经被放置在其中了。注意，立方体被旋转了！

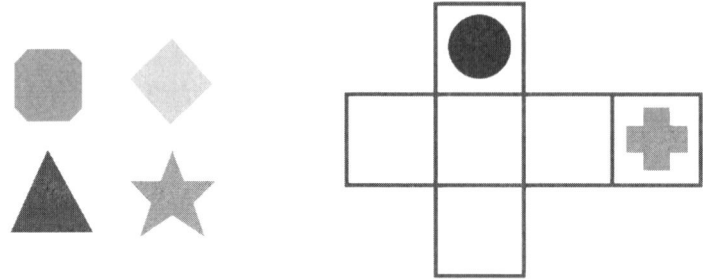

13. 找出入侵者（2）

找出隐藏在每个系列图案中的入侵者。

入侵者是：☲

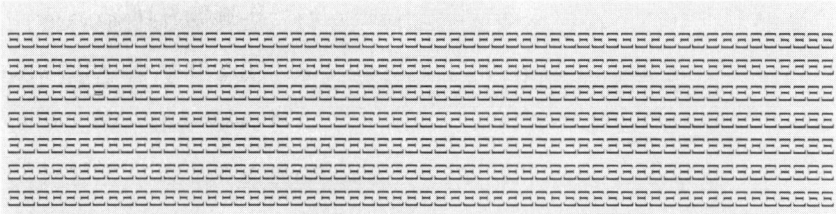

入侵者是：≈

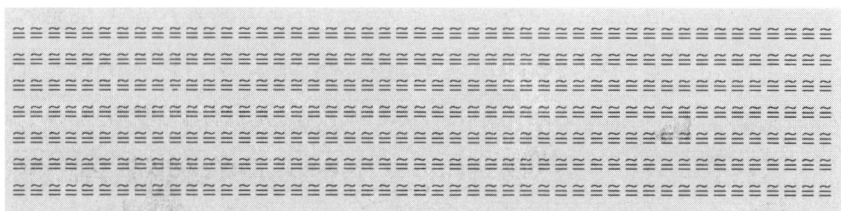

14. 他是谁（1）

瑞典化学家，炸药的发明者，有一个奖项以他的名字命名，每年颁发一次，奖励在不同领域里做出卓越贡献的人。他是谁？

A. 阿尔弗雷德·诺贝尔。　　B. 托马斯·爱迪生。　　C. 亚历山德罗·伏特。

罗马爱神，他有一张金弓、一枝金箭和一枝银箭，被他的金箭射中，便会产生爱情；被他的银箭射中，便会拒绝爱情。他是谁？

A. 阿波罗。　　B. 朱庇特。　　C. 丘比特。

建议：如果你对上面的题目不太了解，请不要沮丧。参见答案，然后在一星期后重新做练习，评估你是否取得进步。

15. 恰当地配对（2）

找出对应的技术及其职业。　　　　找出对应的植物及其类属。

建议：如果你对上面的题目不太了解，请不要沮丧。参见答案，然后在一星期后重新做练习，评估你是否取得进步。

16. 重组旗帜（2）

仔细地观察下面这面旗帜的颜色和图案。然后，盖住图片完成练习。

请用列出的元素重新组成上面的旗帜。

请选择颜色。 请选择图案。

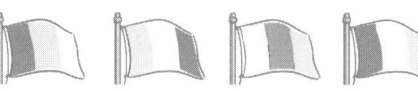

17. 找不同（2）

仔细地观察下面给出的场景，记住不同物体的外形、位置和颜色。然后，盖住图片继续完成练习。

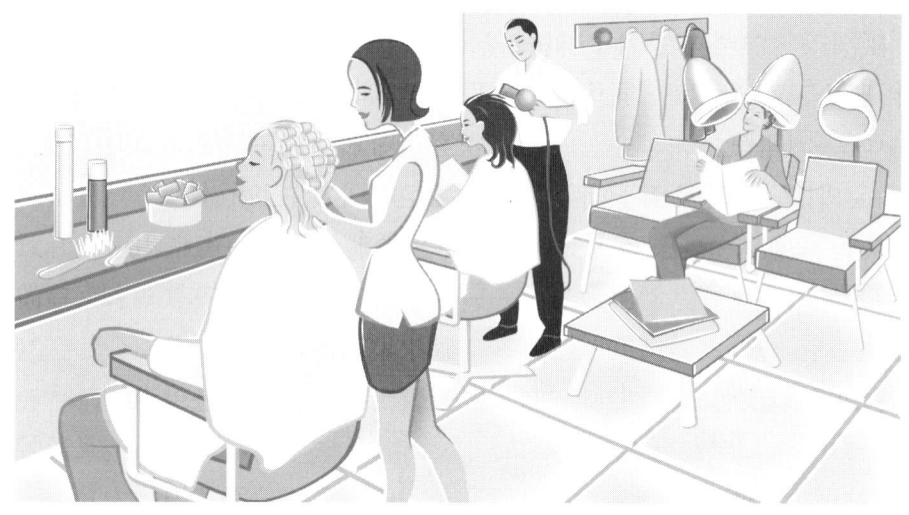

现在，请找出下面这个场景与上面给出的场景之间的6处不同。物体可能被置换、移动、拿走……

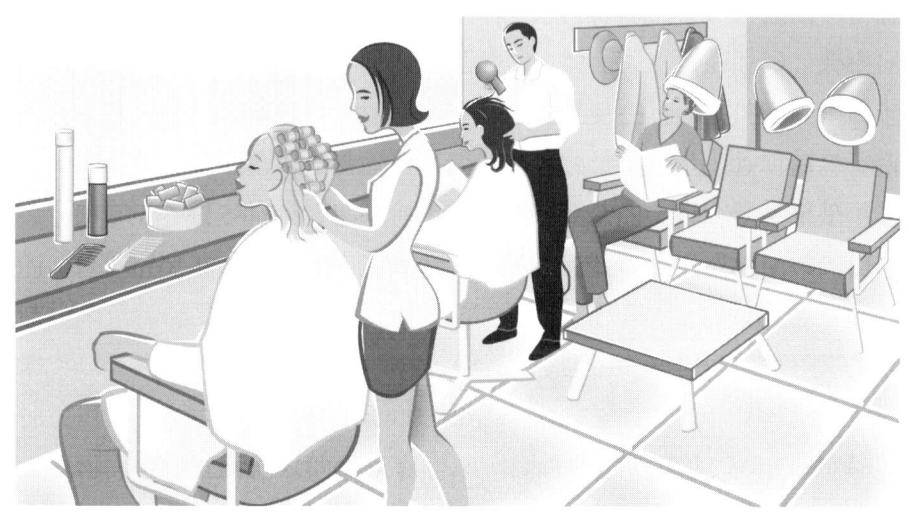

18. 缺失的图像（2）

仔细地观察并记住这些图。然后，把它们盖住，继续以下的练习。

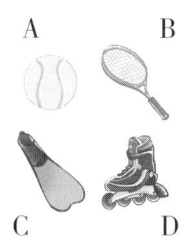

现在，请在4个选项中找出一个可以填充的元素，以得到上一个系列。

仔细地观察并记住这些图。然后，把它们盖住，继续以下的练习。

现在，请在4个选项中找出一个可以填充的元素，以得到上一个系列。

  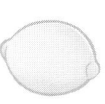 

仔细地观察并记住这些图。然后，把它们盖住，继续以下的练习。

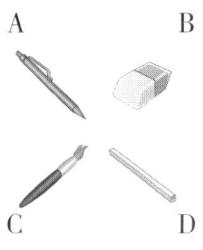

现在，请在4个选项中找出一个可以填充的元素，以得到上一个系列。

19. 重新排列（2）

把下面打乱的图案按照逻辑顺序重新排列，正确的顺序是什么？

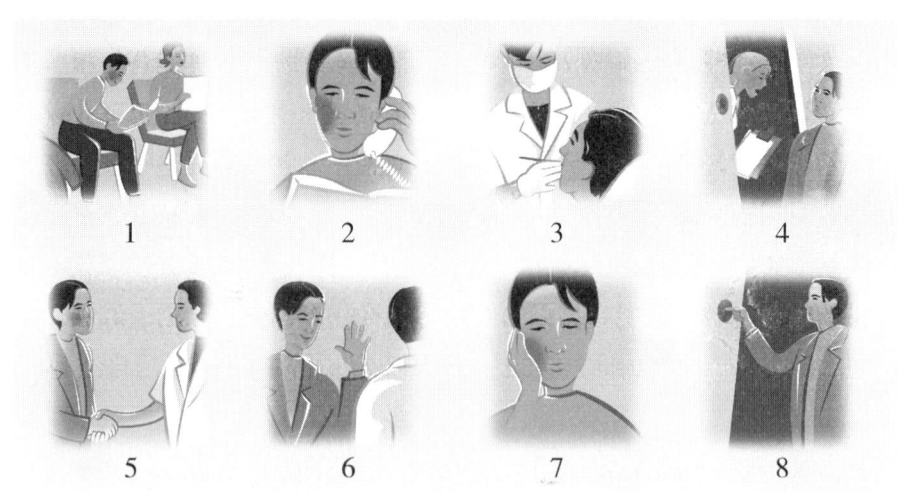

20. 阅读应用（2）

仔细阅读这段文章，然后把它盖住，继续做练习。

去年，纪尤姆和朱丽叶去埃及度蜜月。他们花了一个星期，乘坐一艘四层豪华大客轮沿着尼罗河游览了整个国家。他们对国王河谷印象特别深刻，那儿有法老墓。不幸的是，朱丽叶难以忍受这个国家闷热的天气。

现在请盖住文章，回答下面的问题：

◎ 纪尤姆和朱丽叶是什么时候去埃及的？
◎ 他们为什么去埃及？
◎ 他们在埃及逗留了多久？
◎ 大客轮有几层？
◎ 他们对什么留下特别的印象？
◎ 朱丽叶遇到什么困难？

21. 他是谁（2）

在备选答案中选出与每个陈述相关的人物。

法国皇后，原籍奥地利，丈夫死后，被关在巴黎裁判所的附属监狱里。1793年，被处死。她是谁？

A.玛莉·梅第奇。　B.玛莉·安托瓦奈特。　C.玛格丽特·纳瓦拉。

西班牙画家和雕塑家，尖胡子，超现实主义大师，创作的作品《柔软的钟表》在世界各地展出。他是谁？

A.帕布鲁·毕加索。　B.弗朗西斯科·戈雅。　C.萨尔瓦多·达利。

19世纪法国化学家和生物学家，发现抗狂犬病的疫苗，今天有一个研究机构以他的名字命名。他是谁？

A.皮埃尔·居里。　B.尼古拉·哥白尼。　C.路易·巴斯德。

建议：如果你对上面的题目不太了解，请不要沮丧。参见答案，然后在一星期后重新做练习，评估你是否取得进步。

22. 正确的图案（1）

仔细地观察下面这个图案，然后把它盖住再继续练习。

以下4个图案，哪个是你刚记住的？

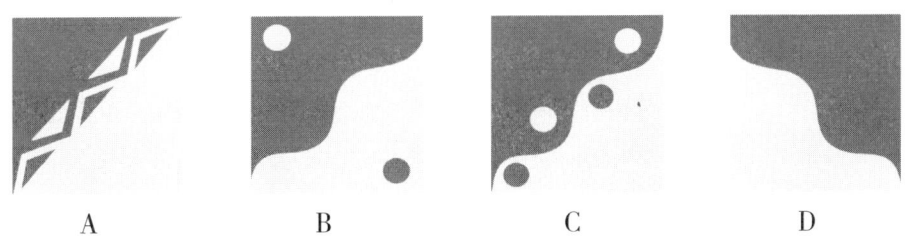

A　　　　B　　　　C　　　　D

23. 整理书籍（2）

如何移动最少的书，就能从图 A 到图 B，注意：

◎ 不能把一本书放在比它小的书上；

◎ 一次只能移动一本书。

24. 迷宫（1）

进入迂回曲折的迷宫，然后尽可能快地出来。

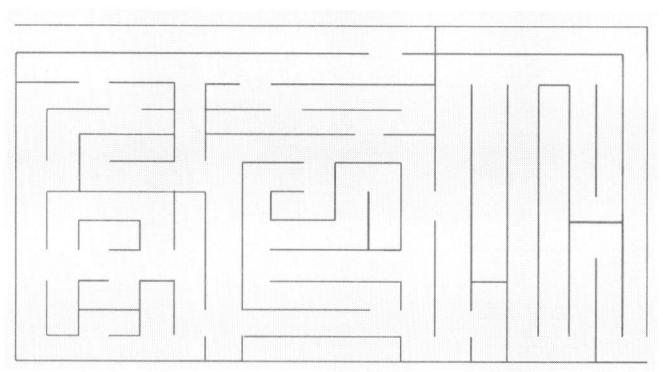

25. 在镜子中的记忆（1）

仔细观察左边的图案，记住它的形状和所占的格子。然后盖住图案，在右边的"镜子"中对称地画出它的图像。

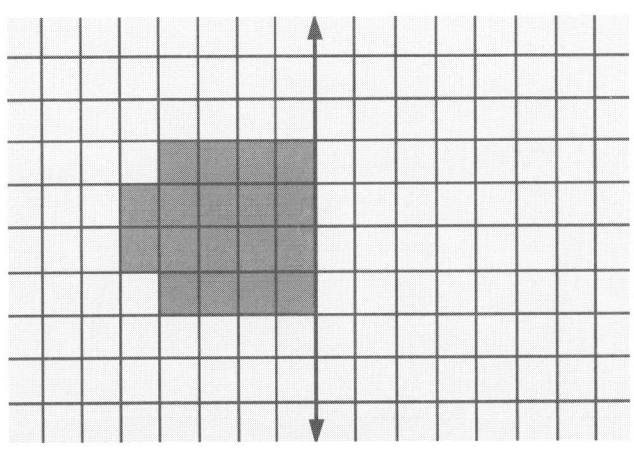

26. 逻辑推理（2）

仔细阅读下面这段文字，然后回答问题。可以不盖住文字。

公元前7世纪，罗马城和阿尔瓦城陷入对峙。一场血腥的战斗将决定两个军营的命运：三个罗马人，贺瑞斯，将攻打三个阿尔瓦人，古里亚斯……在这场悲剧里，贺瑞斯与萨宾娜结婚了，她是一个阿尔瓦女人，古里亚斯的姐姐；而卡米拉，贺瑞斯的妹妹，是古里亚斯的未婚妻。

很难理清头绪对不对？在你看来，以下哪些说法是正确的？

A. 萨宾娜是古里亚斯的妻子和贺瑞斯的姐姐。

B. 贺瑞斯是罗马人的英雄。

C. 卡米拉是贺瑞斯的未婚妻，也是古里亚斯的姐姐。

D. 古里亚斯是阿尔瓦人的英雄。

27. 树形家谱图（1）

树形家谱图以简单的方式标出一个家族的亲属关系。观察并记住这个树形家谱图，然后盖住它继续做练习。

◎ 竖线表示父母—子女关系。

◎ 水平线表示兄弟姐妹关系。

◎ X 表示夫妻关系。

现在请盖住图谱，你是否能够判断下面这些说法的对错？

A. 皮埃尔和路易斯有4个孩子。

B. 克莱尔是保罗的妻子。

C. 保罗是欧内斯特的内兄。

D. 欧内斯特是亚历山大的兄弟或者姐妹。

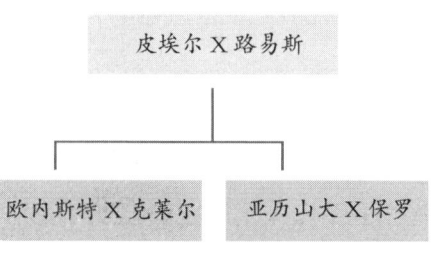

28. 不同的选项

哪个图形和其他选项不一样？

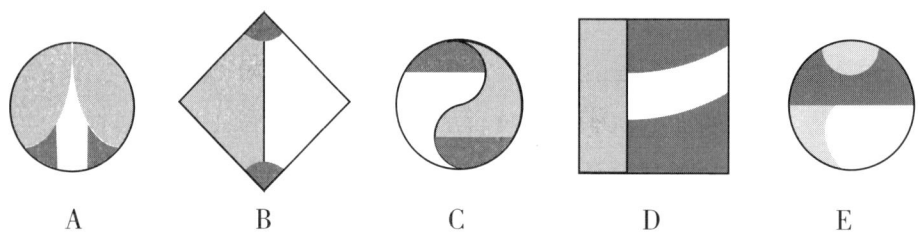

29. 斗兽之星（1）

仔细观察以下这些猫科动物，记住它们的名字，然后做下面的练习。

盖住上页的图，然后在以下选项中找出对应的图。

A. 美洲豹。
B. 薮猫。
C. 非洲豹。
D. 豹猫。
E. 猎豹。

30. 在镜子中的记忆（2）

仔细观察左边的图案，记住它的形状和所占的格子。然后盖住图案，在右边的"镜子中"对称地画出它的图像。

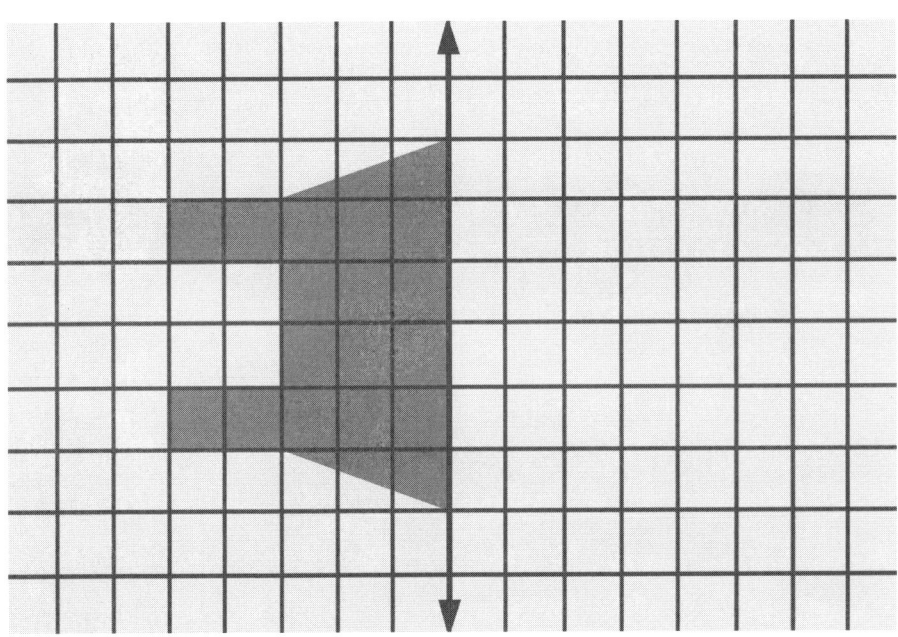

31. 正确的图案（2）

仔细地观察下面这个图案，然后把它盖住再继续练习。

以下4个图案，哪个是你刚记住的？

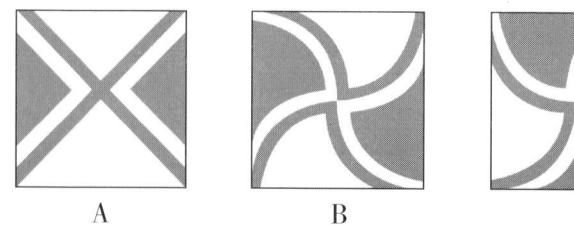
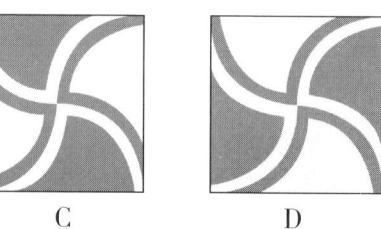

A　　　　B　　　　C　　　　D

32. 找不同（3）

仔细地观察下面给出的场景，记住不同物体的外形和位置。然后，盖住图片继续完成练习。

现在，请找出这个场景与上面给出的场景之间的 8 处不同。物体可能被置换、移动、拿走……

33. 重组旗帜（3）

仔细地观察下面这面旗帜的颜色和图案。然后，盖住图片完成练习。

现在你已经盖住了旗帜，用以下提供的元素重组上面的旗帜。

请选择颜色

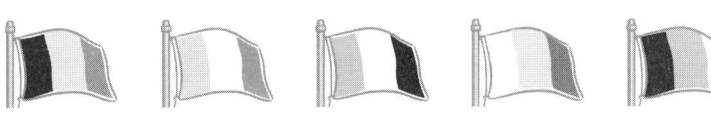

请选择图案

34. 阅读应用（3）

仔细阅读这段文章，然后把它盖住，继续做练习。

网球比赛仍在进行。从两个球员的脸上可以看出他们已经筋疲力尽了，观众也热切地等待这场比赛的结果。科阿特在做最后一次努力，他成功地得到了制胜的一分。因获得循环赛决赛的冠军，他感到放松而愉快，他自豪地举起球拍，然后在雷鸣般的掌声中把拍子扔在场地上，在地上打起滚来。

现在请盖住文章，回答下面的问题：

◎ 两个运动员从事什么体育活动？
◎ 从他们的面部可以看出什么？
◎ 胜利者赢得了什么比赛？
◎ 他在掌声中做出了什么举动？

35. 旋转的立方体（3）

仔细地观察这个展开的立方体表面，记住图案及其位置。然后，盖住它继续做练习。

现在，把提供的元素重新放入展开的立方体表面。为了帮助你，1个元素已经被放置在其中了。注意，立方体被旋转了！

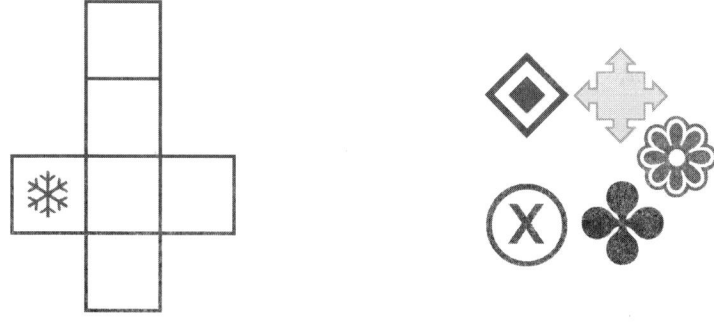

36. 重新排列（3）

把下面打乱的图案按照逻辑顺序重新排列，正确的顺序是什么？

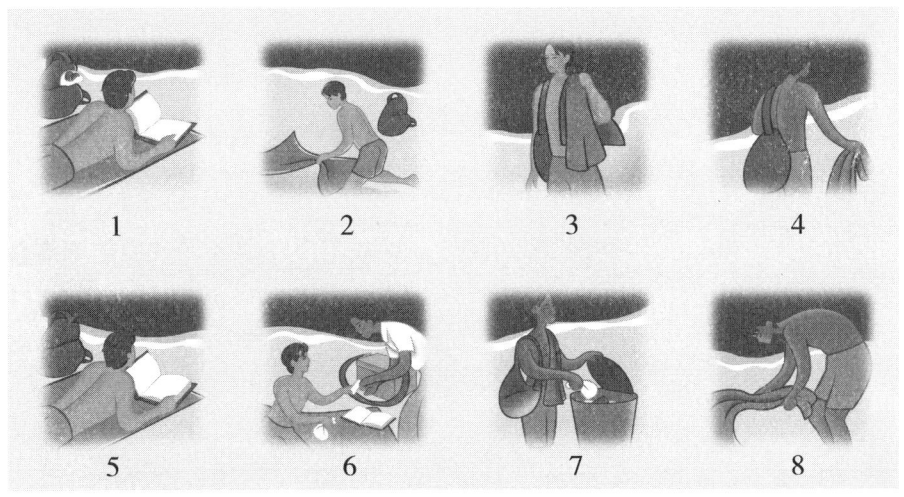

37. 找出入侵者（3）

找出隐藏在每个系列图案中的入侵者。

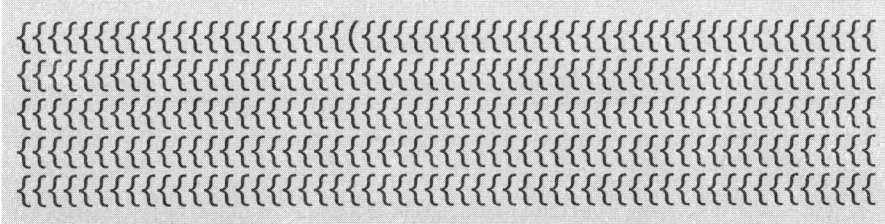

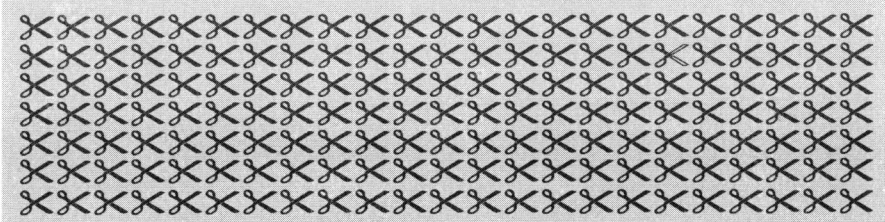

38. 在超级市场（1）

记住 3 个购买者的购物单。然后，盖住图片完成练习。你能够借助收银台的电脑小票将 3 个顾客所购买的物品重组出来吗？

39. 逻辑推理（3）

观察下面的图形，你能推出"？"处应该用哪一项代替吗？

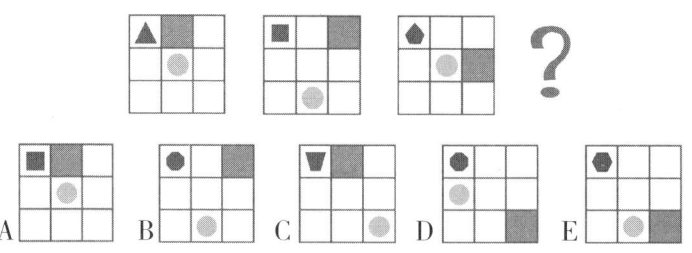

40. 恰当地配对（3）

找出对应的货币和使用国家。　　找出对应的服装和国家。

建议：如果你对上面的题目不太了解，请不要沮丧。参见答案，然后在一星期后重新做练习，评估你是否取得进步。

41. 正确的选项

下列图形是按照一定规律排列的，按照这一规律，接下来应该填入方框中的是 A、B、C、D 中的哪一项？

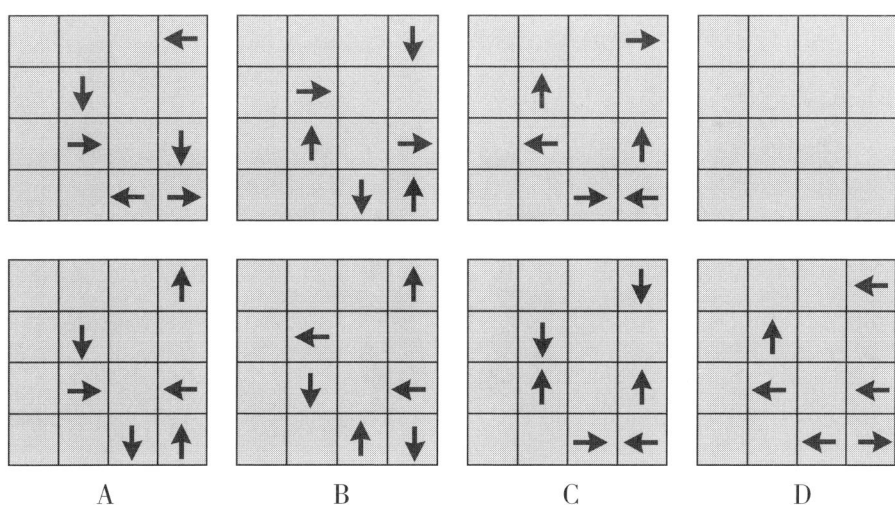

42. 整理书籍（3）

如何移动最少的书，就能从图 A 变到图 B，注意：

◎ 不能把一本书放在比它小的书上；

◎ 一次只能移动一本书。

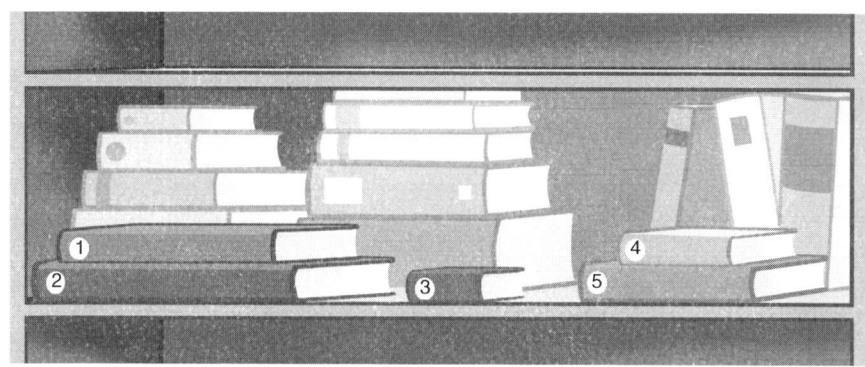

A

B

43. 正确的图案（3）

仔细地观察下边的图案，然后把它盖住再继续练习。

以下 4 个图案，哪个是你刚记住的？

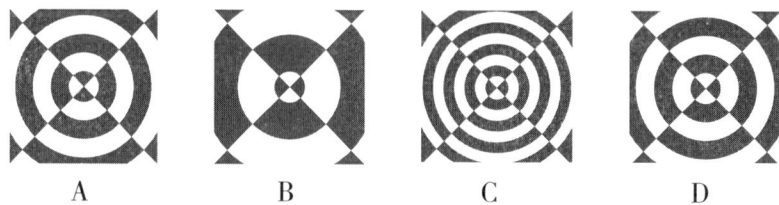

A　　　　B　　　　C　　　　D

44. 旋转的立方体（4）

仔细地观察这个展开的立方体表面，记住图案及其位置。然后，盖住它继续做练习。

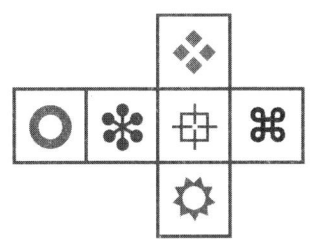

现在，把提供的元素重新放入展开的立方体表面。为了帮助你，1个元素已经被放置在其中了。注意，立方体被旋转了！

45. 阅读应用（4）

仔细阅读这段文章，然后把它盖住，继续做练习。

年轻的盗窃犯由于内疚，决定向警察全盘托出。在调查人员长时间询问下，他详细地说出了自己是如何潜入银行家的住宅，然后撬开藏在一块大毯子后面的保险箱，毯子遮盖了一间小客厅的整一面墙。作为砖石工的他曾在这间客厅干过活，因此他对房间的布置了如指掌……

现在请盖住文章，回答下面的问题：

◎ 为什么年轻的盗窃犯决定全盘托出？

◎ 谁询问了盗窃犯？

◎ 盗窃犯潜入了谁的住宅？

◎ 保险箱藏在什么地方？

◎ 盗窃犯曾在房主的住所从事了什么职业活动？

46. 缺失的图像（3）

仔细地观察并记住这些图。然后，把它们盖住，继续以下的练习。

现在，请在4个选项中找出一个可以填充的元素，以得到上一个系列。

仔细地观察并记住这些图。然后，把它们盖住，继续以下的练习。

现在，请在4个选项中找出一个可以填充的元素，以得到上一个系列。

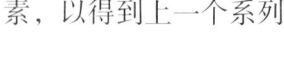

仔细地观察并记住这些图。然后，把它们盖住，继续以下的练习。

现在，请在4个选项中找出一个可以填充的元素，以得到上一个系列。

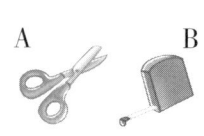

47. 重组旗帜（4）

仔细地观察这面旗帜的颜色和图案。然后，盖住图片完成练习。

现在你已经盖住了旗帜，用以下提供的元素重组上面的旗帜。
请选择颜色。

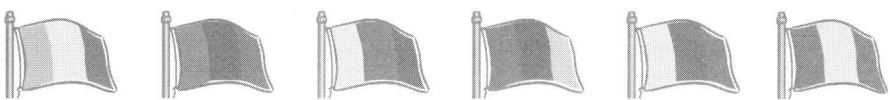

请选择图案。

48. 重新排列（4）

把下面打乱的图案按照逻辑顺序重新排列。

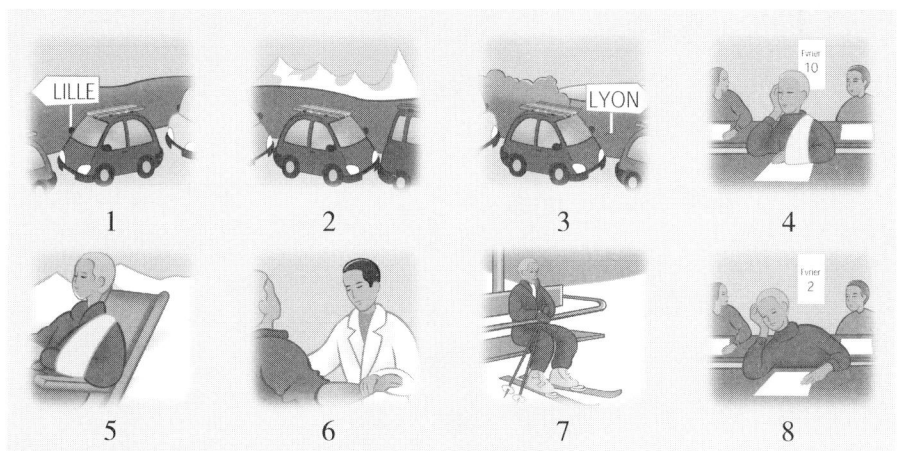

49. 找不同（4）

仔细地观察下面给出的场景，记住不同物体的外形和位置。然后，盖住图片继续完成练习。

现在，请找出这个场景与上面给出的场景之间的 8 处不同。物体可能被置换、移动、拿走……

50. 在超级市场（2）

记住3个购买者的购物单。然后，盖住图片完成练习。现在你能够借助收银台的电脑小票将3个顾客所购买的物品重组出来吗？

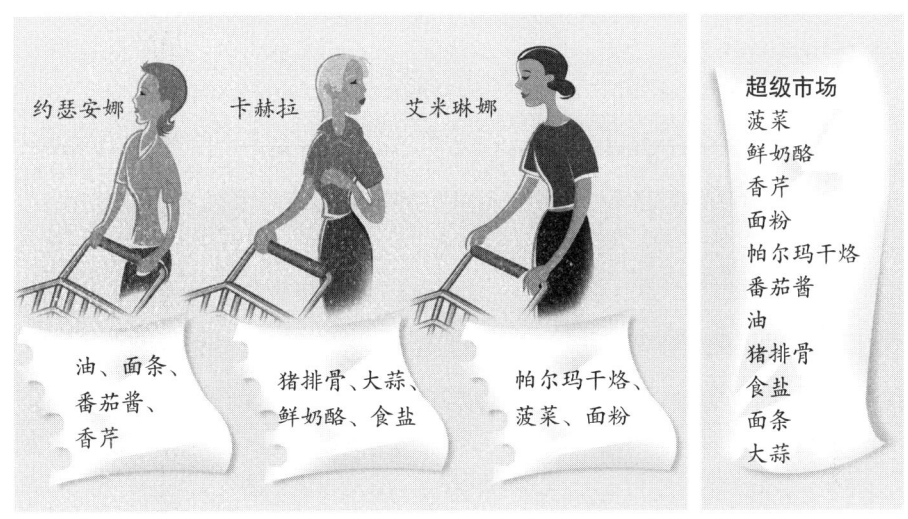

51. 逻辑推理（4）

仔细阅读下面这段文字，然后回答问题。可以不盖住文字。

齐格弗里德喜欢克里姆希尔特和巩特尔。克里姆希尔特喜欢齐格弗里德，讨厌布伦希尔特。巩特尔喜欢布伦希尔特、克里姆希尔特和哈根。布伦希尔特讨厌齐格弗里德、巩特尔和克里姆希尔特。哈根讨厌齐格弗里特和所有喜欢齐格弗里特的人。布伦希尔特喜欢所有讨厌齐格弗里特的人。阿尔贝里希讨厌所有的人，除了他自己。

A. 谁喜欢齐格弗里德？

B. 谁喜欢布伦希尔特？

C. 谁喜欢阿尔贝里希？

52. 整理书籍（4）

如何移动最少的书，就能从图A变到图B，注意：

◎ 不能把一本书放在比它小的书上；

◎ 一次只能移动一本书。

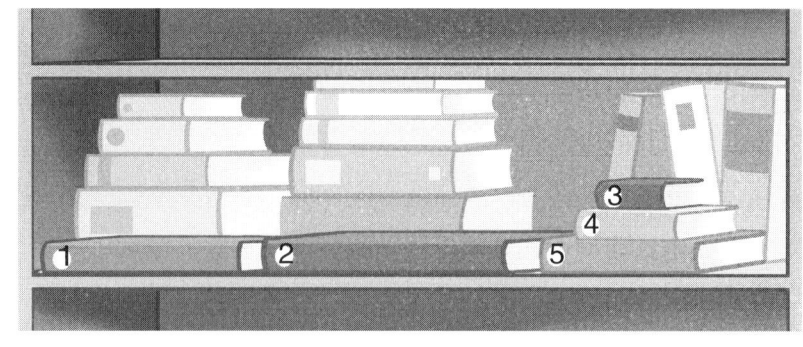

A

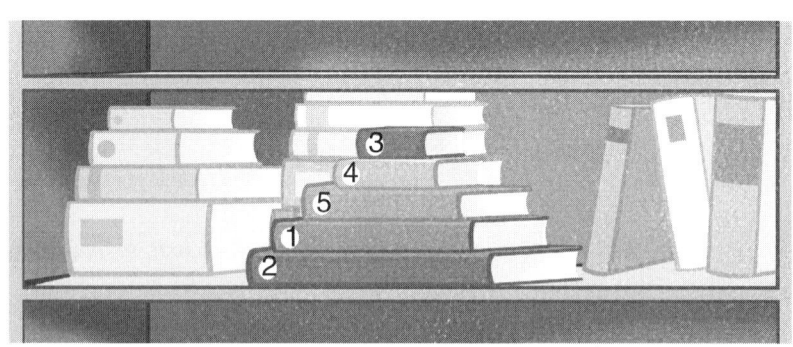

B

53. 正确的图案（4）

仔细地观察下边的图案，然后把它盖住再继续练习。

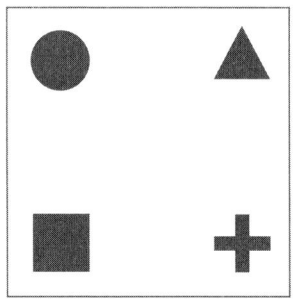

以下4个图案，哪个是你刚记住的？

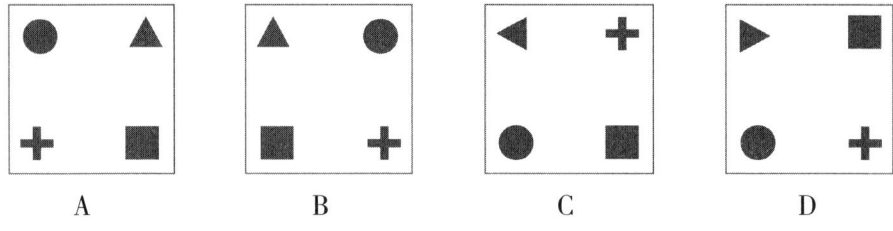

A　　　　　　B　　　　　　C　　　　　　D

54. 逻辑推理（5）

观察下面的图形。

从以下 5 个选项中，找出能够继续上一系列的图形。

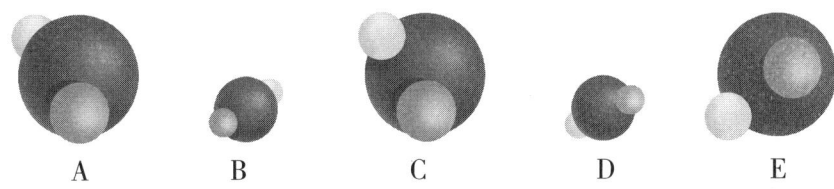

55. 恰当地配对（4）

找出相应的体育运动及其诞生国家的领域　　找出相应的罗马神及其掌管

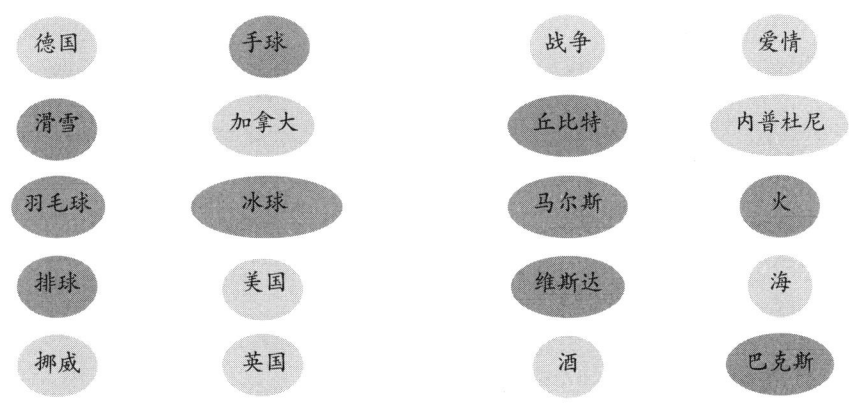

建议：如果你对上面的题目不太了解，请不要沮丧。参见答案，然后在一星期后重新做练习，评估你是否取得进步。

56. 找出入侵者（4）

找出隐藏在每个系列图案中的入侵者。

57. 缺失的图像（4）

仔细地观察并记住这些图。然后，把它们盖住，继续以下的练习。

现在，请在4个选项中找出一个可以填充的元素，以得到上一个系列。

仔细地观察并记住这些图。然后，把它们盖住，继续以下的练习。

现在，请在4个选项中找出一个可以填充的元素，以得到上一个系列。

 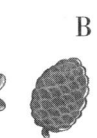

仔细地观察并记住这些图。然后，把它们盖住，继续以下的练习。

现在，请在4个选项中找出一个可以填充的元素，以得到上一个系列。

58. 迷宫（2）

进入迂回曲折的迷宫，然后尽可能快地出来。

59. 逻辑推理（6）

仔细阅读下面这段文字，然后回答问题。可以不盖住文字。

3个男孩，约翰、弗雷德里克和查理，每个人乘坐自己的船，离开湖面。船的颜色分别是红色、绿色和蓝色。在红色船里的男孩是弗雷德里克的弟弟。约翰没有乘坐绿色的船。在绿色船里的男孩与弗雷德里克发生了争吵。

3个男孩分别乘坐了什么颜色的船？

你可以借助以下这个表格进行每一步的推理。

	红色的船	绿色的船	蓝色的船
约翰			
弗雷德里克			
查理			

60. 在镜子中的记忆（3）

仔细观察左边的图案，记住它的形状和所占的格子。然后盖住图案，在右边的"镜子"中对称地画出它的图像。

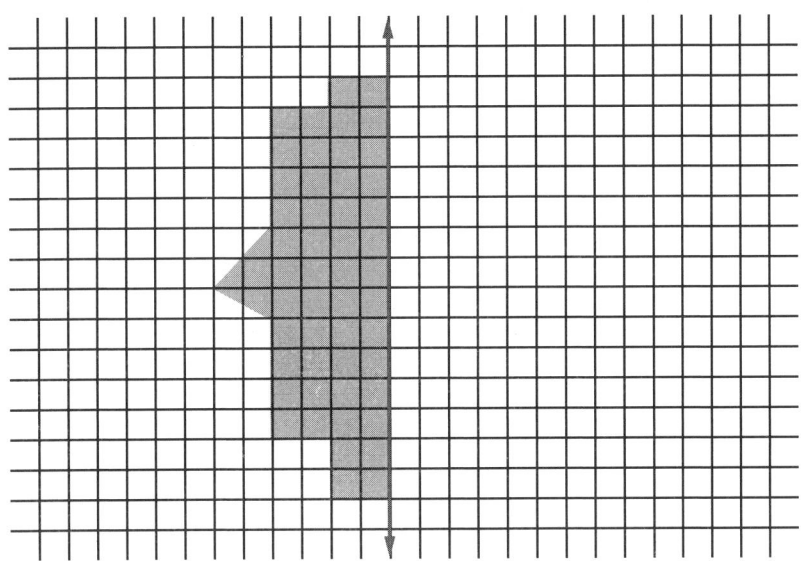

61. 在镜子中的记忆（4）

仔细观察左边的图案，记住它的形状和所占的格子。然后盖住图案，在右边的"镜子"中对称地画出它的图像。

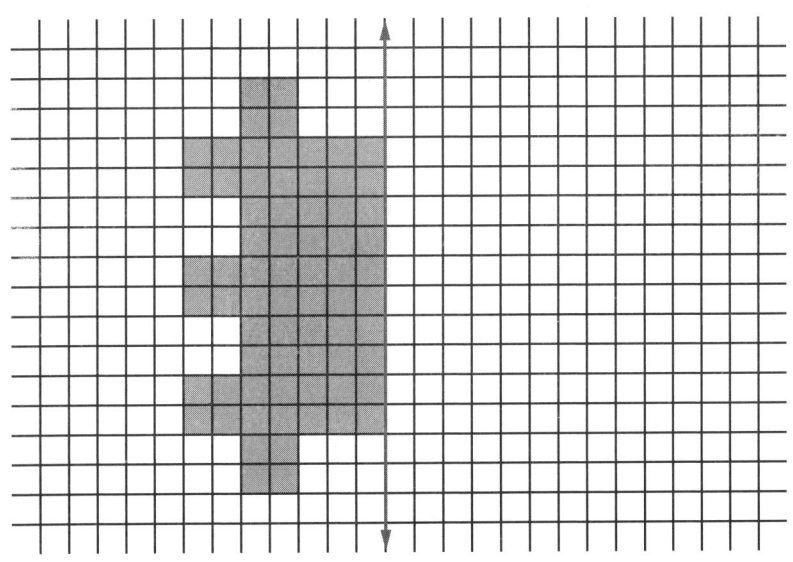

62. 树形家谱图（2）

树形家谱图以简单的方式标出一个家族的亲属关系。

◎ 竖线表示父母—子女关系；

◎ 水平线表示兄弟姐妹关系；

◎ X 表示夫妻关系。

从下面这些确定的关系开始，重新把每个家庭成员放在正确的位置。一旦完成树形家谱，记住并把它盖住，再继续做练习。

◎ 朱丽是尤金的侄女。

◎ 尤金有3个孩子，分别是马克、玛丽亚、莫里斯。

◎ 朱丽有两个表姐妹，凯特和珍妮，以及一个表兄弟拉乌尔。

◎ 玛丽亚有两个女儿，莫里斯有一个儿子。

现在请盖住图谱，回答下面的问题。

A. 谁是朱丽的父亲？

B. 尤金的侄子、侄女都是谁？

C. 谁是凯特和珍妮的叔叔？

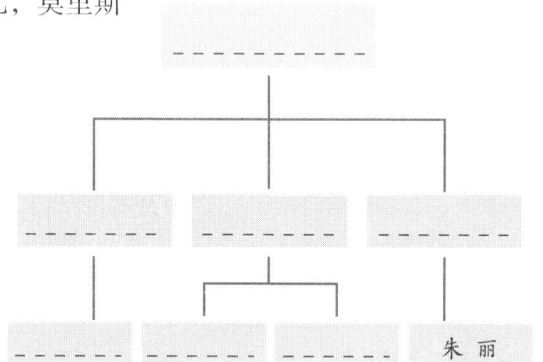

63. 添入缺失的数字

仔细地阅读下面这篇文章，记住其中的数字，然后盖住文章再继续做练习。

自2002年以来，法国每年发现1 000例军团菌病，而在20世纪80年代，每年只有100多例。这个增长数值，与自1987年起，需要义务申报军团菌病并记录在相关登记簿上。

现在，重新填上缺失的数字。

自____年以来，法国每年发现____例军团菌病病例，而在____世纪____年代，只有____多例。这个增长数值，与自____年起，需要义务申报军团菌病并记录在相关登记簿上。

64. 斗兽之星（2）

仔细观察以下这些蛇，记住它们的名字，然后做下面的练习。

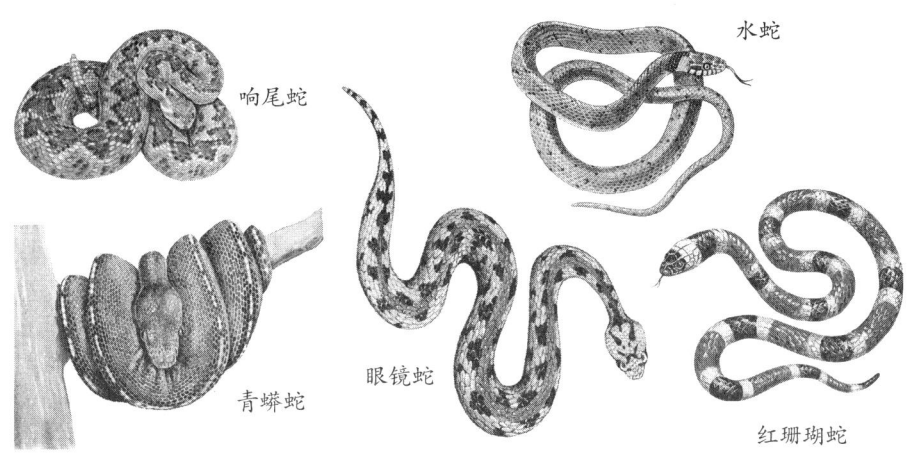

盖住上面的图，然后在以下选项中找出对应的图。

◎ 眼镜蛇。
◎ 红珊瑚蛇。
◎ 水蛇。
◎ 青蟒蛇。
◎ 响尾蛇。

65. 阅读应用（5）

仔细阅读这段文章，然后把它盖住，继续做练习。

画家让一个年轻女子坐在深红色的天鹅绒沙发上，她身上的白色塔夫绸长裙随着她每一个优雅的动作而摆动。她卷曲的头发落在薄薄的披肩上，披肩上几颗充满光泽的珍珠与那绺棕色的头发形成鲜明的对比。

画家给她一本精致的小书，让她打开放在膝盖上。然后，画家开始在白色的大画布上勾勒她的轮廓。年轻的女子不敢动，生怕打断了画家的工作，我们几乎感觉不到她的呼吸。

现在请盖住文章，回答下面的问题：
◎ 画家让年轻女子坐在什么地方？
◎ 她的裙子是用什么材料做的？
◎ 她披肩上有什么？
◎ 画家让她拿着什么？
◎ 为什么年轻女子不敢动？

66. 旋转的立方体（5）

仔细地观察这个展开的立方体表面，记住各个字母及其位置。然后，盖住它继续做练习。

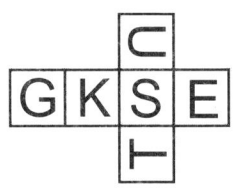

现在，把提供的字母重新放入展开的立方体表面。为了帮助你，一个字母已经被放置在其中了。注意，立方体被旋转了！

67. 缺失的图像（5）

仔细地观察并记住这些图。然后，把它们盖住，继续以下的练习。

现在，请在4个选项中找出一个可以填充的元素，以得到上一个系列。

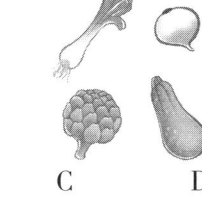

仔细地观察并记住这些图。然后，把它们盖住，继续以下的练习。

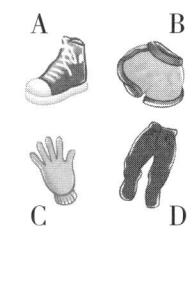

现在，请在4个选项中找出一个可以填充的元素，以得到上一个系列。

仔细地观察并记住这些图。然后，把它们盖住，继续以下的练习。

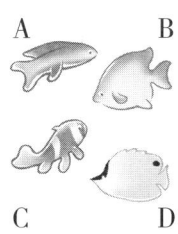

现在，请在4个选项中找出一个可以填充的元素，以得到上一个系列。

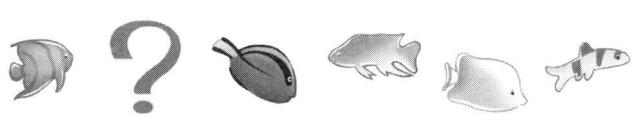

68. 服务员（2）

记住4个顾客的菜单。然后，盖住图片完成练习。现在你能够借助右面的菜名将4个顾客的菜单重组出来吗？

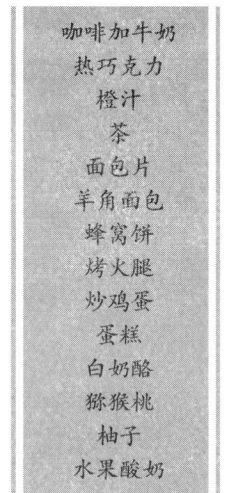

69. 逻辑排序（1）

观察下面的数字。

从以下6个选项中，找出能够继续上一序列的数字。

70. 找不同（5）

仔细地观察下面给出的场景，记住不同物体的外形、位置和颜色深浅。然后，盖住图片继续完成练习。

现在，请找出这个场景与上面给出的场景之间的 9 处不同。物体可能被置换、移动、拿走……

71. 他是谁（3）

在备选答案中选择与陈述相关的人物。

网球运动员，1970 年出生于拉斯维加斯，赢得了最大的联赛，其中包括 1999 年的法国网球公开赛。他是谁？

A. 皮特·桑普拉斯。　　B. 安德列·阿加斯。　　C. 吉姆·库勒尔。

美国民主党派政客，1976 年当选为美国总统，《戴维营和平协议》的促成者，但在 1980 年的总统竞选中因不敌罗纳德·里根而落选。他是谁？

A. 约翰·菲茨杰拉德·肯尼迪。　　B. 理查德·尼克松。
C. 吉米·卡特。

19世纪英国女文学家，一个英国浪漫主义诗人的妻子，因幻想小说《弗兰肯斯泰因》而出名。她是谁？
A. 艾米莉·勃朗特。　　B. 简·奥斯丁。　　C. 玛丽·雪莱。

建议：如果你对上面的题目不太了解，请不要沮丧。参见答案，然后在一星期后重新做练习，评估你是否取得进步。

72. 找出入侵者（5）

找出隐藏在序列图中的入侵者。

73. 重新排列（5）

把下面打乱的图案按照逻辑顺序重新排列。

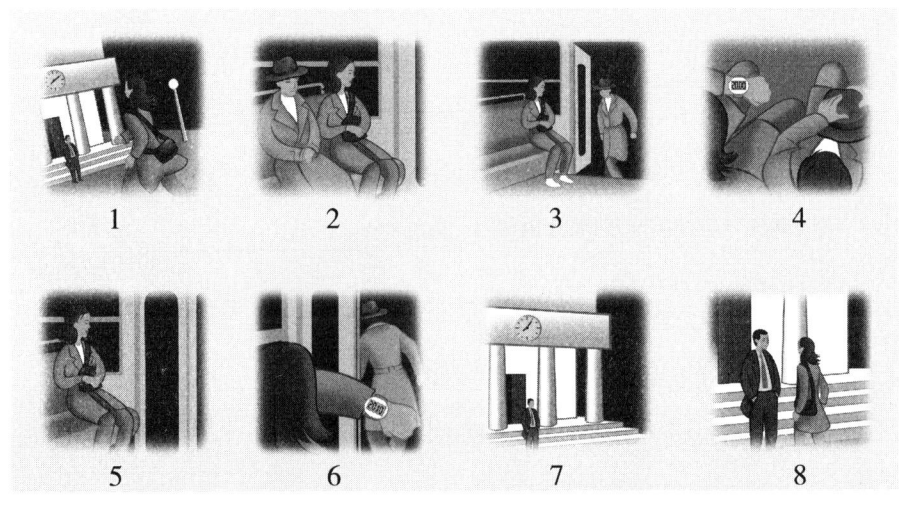

74. 整理书籍（5）

如何移动最少的书，就能从图 A 到图 B，注意：

◎ 不能把一本书放在比它小的书上；

◎ 一次只能移动一本书。

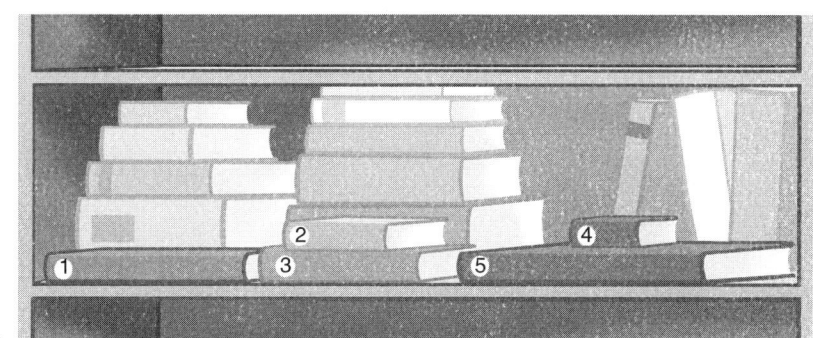

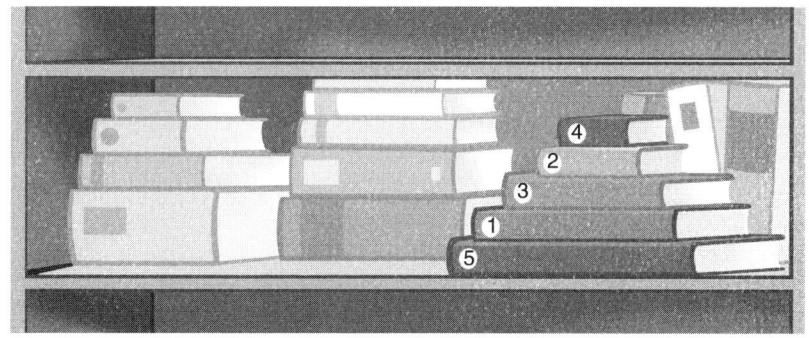

75. 重组旗帜（5）

仔细地观察这面旗帜的颜色和图案。

然后，盖住图片完成练习。

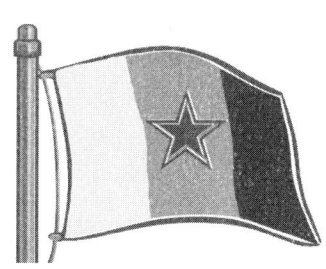

现在你已经盖住了旗帜，用以下提供的元素重组上面的旗帜。

选择颜色。　　　　　　　　　　　　选择图案。

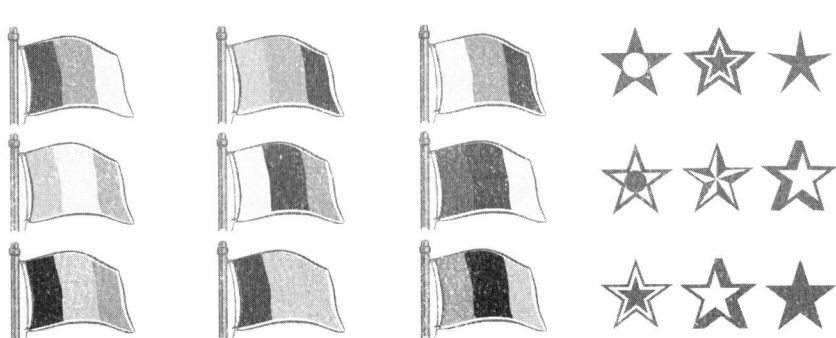

76. 找出入侵者（6）

找出隐藏在序列图中的入侵者。

77. 恰当地配对（5）

找出相应的美国各州及其首府。　　　　找出相应的宝石及其颜色。

亚利桑那州	丹佛	天青石	紫色
科罗拉多州	印第安纳波利斯	蓝色	紫水晶
印第安纳州	加利福尼亚州	翡翠	红色
菲尼克斯	夏威夷	黄色	红宝石
火奴鲁鲁（檀香山）	萨科拉曼多	黄玉	绿色

建议：如果你对上面的题目不太了解，请不要沮丧。参见答案，然后在一星期后重新做练习，评估你是否取得进步。

78. 不相同的项

选项中哪一项与其他项都不相同?

(1)

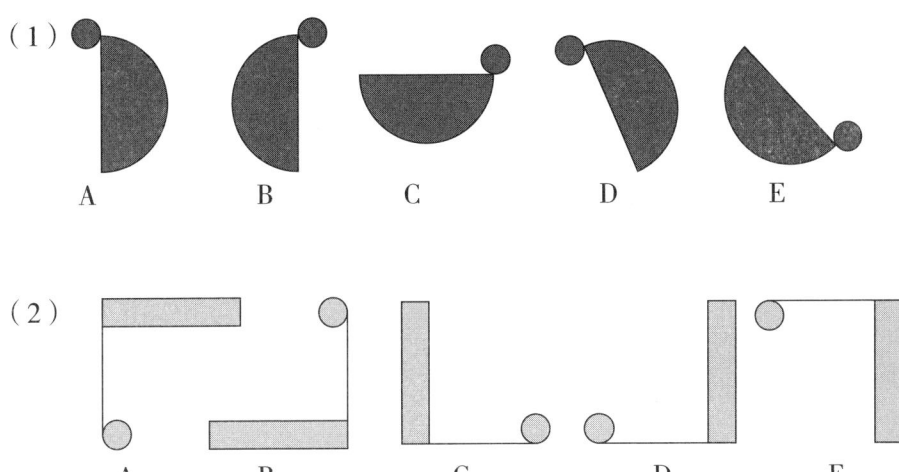

(2)

79. 服务员(3)

记住4个顾客的菜单。然后,盖住图片完成练习。现在你能够借助下面的菜名将4个顾客的菜单重组出来吗?

80. 逻辑排序（2）

观察下面的字母。

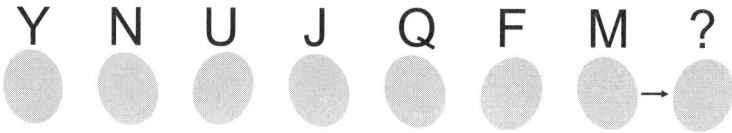

从以下 6 个选项中，找出能够继续上一序列的字母。

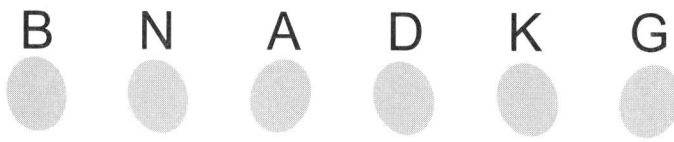

81. 整理书籍（6）

如何移动最少的书，就能从图 A 变到图 B，注意：

◎ 不能把一本书放在比它小的书上；

◎ 一次只能移动一本书。

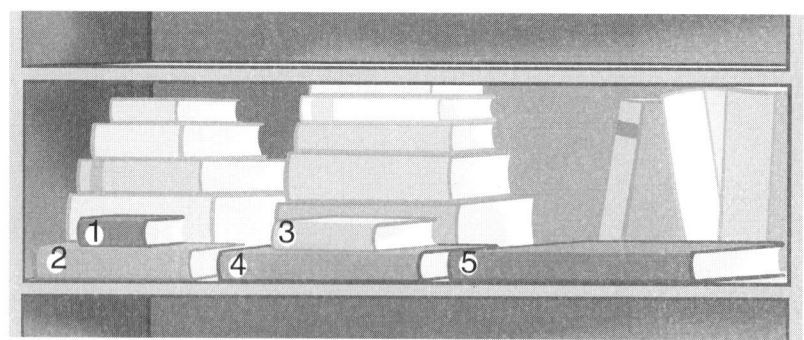

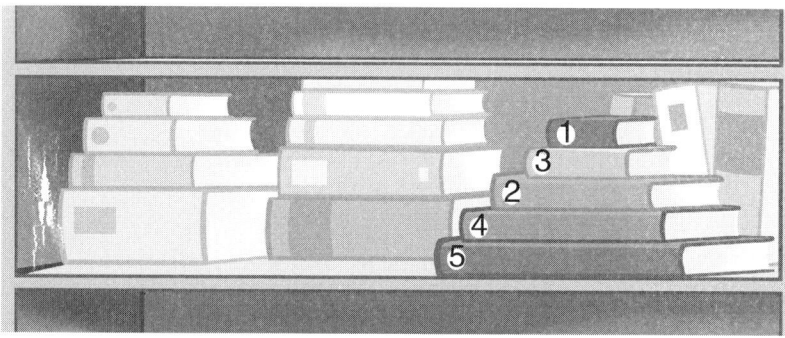

82. 逻辑推理（7）

仔细阅读下面这段文字，然后回答问题。可以不盖住文字。

欧德、芭芭拉、塞琳娜和黛尔芬，遇到了埃德蒙、弗雷德里克、纪尧姆和艾尔维，但是他们互不同意对方要做的。最后，根据每个人的品位形成了几对（一个女孩和一个男孩）。欧德想去迪斯科跳舞；芭芭拉和纪尧姆一起走；无论如何，塞琳娜不想和弗雷德里克一起做任何事；艾尔维去了电影院；弗雷德里克去听了一场管风琴音乐会；其中有一对将去公园散步。

他们是怎么分组的，谁和谁在一起。你可以借助以下这个表格进行推理。

	埃德蒙	弗雷德里克	纪尧姆	艾尔维
欧德				
芭芭拉				
塞琳娜				
黛尔芬				

83. 重组旗帜（6）

仔细地观察这面旗帜的颜色和图案。

然后，盖住图片完成练习。

现在你已经盖住了旗帜，用以下提供的元素重组上面的旗帜。

选择颜色。　　　　　　　　　　　　选择图案。

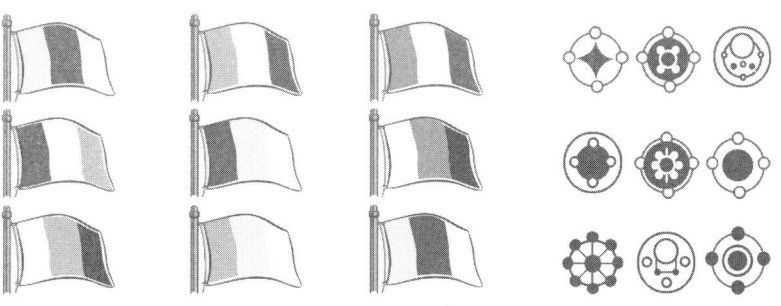

84. 旋转的立方体（6）

仔细地观察这个展开的立方体表面，记住各个字母及其位置。然后，盖住它继续做练习。

现在，把提供的字母重新放入展开的立方体表面。为了帮助你，一个字母已经被放置在其中了。注意，立方体被旋转了！

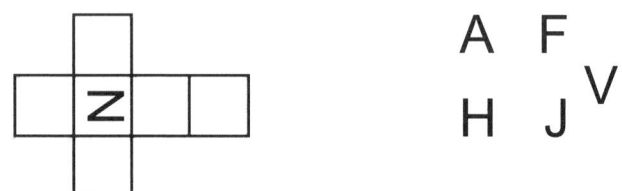

85. 缺失的图像（6）

仔细地观察并记住这些图。然后，把它们盖住，继续以下的练习。

现在，请在4个选项中找出一个可以填充的元素，以得到上一个系列。

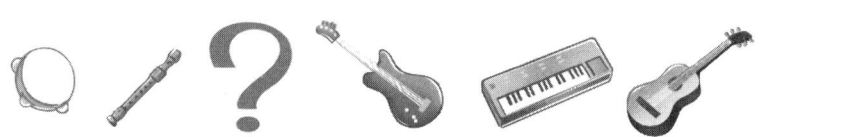

仔细地观察并记住这些图。然后，把它们盖住，继续以下的练习。

现在，请在4个选项中找出一个可以填充的元素，以得到上一个系列。

仔细地观察并记住这些图。然后，把它们盖住，继续以下的练习。

现在，请在4个选项中找出一个可以填充的元素，以得到上一个系列。

86. 找不同（6）

仔细地观察下面给出的场景，记住不同物体的外形、位置和颜色。然后，盖住图片继续完成练习。

现在，请找出这个场景与上面给出的场景之间的 9 处不同。物体可能被置换、移动、拿走……

87. 他是谁（4）

在备选答案中选择与陈述相关的人物。

20 世纪初的法国作曲家，创作了《佩利亚斯与梅丽桑德》和《牧神的午后序曲》，头像长期被印在 20 法郎的银币上。他是谁？

    A. 古斯塔夫·夏庞蒂埃。   B. 赫克托·柏辽兹。

    C. 克洛德·德彪西。

20 世纪上半叶的美国工业家，他最早采用流水线作业进行汽车的成批生产，这使他成为汽车工业的先驱。他是谁？

    A. 亨利·福特。   B. 伊莱修·汤姆逊。

    C. 鲁道夫·狄塞尔。

法国大革命时期的画家，新古典学校的主管，创作的拿破仑圣像使他成为法国拿破仑政权的官方画家。他是谁？

    A. 尤金·德拉克洛瓦。   B. 西奥多·杰利科。   C. 路易·大卫。

建议：如果你对上面的题目不太了解，请不要沮丧。参见答案，然后在一星期后重新做练习，评估你是否取得进步。

88. 补白

空白处应该填入哪个选项

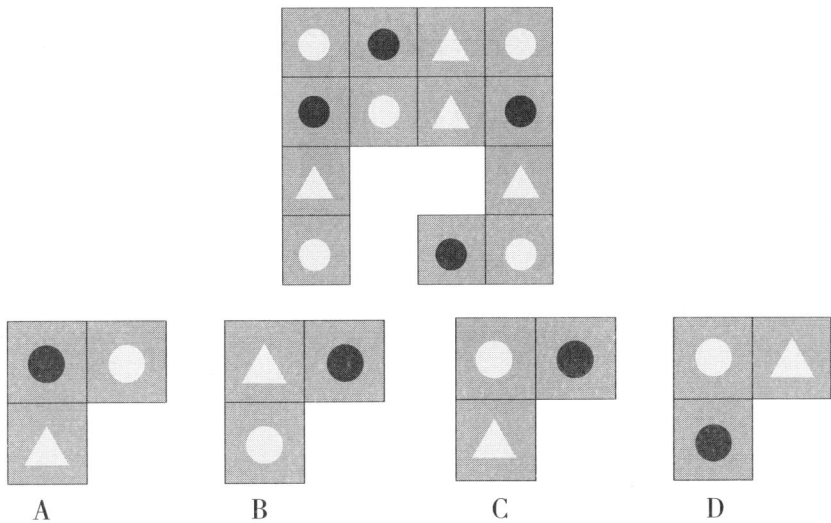

89. 找出入侵者（7）

找出隐藏在序列图中的入侵者。

入侵者是：⑥

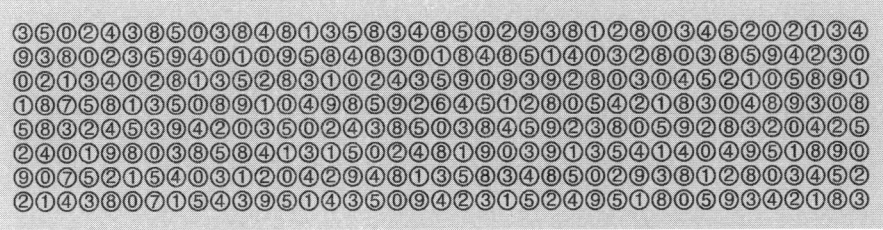

入侵者是：η

入侵者是： ↖

[一大块箭头符号组成的图形]

入侵者是： !

[一大段标点符号组成的图形]

90. 阅读应用（6）

仔细阅读这段文章，然后把它盖住，继续做练习。

10点整，一个年轻男子穿着特地买来的深灰色西服不安地来到接待台。10分钟后，人力资源经理让他进入办公室，并长时间地询问他在大学对原子物理学的学习。年轻男子详细地讲述了自己的论文主体，并特别强调了自己曾在一个富有经验的研究团队里从事的研究工作。接着，人力资源经理向他介绍了该企业主要专注于精密医学器材的研究，以及12个员工的具体分工。最后，还向他描述了如果他被雇用所要负责的工作。面试结束后，经理向他保证将在极短的时间内给他一个确切的答复。

现在请盖住文章，回答下面的问题

◎ 应聘者的西服是什么颜色的？
◎ 他在几点钟到的接待台？
◎ 他在几分钟后被接待？
◎ 他在大学学的是什么？
◎ 该企业的专业领域是什么？
◎ 该企业已经雇用了多少员工？

91. 服务员（4）

记住两位顾客的菜单。然后，盖住图片完成练习。现在你能够借助左边的菜名将两位顾客的菜单重组出来吗？

腌制烤鸡　　小麦粉姜黄蛋糕
沙拉三明治　黎巴嫩兰姆糕
黎巴嫩馅饼　法都什沙拉

92. 在镜子中的记忆（5）

仔细观察左边的图案，记住它的形状和所占的格子。然后盖住图案，在右边的"镜子"中对称地画出它的图像。

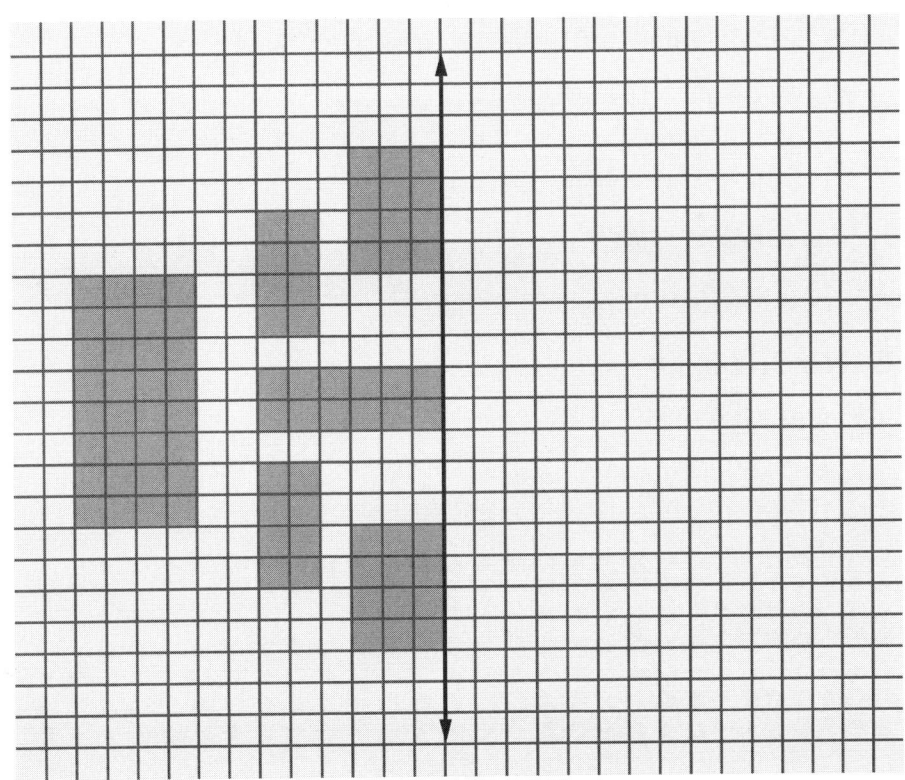

93. 正确的图案（5）

仔细地观察右边的图案，然后把它盖住再继续练习。

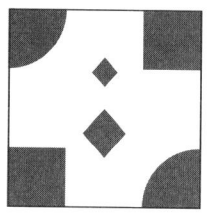

以下4个图案，哪个是你刚记住的？注意，图案被旋转了。

  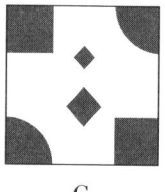 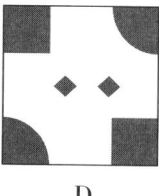

    A   B   C   D

94. 树形家谱图（3）

树形家谱图以简单的方式标出一个家族的亲属关系，记住它，然后在回答问题时把它盖住。

    A. 谁是雷翁的祖父？
    B. 谁是巴蒂西亚的兄弟？
    C. 谁是约翰的叔叔？
    D. 谁是雷亚的表姐妹？
    E. 谁是雷奥的姨妈？

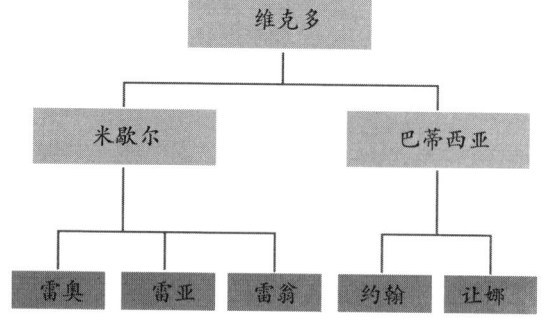

95. 找出入侵者（8）

找出隐藏在序列图中的入侵者。

入侵者是：✸

入侵者是：И

```
ГБЖЦЎХК̇ЕПДОБКЛЯБЉЃЗГИЉФЕЩФФЙГ ХИЉФЕЩФФЙГЖОЯЩ
ИЉОЯБ БФЉЎКГИЉЦЎБЖЯИЉХЯ ЎФЕПДОБКЛИЉОЯББФЉЎ ГЉЉГБЖ
ПДБЩФБЉЃЗГИЉ ЖЦЎГЉЉБИГБФЕЩГБ Ж ЃЗГИЉФЕЩФФЙГ Х
ФЎИЉОПЯЗГБЩ ФЗГИЉЉПДОФКЛЯЙГ ХИЉЉИЉБЕГБФЕЩФЖОЯЉО
ХИЉФЕЩФФЙГЖОЯ ЦЎФЙГ ЦЎГЉЉГБ ФЕЯИЉИЯ ЎФЙГХИЉЖЯЕ
БКЛЗФЕОЯЦЎФЕПДОБКЛИЉОЯББФЉЎ ЯББФЉЎЙГИЉОЯББФЉЎ Щ Ф
ЖЦЎ ГЉЉБЕГБ ФЕЩГБЖЗГИЉ ГБЖЦЎХК̇ЕПДОБКЛЯБЉЃЙГХИЉ
ФЕЩФИЉЖБЩ ХК̇ЕПДОБКЛЯБЦЎФЙГ ИЉФЕЩФФЙГБЦЎГЉЉБХГ
```

96. 重新排列（6）

把下面打乱的图案按照逻辑顺序重新排列。

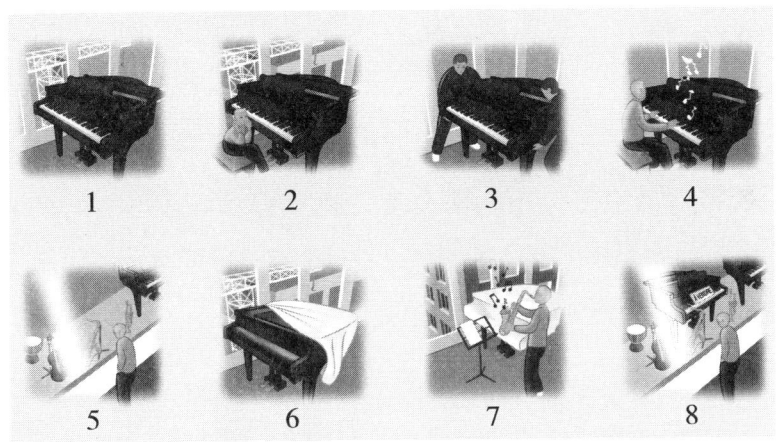

97. 迷宫（3）

进入迂回曲折的迷宫，然后尽可能快地出来。

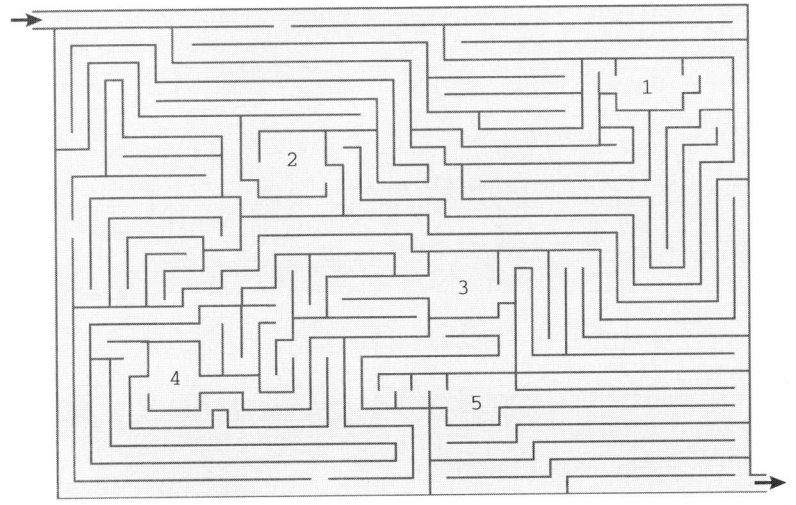

98. 找不同（7）

下面两幅图中有 5 处不同的地方，你能找出来吗？

答 案

1...

略。

2...

6，4，7，8，2，1，5，3

3...

略。

4...

略。

5...

略。

6...

7...

D。多米诺骨牌上部和下部的点数轮流增加1，而另一部分总是有4点。

8...

首都→国家
巴格达→伊拉克
曼谷→泰国
布宜诺斯艾利斯→阿根廷
达喀尔→塞内加尔
奥斯陆→挪威
动物→类属
凤尾鱼→鱼类
旱獭→哺乳纲
鹧鸪→鸟类
白蚁→昆虫
乌龟→爬行纲
医生→专业
心脏科医生→心脏
皮肤科医生→皮肤
眼科医生→眼睛
儿科医生→儿童
肺病科医生→肺

9...

略。

10...

1. 沙发的扶手由圆形变成了方形。
2. 陈列柜里的 CD 少了。
3. 靠垫原来放在沙发的左边。
4. 书柜中最底层的书原来都不是直立放置的。
5. 矮桌子上什么东西都没有了。
6. 电视机上天线没有了。

11...

至少需要移动 5 次书：
1. 编号为①的书放在第一堆书上。
2. 编号为③的书放在第三堆书上。

3. 编号为①的书放在第二堆书上。
4. 编号为②的书放在第三堆书上。
5. 编号为①的书放在第三堆书上。

12...

略。

13...

14...

A、C。

15...

技术→职业

截肢→外科医生

调味→厨师

耕地→农业生产者

修补→裁缝

排空→机械师

植物→类属

桂皮→香料

哈密瓜→水果

北风菌→蘑菇

荞麦→谷物

接骨木→树木

16...

略。

17...

1. 看报的女子原来坐在中间的烫发机下。
2. 矮桌上的杂志没有了。
3. 针刺形梳子变成了平梳。
4. 男理发师原来是右手拿着吹风机。
5. 最左边的女子头上的卷发夹子变成了深灰色。
6. 大衣架上多了一顶帽子。

18...

略。

19...

7，2，8，4，1，5，3，6。

20...

略。

21...

B、C、C。

22...

C。

23...

至少需要移动4次书：
1. 编号为③的书放在第二堆书上。
2. 编号为①的书放在第三堆书上。
3. 编号为②的书放在第二堆书上。
4. 编号为①的书放在第二堆书上。

24...

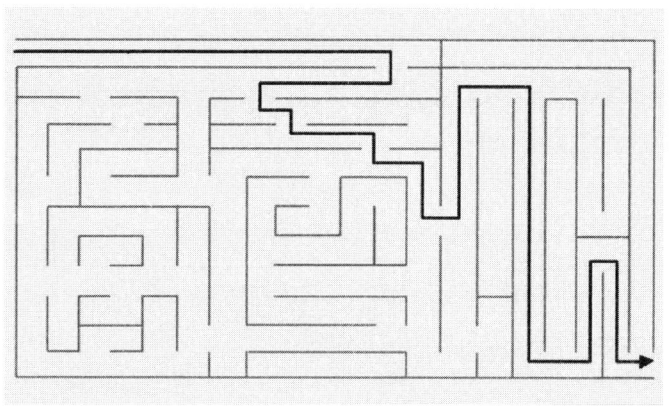

25...

略。

26...

B 和 D。

27...

A 错，B 错，C 对，D 对。

28...

E。所有图形都可以分为 4 部分。在前 4 个图形中，都有两部分可以接触到其他三部分，另外两部分只可以接触其他两部分。而在第 5 个图形中，有一部分可以接触到另外三部分，两部分可以接触到另外两部分，最后一部分只能接触到其中一部分。

29...

略。

30...

略。

31...

D。

32...

1. 最右边的房子的门上原来有 3 面旗帜。
2. 原来钟楼上的时钟显示 15 点。
3. 中间房子的两扇窗户现在敞开着。
4. 只剩下 4 棵法国梧桐，原来有 5 棵。
5. 流浪狗的位置上变成了一只猫。
6. 挽着菜栏的妇女位置改变了。
7. 长椅变成了深灰色。
8. 面包店的橱窗里多了一个大的圆形蛋糕。

33...

略。

34...

略。

35...

略。

36...

3，2，5，6，1，8，7，4。

37...

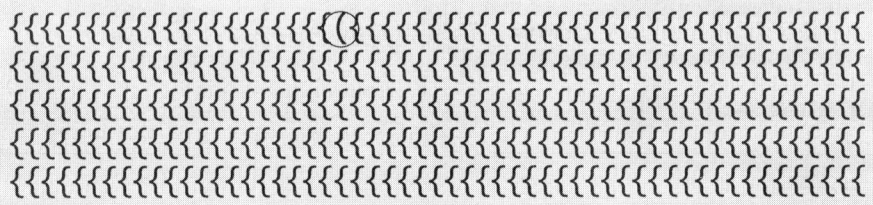

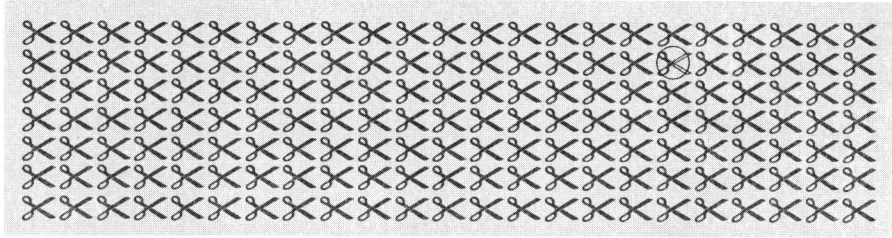

38...

略。

39...

E。

为了找到正确的答案,应该分析每一个孤立的元素的发展变化:

1. 深灰色的格子按顺时针方向改变位置。
2. 黑色的几何图形每次增加一条边。
3. 浅灰色的圆在中央的格子和其正下方的格子的位置上交替出现。

40...

货币→国家

比索→阿根廷

第纳尔→阿尔及利亚

列伊→罗马尼亚

谢克尔→以色列

铢→泰国

服饰→国家

北非有风帽的长袍→摩洛哥

缠腰式长裙→塔希提

南美牧人穿的披风→秘鲁

纱丽→印度

纱笼→泰国

41...

B。每个小方框里的箭头每次逆时针旋转90°。

42...

至少需要移动7次书：
1. 编号为③的书放在第一堆书上。
2. 编号为④的书放在第二堆书上。
3. 编号为③的书放在第二堆书上。
4. 编号为⑤的书放在第一堆书上。
5. 编号为③的书放在第三堆书上。
6. 编号为④的书放在第一堆书上。
7. 编号为③的书放在第一堆书上。

43...

D。

44...

略。

45...

略。

46...

略。

47...

略。

48...

8，3，2，7，6，5，1，4。

49...

1. 其中一张桌子上的蜡烛灭了。
2. 原来厨师的上衣的右部有一块污渍，现在污渍出现在上衣左部。
3. 厨师所在的桌子上的酒瓶没了。
4. 厨师所在的桌子上的杯子空了。

5.服务员端来的菜变成了鱼,原来是牛排。
6.7号桌变成了4号桌。
7.面包篮的位置变了。
8.穿毛衣的男宾客原来没有围围巾。

50...

略。

51...

A. 只有克里姆希尔特喜欢齐格弗里特。
B. 只有巩特尔喜欢布伦希尔特。
C. 布伦希尔特喜欢所有憎恨齐格弗里特的人。因为阿尔贝里希讨厌所有人,所以布伦希尔特喜欢他。

52...

至少需要移动8次书:
1.编号为①的书放在第二堆书上。
2.编号为③的书放在第二堆书上。
3.编号为④的书放在第一堆书上。
4.编号为③的书放在第一堆书上。
5.编号为⑤的书放在第二堆书上。
6.编号为③的书放在第三堆书上。
7.编号为④的书放在第二堆书上。
8.编号为③的书放在第二堆书上。

53...

C。

54...

C。
为了找到正确的答案,应该分析每一个孤立的元素的发展和变化:
1.黑色圆依次改变大小。
2.浅灰色圆依次位于黑色圆的下方、中央和上方,如此循环。
3.白色圆每次都按逆时针方向转动1/4圈,并且每两次就有一次转到黑色的圆后面。

55...

体育运动→国家
羽毛球→英国
手球→德国
冰球→加拿大
滑雪→挪威
排球→美国
神→领域
巴克斯→酒
丘比特→爱情
马尔斯→战争
内普杜尼→海
维斯达→火

56...

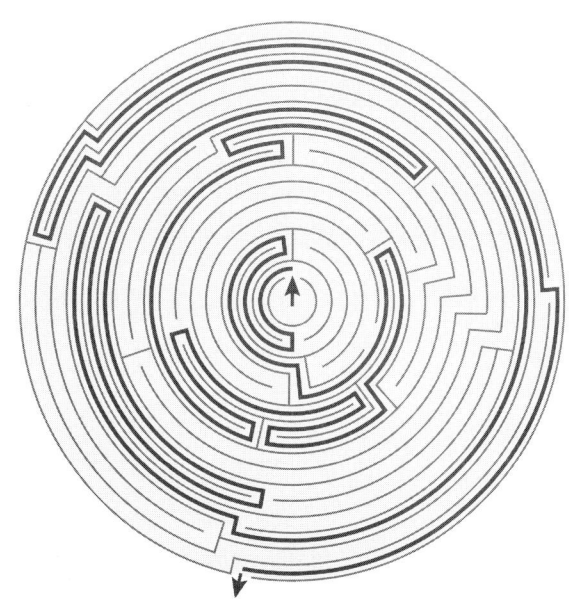

57...

略。

58...

59...

绿色的船里：
不是约翰；
不是弗雷德里克，因为他不可能自己和自己吵架；
所以是查理。
红色的船里：
不可能是弗雷德里克，因为这条船是他哥哥管理的；
不是查理，因为他坐在绿色的船里；
所以是约翰。
蓝色的船里：
弗雷德里克坐在这条船里，因为只剩下这一个男孩了。

60...

  略。

61...

  略。

62...

  完成树形家谱

  第一行：尤金。

  第二行：莫里斯，玛丽亚，马克。

  第三行：拉乌尔，凯特，珍妮，朱丽。

  A. 马克。

  B. 拉乌尔、凯特、珍妮和朱丽。

  C. 马克和莫里斯。

63...

  略。

64...

  略。

65...

  略。

66...

  略。

67...

  略。

68...

  略。

69...

  答案是9。

  分组进行计算，每组3个数字，每3个数字的和都应该等于30：

12+8+10=30
3+5+22=30
28+1+1=30
14+7+9=30

70...

1. 其中一只老虎的斑纹不同。
2. 原来老虎园里的树枝上没有树叶。
3. 原来脖子上挂着相机的游客穿着一件长袖的衣服。
4. 小女孩的冰激凌变成了一个白色的小球。
5. 现在鸟笼里有8只鹦鹉，而原来有6只。
6. 有一只猴子的尾巴变短了。
7. 一只猴子的动作方向变了。
8. 餐桌下的水洼的形状变了。
9. 垃圾桶中高脚杯里的吸管改变了方向。

71...

B、C、C。

72...

73...

5，3，2，4，7，6，1，8。

74...

至少应该移动9本书：
1. 编号为④的书放在第二堆书上。
2. 编号为①的书放在第三堆书上。

3. 编号为④的书放在第三堆书上。
4. 编号为②的书放在第一堆书上。
5. 编号为④的书放在第一堆书上。
6. 编号为③的书放在第三堆书上。
7. 编号为④的书放在第二堆书上。
8. 编号为②的书放在第三堆书上。
9. 编号为④的书放在第三堆书上。

75…

略。

76…

⑤

77…

州→首府

亚利桑那州→菲尼克斯

加利福尼亚州→萨克拉曼多

科罗拉多州→丹佛

夏威夷→火奴鲁鲁（檀香山）

印第安纳州→印第安纳波利斯

宝石→颜色

紫水晶→紫色

翡翠→绿色

天青石→蓝色

红宝石→红色

黄玉→黄色

78…

（1）B。

其他项图形相同，只是图形经过旋转后，所处的位置不同。

（2）D。

其他项图形相同，只是图形经过旋转后，所处的位置不同。

79...

略。

80...

B。

有两个同时发生的进展，一个从字母 Y 开始，另一个从字母 N 开始。按照字母顺序，从倒数第二个字母开始，回溯 4 个字母：Y（XWV），N（MLK），U（TSR），J（IHG），Q（PON），F（EDC），M（LKJ），B。

81...

至少应该移动 11 本书：

1. 编号为①的书放在第三堆书上。
2. 编号为③的书放在第一堆书上。
3. 编号为①的书放在第一堆书上。
4. 编号为④的书放在第三堆书上。
5. 编号为①的书放在第三堆书上。
6. 编号为③的书放在第二堆书上。
7. 编号为①的书放在第二堆书上。
8. 编号为②的书放在第三堆书上。
9. 编号为①的书放在第一堆书上。
10. 编号为③的书放在第三堆书上。
11. 编号为①的书放在第三堆书上。

82...

应该分步进行，采用排除法。

第一步：芭芭拉和纪尧姆一起离开，所以他俩都不可能再和其他人在一起。

第二步：塞琳娜不可能和弗雷德里克在一起。

第三步：弗雷德里克不可能和欧德在一起，因为他想去听一场管风琴演奏会，而欧德去了迪斯科舞厅。那么，他一定是和黛尔芬在一起。

第四步：艾尔维不可能和欧德在一起，因为他想去电影院，而欧德去了迪斯科舞厅。那么，他一定是和塞琳娜在一起。同样，欧德一定是和埃德蒙在一起，因为她既没有和弗雷德里克或纪尧姆在一起，也没有和艾尔维在一起。

83...

略。

84...

略。

85...

略。

86...

1. 最右面的男人原来腿是伸直的。
2. 跑步机上的女人穿的运动裤的颜色变了。
3. 左前方男人的文身变了。
4. 矮柜上的毛巾少了。
5. 哑铃变成了"20kg"。
6. 后排最左边的女人头上戴着发带。
7. 最左边地毯上的毛巾没有了。
8. 正在举哑铃的男人的鞋带开了。
9. 墙上的四幅体育运动照片中有一幅倾斜着。

87...

C、A、C。

88...

C。

89...

ρπακϖθχτψωβφιτκφχσπλφςδκφαψϖτωτκαρσβφαγ
ζετψυοθϖκμεφξχαριτπφφζκεϖκυρπχτϖφιπθε
παριτπαδσφκψαεωβψυφζιϖφυσρξχμαξχρψας
δεκχρυφγελζχθενιτκαρσβφθγπδεφψδκωθκφτ
αθσεψζσθιυπτεφκςδϖυτδιχκρφαπιτπεςψεαχρ
ψδκφϖετψυοθιρφμκσθεπρφεαϖζκμτψυοθρτδκς
ιτπωβσακαριτπφλαγςαβψυρκλϖφυεθωςβμπεξι
φεχθσψδ⓵ρπακϖθχτψωβφιτκφχσπλφςδκφαψϖτω

90...

略。

91...

略。

92...

略。

93...

B。

94...

A. 维克多。　B. 米歇尔。　C. 米歇尔。　D. 让娜。
E. 巴蒂西亚。

95...

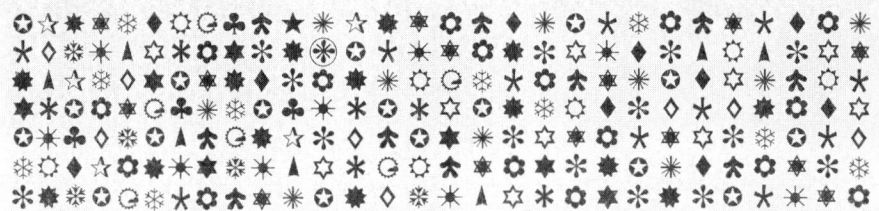

96...

8，3，4，1，2，6，5，7。

97...

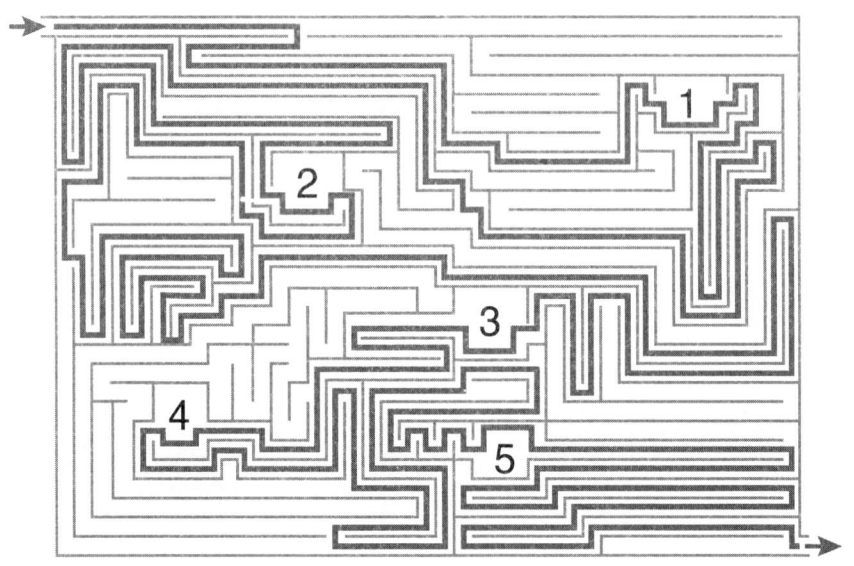

98...

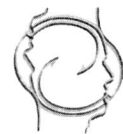